Dr. Julia Fritz

Hunde barfen
Alles über Rohfütterung

17 Abbildungen
65 Tabellen

Ulmer

Inhalt

Ein Wort vorab 5

Die Natur als Vorbild 6
Ursprung des Barfens 6
Prinzipien des Barfens 7
Vergleich Wolf – Hund 7

Vom Für und Wider 11
Vorteile des Barfens 11
Nachteile des Barfens 14

Grundlagen zu Verdauung und Nährstoffen 22
Verdauung 22
Verdaulichkeit des Futters 26
Nährstoffe 27

Was braucht mein Hund? 39
Bedarfszahlen 39
Wie viel Wasser sollte mein Hund trinken? 40
Ohne Energie geht nichts 41
Nährstoffbedarf ausgewachsener Hunde 44
Bedarf von Hunde-Mamas 45
Bedarf von Welpen 50
Bedarf von Senioren 54

Futtermittelkunde 57
Fleisch 57
Innereien 58
Knochen 60
Eier und Eierschalen 60
Milchprodukte 61
Fisch 61
Produkte aus Algen 62
Gemüse und Obst 63
Pflanzenöle 64
Stärkereiche Futtermittel 65
Hülsenfrüchte 67
Nüsse und Samen 67
Mineralstoff- und vitaminreiche Ergänzungen 67
Sonstige Ergänzungen 70
Giftige Futtermittel 74

Wichtiges vorab 77
Futterumstellung 77
Anzahl und Zeitpunkt der Mahlzeiten 78
Näpfe 79
Wichtige Hygieneregeln 79
Richtiges Auftauen 80
Nützliche Utensilien 80

Zutaten: „Man nehme" 82
Fleisch 82
Innereien 83
Leber und Lebertran 84
Knochen und fleischige Knochen 85
Fisch 86
Eier 87
Milchprodukte 87
Gemüse und Obst 88
Öle 89
Kartoffeln, Reis und Co. 92
Nüsse und Samen 94
Weitere Ergänzungen 94
Fertigbarf und seine Tücken 98

Futterpläne 99
Welche Futtermenge gilt für meinen Hund? 99
Geschmacksvielfalt pur 100

Rationsberechnung selbst gemacht 111
Richtige Futtermenge 111
Kaloriengehalte in Futtermitteln 112
Wahl der Zutaten 115
Rationsberechnung mit Excel 116
Tipps zur Rationsbeurteilung 121

Barfen bei Erkrankungen 124

Allgemeine Vor- und Nachteile 124
Kommerzielles Futter in der Kritik 124
Chronische Nierenerkrankung 126
Harnsteine 127
Lebererkrankungen 129
Erkrankungen der Bauchspeicheldrüse 130
Erkrankungen des Magen-Darm-Trakts 132
Futtermittelallergie 135
Herzerkrankungen 139
Krebs 141
Diabetes mellitus 141
Übergewicht 142
Gelenkerkrankungen 145

Rechtliches und Erkennungshilfen von „guten" Futtermitteln 147

Deklaration von Futtermitteln 147
Hält das Futter, was die Deklaration verspricht? 152
Womit darf geworben werden? 153
Was darf verfüttert werden? 154
Woran erkennen Sie ein gutes Futter? 156

Alternativen zum Barfen 158

Selbst gekochte Rationen 158
Barfen „light" 159
Fertigfutter 159
Futtermittel à la Natur pur 161
Barfen im Urlaub 164

Tabellenanhang 166

Futterwerttabellen 166

Service 193

Literatur 193
Nützliche Internetadressen 196
Bildquellen 196
Abkürzungsverzeichnis 197
Register 198

Mythen

Mythos: Tierärzte sind gegen das Barfen, weil Sie dann kein Futter mehr verkaufen können 14
Mythos: Die Magensäure des Hundes tötet alle Keime ab 22
Mythos: Hunde brauchen kein Vitamin D aus der Nahrung 36
Mythos: Zu viel Eiweiß schadet während des Wachstums 53
Mythos: Getreide ist nur billiger Füllstoff und kann vom Hund nicht verwertet werden 66
Mythos: Knoblauch hilft gegen Parasiten 75
Mythos: Wenn ein Hund kein rohes Fleisch mag, stimmt etwas nicht mit ihm 77
Mythos: Eine abwechslungsreiche Ernährung ist besser als eine einseitige 78
Mythos: Hunde brauchen einen Fastentag 79
Mythos: Hunde dürfen kein Schweinefleisch fressen 83
Mythos: Geflügelfleisch ist mit Antibiotika verseucht 83
Mythos: Hunde dürfen keine Tomaten und Paprika fressen 88
Mythos: Kokosöl und Kokosflocken helfen gegen Würmer 89
Mythos: Kohlenhydrate dürfen nicht zusammen mit Fleisch gefüttert werden 92
Mythos: Mit Vitamin C lässt sich der Urin ansäuern 128
Mythos: Rohfütterung verhindert Magendrehung 134
Mythos: Barfen hilft bei Allergien 135
Mythos: Getreide verursacht Allergien 140
Mythos: Getreide verursacht Krebs 141
Mythos: Fertigfutter enthält minderwertige bzw. künstliche Proteine, wodurch ein hoher Eiweiß- (Rohprotein-)gehalt vorgetäuscht werden soll 149
Mythos: Dosenfutter enthält nur 4 % Fleisch 150
Mythos: Fertigfutter enthält nur Abfälle 154
Mythos: Wir verwenden nur Zutaten aus der Lebensmittelproduktion 156
Mythos: Zusatzstoffe sind schädlich 163

"The whole problem with the world is that fools and fanatics are always so certain of themselves, but wiser people so full of doubts."
                              Bertrand Russell

Ein Wort vorab

Gesunde Ernährung liegt voll im Trend, auch für unsere Vierbeiner. Noch vor zehn Jahren war Barfen für die meisten Hundebesitzer kaum ein Begriff, aber mittlerweile gibt es fast keinen Hundehalter mehr, der nicht zumindest schon mal davon gehört hätte. Immer mehr Hundebesitzer wünschen sich, ihren Vierbeiner so zu ernähren wie es Mutter Natur vorgibt – ein Bestreben, das ich absolut nachvollziehen kann.

Das größte Problem der Rohfütterung sehe ich darin, dass viele Halter nicht sachgerecht damit umgehen, aus dem einfachen Grund, dass sie falsch beraten wurden und fundierte Fachliteratur zu diesem Thema leider Mangelware ist. Ein Anlass mehr, dieses Buch zu schreiben, um damit die Informationslücken zu schließen.

Im Rahmen meiner Tätigkeit in der Hunde-Ernährungsberatung werde ich häufig gefragt, wie ich persönlich meinen Vierbeiner füttere. Viel bedeutender finde ich jedoch die Frage: Was möchten Sie füttern? Es gibt verschiedene Möglichkeiten, Hunde artgerecht und gesund zu ernähren. Deshalb möchte ich keine der Personen sein, die eine bestimmte Ernährungsideologie verfechten. Es ist mir äußerst wichtig, Sie neutral zu beraten, damit Sie die Fütterungsart finden, die am besten zu Ihnen und Ihrem Hund passt.

Darüber hinaus finde ich, sollte der Beantwortung der Frage nach der passenden Ernährung nicht nur eine emotionale, sondern auch eine rationale Entscheidung zugrunde liegen. Sie erfahren in diesem Buch, was Sie für die Rohfütterung verwenden und wie sie diese gestalten können. Zusätzlich finden Sie Informationen, die Aufschluss darüber geben, weshalb die aufgezeigten Möglichkeiten sinnvoll sind – und wie viel Mythos oder Wahrheit hinter den typischen Barf- und Futterklischees stecken.

So haben Sie am Ende der Lektüre nicht nur die Sicherheit und das Wissen darüber erlangt, wie Sie Ihren Hund bedarfsgerecht und damit ausgewogen und gesund ernähren können. Sie werden sich auch selbst darüber im Klaren sein, ob, wie, womit und weshalb Sie Ihren Liebling roh füttern möchten. Kurz: Sie werden sich für die Fütterungsmethode entscheiden können, bei der die rationalen Gründe mit Ihrem Bauchgefühl harmonieren.

In dem Sinne wünsche ich Ihnen viel Spaß bei der Lektüre und Ihrem vierbeinigen Freund einen guten Appetit!

Ihre Julia Fritz

Die Natur als Vorbild

„Die Ernährung ist die Basis unseren Seins."
Hippokrates

Wölfe sind ohne Zweifel die Vorfahren unserer Haushunde. Diese Verwandtschaftsbeziehung spiegelt sich in der Rohfütterung unserer Hunde wider. Traditionell wird rohes Fleisch schon lange bei Schlitten- und Rennhunden in nordischen Ländern eingesetzt. Für Schlittenhunde aus praktischen Gründen, da dort bei Bedarf Robben frisch geschossen und roh an die Tiere verfüttert werden können. In der Rennhundeszene herrscht zuweilen der Glaube, dass die Hunde mit rohem Fleisch schneller liefen. Auch Wach- oder Kampfhunde bekommen häufig rohes Fleisch, aufgrund der Annahme, es würde sie scharf machen.

Ursprung des Barfens

Das Konzept der Fütterung von rohem Fleisch für unsere Haushunde lässt sich bis zu dem ganzheitlichen Gesundheitsratgeber des Amerikaners Dr. Pitcairn von 1982 zurückverfolgen. Er plädierte für eine möglichst natürliche Ernährungsweise, die neben rohem Fleisch auch Milchprodukte und gekochtes Getreide oder Hülsenfrüchte umfasste. Andere Autoren legten bei der Frage nach der richtigen Ernährung des Hundes die natürliche Nahrung seines Vorfahren, des Wolfes, zugrunde. Die Ursprünge des Barfens mit überwiegender Verfütterung fleischiger Knochen lassen sich bis nach Australien zurückverfolgen, wo vor zwanzig Jahren der Tierarzt Dr. Ian Billinghurst das meines Wissens nach erste Buch zur Rohfütterung „Give your dog a bone" (1993) veröffentlicht hat. Billinghurst berief sich darauf, dass Hunde seit jeher mit rohen fleischigen Knochen und hochwertigen Tischresten[1] ernährt wurden und sich damit bester Gesundheit erfreuten. Seit der Einführung von industriell hergestelltem, gekochtem Futter hingegen beobachte er immer häufiger gesundheitliche Probleme[2], was ihn zum ursprünglichen Fütterungskonzept zurückbrachte. Mittlerweile führt er in Australien eine eingetragene Handelsmarke für Barffertigmenüs.

In Deutschland wurde die erste Broschüre zur Rohfütterung von der Züchterin und Hundeausbilderin Swanie Simon im Jahr 2000 veröffentlicht. Zahlreiche Werke verschiedener Autoren folgten.

Seitdem gewinnt das Barfen bei uns zunehmend an Bedeutung. Während Barfen früher noch mit einem hohen Zeitaufwand verbunden war, da man alles selbst zubereiten musste, bietet der Markt mittlerweile eine große Auswahl an fertigen Fleischmischungen, Fertigmenüs, speziellen Barfergänzungen, Gemüseflocken und sogar Gemüse in Dosen an. Dies erleichtert den Weg

---

1 Hierzu zählten übriggebliebenes Gemüse, Bratensoße, Fleischreste, Obst, kleine Mengen Getreide sowie Reis, Nudeln und Kartoffelbrei. Das Ganze wurde ergänzt mit Eiern, Leber, Nieren, pflanzlichen Ölen, Honig, Bierhefe, Seealgenmehl, Lebertran und gelegentlich Vitaminpräparaten.
2 Kleinere Hautprobleme, tränende Augen, schuppiges Fell, Juckreiz, Ohrentzündungen, Analbeutelprobleme, stinkendes Fell und Mundgeruch, Zahnprobleme, stinkender Kot und häufigerer Wurmbefall. Längerfristig auch Probleme mit der Zucht und des Wachstums.

zum Barfen für viele Besitzer um Einiges. Der Aufwand der Hundefütterung mit fertigen Barfmischungen ist kaum größer als mit herkömmlichem kommerziellem Futter.

Der Barftrend führt allerdings auch dazu, dass der Begriff ebenso für „barfuntypische" Futtermittel verwendet wird. So findet man beispielsweise „barfgerechtes Trockenfutter" oder „Trockenbarf" – ein Widerspruch in sich. In diesem Fall steht der Begriff lediglich dafür, dass das Futter kein Getreide enthält. Dies macht nicht nur deutlich, dass die Diskussion darüber, ob ein Hund Getreide bekommen soll oder nicht, in vollem Gange ist, sondern auch, dass dem Begriff Barf immer wieder unterschiedliche Aspekte zugeschrieben werden.

Auch die Rationsgestaltung hat sich in den vergangenen Jahren verändert. Früher waren fleischige Knochen ein nicht wegzudenkender Bestandteil in Barfrationen, während stärkereiche Futtermittel, insbesondere Getreide, oft gänzlich vermieden wurden. Heute barfen viele Besitzer auch ohne Knochen und füttern häufiger Kartoffeln dazu. Für Manche bedeutet Barfen lediglich die ergänzende Fütterung von rohem Fleisch und frischem Gemüse zu ansonsten kommerziellen Futtermitteln.

Begriffserklärung

Für die Abkürzung „BARF" finden sich verschiedene Interpretationen. Geläufig war die Ausformulierung Bones And Raw Food (= Knochen und rohes Futter), später auch Biologically Appropiate Raw Food (= biologisch angemessenes rohes Futter). Angeblich bedeutete der Begriff anfangs Born-Again Raw Feeders (= wiedergeborene Rohfütterer) und wurde von der Kanadierin Debra Tripp kreiert. Im deutschen Sprachgebrauch hat sich die Übersetzung in Biologisch Artgerechtes Rohes Futter durchgesetzt.

Der eingedeutschte Begriff suggeriert eine im Vergleich zur kommerziellen Fütterung tierfreundlichere, gesündere Form der Ernährung. Die Praxis zeigt aber leider oft, dass viele Barfrezepte keine bedarfsgerechte und damit gesunde Ernährung gewährleisten. Fallberichte über gesundheitliche Nachteile gibt es daher ebenso wie über Vorteile. Barfen kommt der ursprünglichen Ernährungsweise des Hundes sicher am nächsten, was aber nicht automatisch bedeutet, dass man dabei keine Fehler machen kann. Es ist wichtig, dass Sie sich ausreichend über Vor- und Nachteile sowie die Anforderungen an eine ausgewogene Hundeernährung informieren.

Prinzipien des Barfens

Die Grundlage des Barfens ist die natürliche Ernährung des Wolfes. Die Ration wird so zusammengestellt, dass sie die verschiedenen Bestandteile des Beutetieres in sich vereint.

Als Basis dienen rohes Fleisch, verschiedene Innereien und fleischige Knochen. Hinzu kommen Gemüse, Obst und verschiedene Öle. Als Ergänzung kommen vorwiegend natürliche Futtermittel zum Einsatz, beispielsweise Lebertran, Algen und Kräuter. Eier, Fisch und Milchprodukte werden gelegentlich gegeben. Eierschalen oder (Fleisch-)Knochenmehl können anstelle von Knochen verwendet werden. Manche Besitzer füttern geringe Mengen stärkereicher Futtermittel dazu, meistens gekochte Kartoffeln. Getreide wird vermieden.

Vergleich Wolf – Hund

Das primäre Ziel aller Lebewesen ist die Erhaltung der eigenen Art. Im Vordergrund steht also die Fortpflanzung und nicht die Lebensdauer. Ein Wolf, der sich suboptimal ernähren muss, kann sich dennoch fortpflanzen, ein hohes Alter erreicht er damit aber wahrscheinlich nicht. Die wenigsten Wölfe in freier Wildbahn werden älter als fünf Jahre.

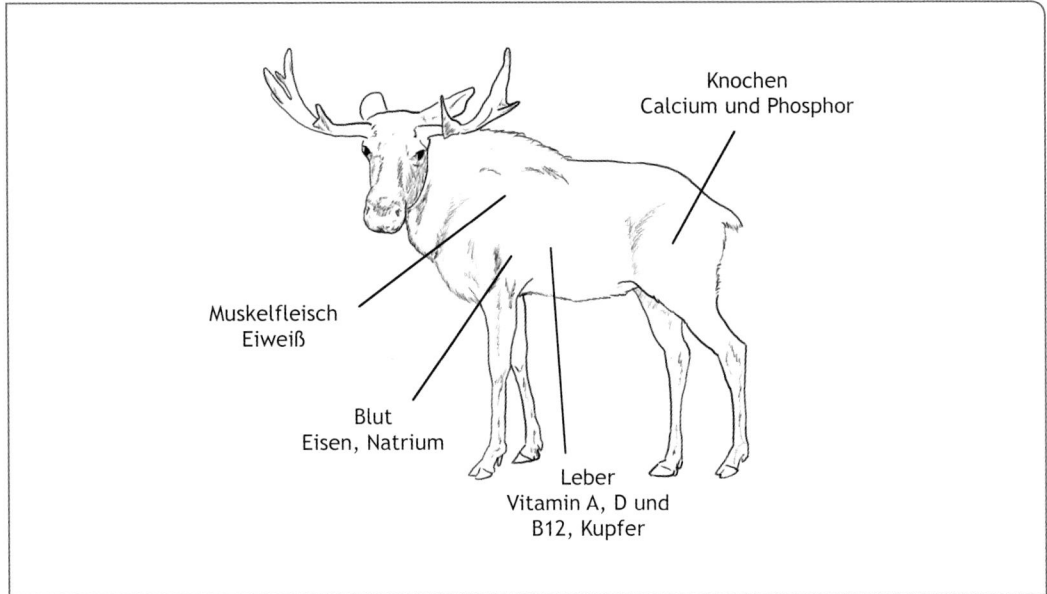

Abb. 1: Das Gesamtpaket „Beutetier" liefert eine Menge verschiedener Nährstoffe. Neben den genannten liefern Knochen außerdem Magnesium und Zink, Innereien weitere Spurenelemente (insbesondere Kupfer, Zink und Selen) und Jod kommt aus der Schilddrüse (die gleichzeitig aber auch Hormone enthält).

Für unsere vierbeinigen Gefährten aber wünschen wir uns ein möglichst langes und gesundes Leben.

Diesen Unterschied der Lebenspriorität gilt es bei der Frage nach der optimalen Ernährung zu berücksichtigen. Verarbeitung und Herkunft der Futtermittel sowie ihre hygienische Qualität und die Nährstoffzusammensetzung der Ration spielen eine große Rolle in Bezug auf eine ausgewogene und bedarfsgerechte Fütterung.

Ernährung des Wolfes

Wölfe (Canis lupus) fressen ausschließlich Beutetiere und weichen nur in Zeiten der Nahrungsknappheit auf andere Kost aus. Sie fressen immer das, was sie am leichtesten bekommen können und am liebsten frische Beute. Auf Aas greifen Sie zurück, wenn nichts anderes zur Verfügung steht. Wölfe leben in Gemeinschaften von fünf bis zehn Tieren und jagen im Rudel. Daher können sie auch sehr große Tiere wie beispielsweise Elche und Bisons zu Fall bringen. Je nach Herkunft und Verfügbarkeit fressen sie Rehe, Schwarz- oder Rotwild, Antilopen, Gazellen, Nagetiere, aber auch Nutztiere wie Rinder, Schafe und Ziegen. In Alaska gibt es Populationen, die sich fast ausschließlich von Lachsen ernähren.

Ein ausgewachsener Wolf braucht im Schnitt etwa drei Kilogramm Nahrung pro Tag. Er kann größere Mengen auf einmal fressen und längere Zeit hungern. Sein Magen ist überaus dehnbar, weshalb der Wolf bis zu einem Fünftel seines Körpergewichts an Nahrung aufnehmen kann. Bei einem Menschen von 65 kg entspräche das einer Portion von 13 kg.

Große Beutetiere werden fast komplett verspeist. Als erstes werden von den inneren Organen Lunge, Herz und Leber gefressen, die besonders nährstoffreich sind. Bei Wiederkäuern wird hernach der große Pansen herausgezogen, dann werden die Nieren gefressen, anschließend das Muskelfleisch der Hinterbeine und als letztes die Fleischreste an den Rippen und die Knochen. Der Kopf, das Fell, die großen Beinknochen und das Rückgrat werden übriggelassen.

Vom Magen-Darm-Trakt werden nur die Hüllen und – entgegen der gängigen Meinung – nicht der Inhalt gefressen. Der pflanzliche Inhalt des Magen-Darm-Trakts enthält wenig für den Wolf verwertbare Nährstoffe. Anteile von Gräsern werden zwar regelmäßig im Mageninhalt und Kot der Wölfe gefunden, allerdings in kleinsten Mengen. Dies lässt eher auf eine versehentliche Aufnahme im Rahmen der Beutezerlegung als auf eine bewusste Aufnahme schließen.

Für einen Jäger, der jeden Tag das Überleben seiner Spezies sichern muss, macht es aus ernährungsphysiologischer Sicht wenig Sinn, überflüssige Ballaststoffe aufzunehmen, auch wenn das in unserer Ernährung und ebenso der unserer Haushunde durchaus empfehlenswert ist. Unverdaubare Ballaststoffe regulieren die Verdauung und fördern die Darmgesundheit.

Zuweilen werden Teile der Beute auf Vorrat verscharrt und später gefressen. Ist das Nahrungsangebot knapp, kann der Wolf auch mit dem Verzehr von Aas, Fellresten oder Abfällen überleben. In manchen Regionen wurde das Fressen von Wildfrüchten beobachtet, insbesondere von Welpen.

Kann man Beutetiere überhaupt „nachbauen"?
Ein großer Unterschied zwischen frisch erlegter Beute und unseren Schlachttieren ist, das Erstere nicht entblutet sind. Auch fressen Wölfe verglichen mit gebarften Hunden mehr Innereien und vermutlich auch Knochen. Neuere Untersuchungen weisen daraufhin, dass Wölfe tatsächlich im Vergleich zu den Nährstoffempfehlungen für Hunde bei einigen Mineralstoffen und Spurenelementen eine höhere Aufnahme haben. Zudem scheinen sich sowohl die Eiweißzusammensetzung (Aminosäuremuster) als auch die Fettzusammensetzung von Wildtieren zu denen landwirtschaftlicher Nutztiere zu unterscheiden. Selbst wenn man das Beutetier also aus Nutztieren „nachbaut", ist die Nahrungszusammensetzung wahrscheinlich dennoch nicht identisch.

Der Hund: ein Fleischfresser?
Der Haushund (*Canis lupus familiaris*) gehört zur zoologischen Ordnung der Carnivora, der Raubtiere. Der Begriff Carnivor setzt sich aus den lateinischen Wörtern *carnis* = Fleisch und *vorare* = verschlingen zusammen. Er bezeichnet zum einen die zoologische Einordnung (Raubtiere), zum anderen die Art der Ernährung (Fleischfresser). Ein Tier der Ordnung Carnivora kann folglich ein Fleischfresser sein, muss es aber nicht. Beispielsweise gehört auch der Panda zu den Carnivora, der sich ausschließlich vegetarisch, nämlich von Bambus, ernährt.

Das Nahrungsspektrum unsere Haushunde ist sehr breit gefächert. Ernährungsphysiologisch gesehen sind Hunde eigentlich carniomnivor, also Allesfresser mit überwiegend fleischlicher Kost. Sie können daher auf vielerlei Weise ernährt werden, von kommerziellem Trockenfutter über vegetarische Rationen bis hin zu selbst gemachtem rohem Futter mit viel Fleisch und Innereien. Hunde – wie auch Wölfe – sind also keine *strikten* Fleischfresser, wie beispielsweise Katzen oder Frettchen.

Für strikte Fleischfresser ist tierische Kost überlebenswichtig, da bestimmte, für sie essenzielle Nährstoffe nur in Fleisch enthalten sind (z. B. Taurin). Manche Nährstoffe, die nur in Pflanzen vorkommen, können sie gar nicht nutzen. Beispielsweise sind sie nicht in der Lage, Betacarotin in Vitamin A umzuwandeln, sondern müssen Letzteres direkt aufnehmen, also aus tierischer Quelle.

Getreide oder kein Getreide?

Hunde sind vermutlich die ersten domestizierten Tiere überhaupt. Genomanalysen zufolge begann die Domestizierung mindestens 10 000 Jahre v. Chr., Fossilienfunde reichen bis 33 000 Jahre v. Chr. zurück. Darüber, ob die Verbindung zwischen Mensch und Hund zufällig oder beabsichtigt zustande kam, herrscht noch Unklarheit.

Einer Theorie zufolge haben Menschen Wolfswelpen zum eigenen Schutz und zur Unterstützung bei der Jagd gefangen und großgezogen. Einer anderen Theorie nach haben sich Wölfe vermehrt in der Nähe des Menschen aufgehalten, welcher im Zuge des Ackerbaus sesshaft wurde. In den Siedlungen konnten Wölfe leicht Nahrung (Abfälle, Essensreste usw.) finden.

Durch die natürliche Selektion wurde die Eigenschaft herausgebildet, diese neuen, leicht zugänglichen Nahrungsquellen effektiv nutzen zu können. Dies könnte ein entscheidender Schritt der frühen Domestizierung und damit der Ursprung unseres heutigen Haushundes sein.

Merke: Der Hund hat eine hohe Verdauungskapazität für Stärke. Bis zu zwei Drittel der gesamten Energieaufnahme kann Stärke sein. Hunde gewöhnen sich außerdem an stärkereiches Futter und produzieren dann mehr Verdauungsenzyme (Amylase).

Es ist schon lange bekannt, dass Hunde Stärke (Kohlenhydrate) effektiv verdauen können. Vor kurzem haben Forscher mehrere Gene mit einer Schlüsselrolle in der Stärkeverdauung bei Hunden gefunden, die Wölfe nicht besitzen (Axelsson et al., 2013). Berücksichtigt man diese genetische Anpassung der domestizierten Haushunde im Vergleich zu ihren wild lebenden Vorfahren, wäre es durchaus gerechtfertigt zu sagen, dass stärkereiche Futtermittel *auch* zum natürlichen Nahrungsspektrum unser vierbeinigen Weggefährten gehören.

Ähnliche Anpassungen im Erbgut sind auch beim Menschen zu finden. Somit hätte nicht nur der Mensch, sondern auch der Wolf durch die landwirtschaftliche Revolution einen Wandel zu einer stärkereicheren Ernährung erlebt. Zum Glück, denn so hat die Natur dafür gesorgt, dass neue Nahrungsquellen effektiv genutzt werden können.

Übrigens haben die Forscher bei Hunden auch Gene gefunden, die für das Verhalten eine Rolle spielen. Jeder würde wohl zustimmen, dass Hunde im Allgemeinen freundlicher sind als Wölfe. Interessant finde ich, dass sich viele aber nicht vorstellen können, dass Hunde auch Stärke besser verdauen können.

Merke: Ob Getreide verfüttert werden soll oder nicht ist vorwiegend eine Frage des Geschmacks. Aus ernährungsphysiologischer und evolutionsbiologischer Sicht spricht nichts dagegen.

Vom Für und Wider

Optimal zu barfen erfordert ein gewisses Know-how, denn gerade gesundheitliche Risiken sind die wesentlichen Nachteile der Rohfütterung. Im Nachfolgenden möchte ich Ihnen daher die Vor- und Nachteile der Rohfütterung näher erläutern.

Vorteile des Barfens

Das Thema naturnahe Fütterung liegt derzeit sehr im Trend. Viele Hundebesitzer möchten barfen, da sie ihren Hund als Nachfahren des Wolfes entsprechend ernähren wollen. Allgemeine Skepsis gegenüber industriell hergestelltem Futter ist ein weiterer Aspekt. Die Meisten versprechen sich außerdem gesundheitliche Vorteile für ihr Tier.

Naturnahe Fütterung
Das Konzept der Rohfütterung orientiert sich an der Ernährung des Wolfes. Die Futtermittel sind überwiegend naturbelassen, Getreide und künstliche Zusätze werden möglichst vermieden. Wenn Sie selbst viel Wert auf frische Zutaten und Bio-Ware legen und Fertigfutter vielleicht als Fastfood empfinden, könnte Barfen das Richtige für Sie sein.

Abwechslungsreiche und individuelle Rationsgestaltung
Ein wesentlicher Vorteil ist, dass Sie die Futtermittel beim Barfen selbst auswählen und zubereiten können. Sie wissen immer genau, was Ihr Tier in welchen Mengen bekommt und woher die Zutaten stammen. Sie können das Futter individuell nach Ihren Vorstellungen und den Vorlieben Ihres Tieres zusammenstellen. Wenn Ihr Hund eine Zutat nicht verträgt, können Sie diese einfach weglassen oder ersetzen, ohne das komplette Futter wechseln zu müssen. Vor allem bei empfindlichen Tieren oder Futtermittelallergikern ist dies ein großer Vorteil. Die Zubereitung des Futters macht außerdem Spaß und bietet Ihnen eine intensive Beschäftigungsmöglichkeit mit Ihrem Tier.

Geringere Nährstoffverluste
Nährstoffverluste durch die Zubereitung sind beim Barfen vergleichsweise gering, da die

Tab. 1 Prozentuale Vitaminverluste bei unterschiedlichen Garmethoden von Gemüse und bei der Herstellung von Nass- und Trockenfutter

	Kochen	Dünsten	Dosenfutter	Trockenfutter
B_1	15–50	5–40	50	4
B_2	10–70	5–30	–	0
B_6	40	–	90	–
Niacin	30–40	–	15	–
Pantothen	30	–	–	–

Quellen: Souci-Fachmann-Fraut (2008) und Hand et al. (2010)

Futtermittel nicht erhitzt werden. Dies betrifft in erster Linie die hitzeempfindlichen Vitamine, weniger die Mineralstoffe und Spurenelemente. Entscheidend für die Verluste ist zudem die Art der Zubereitung (s. Tabelle 1) und die Dauer der Lagerung. Kommerziellen Futtermitteln müssen aus diesem Grund entsprechende Vitamine zugesetzt werden.

Ideal für empfindliche Hunde

Ein häufiger Grund für eine Umstellung aufs Barfen sind gesundheitliche Probleme, insbesondere Verdauungs- sowie Hautprobleme und Allergien. Es scheint in der Tat immer mehr Hunde zu geben, die Fertigfutter nicht vertragen. Diese Tiere profitieren eindeutig von einer Futterumstellung. Es müsste allerdings nicht zwingend rohes Futter sein, denn der gleiche positive Effekt lässt sich auch bei einer Umstellung auf selbst gekochtes Futter beobachten.

Fress- und Kauvergnügen für topp Zähne

Viele Hunde, die mit Fertigfutter gefüttert werden, brauchen entweder regelmäßig Kauknochen und andere Kauartikel zur Zahnreinigung oder spezielle Dentalfutter. Fleischige Knochen und ganze Fleischstücke hingegen müssen intensiv gekaut und benagt werden. Viele Hunde können dieses Kauvergnügen kaum erwarten. Durch den mechanischen Reibungseffekt des Futters werden die Zähne gereinigt und die Zahngesundheit gefördert. Nach der Umstellung auf Barf haben daher viele Hunde weniger Zahnstein und Mundgeruch. Studien aus den 1960er-Jahren haben bereits gezeigt, dass die Gabe eines Ochsenschwanzes einmal pro Woche die Zahnsteinbildung deutlich reduziert.

Dies ist ein großer Vorteil, denn Zahnfleischerkrankungen sind ein sehr häufig auftretendes Problem. Studien zufolge sind 70 bis 80 % der Tiere davon betroffen. Eine professionelle Zahnreinigung beim Tierarzt kann nur unter Vollnarkose durchgeführt werden. Das Fehlen von stärkereichen Futtermitteln in typischen Barfrationen stellt in diesem Zusammenhang übrigens keinen Vorteil dar: Der Hund hat einen anderen Zahnschmelz als der Mensch, wodurch Karies für ihn kein

> **Merke:** Einen zahnreinigenden Effekt und eine längere Fressdauer erreicht man mit gewolftem Futter *nicht*. Hierfür sollte das Futter in Stücken angeboten werden.

Bessere Futterverwertung

Im Vergleich zu industriell hergestellten Futtermitteln ist hausgemachtes Futter besser verdaulich, die Zutaten sind in der Regel hochwertiger und die Zubereitung ist schonender (s. auch Seite 26ff.). Eine Umstellung auf selbst zubereitetes Futter führt daher fast immer zu einer geringeren Kotmenge und besseren Kotqualität. Dies betrifft Rohfleischrationen ebenso wie gekochtes hausgemachtes Futter. Gute Fertigfutter haben eine Verdaulichkeit von 80–85 %, selbst hergestellte Rationen meist von über 90 %. Ein Unterschied von 10 % mag Ihnen gering erscheinen, macht hier aber das Doppelte in der Kotmenge aus. Es kann also durchaus passieren, dass Ihr gebarfter Hund anstatt dreimal nur noch einmal am Tag Kot absetzt.

Positive Effekte auf die Gesundheit

Erfahrungsberichten zufolge haben Hunde nach der Umstellung auf Barf:
- mehr Energie
- schöneres Fell
- einen besseren Körpergeruch
- weniger Mundgeruch
- weniger Analbeutelprobleme
- weniger Ohrprobleme
- weniger Gelenkprobleme
- weniger Parasiten

Inwieweit dies tatsächlich rein auf die Rohfütterung zurückzuführen ist, lässt sich schwer beurteilen. Studien zu den positiven Effekten auf die Gesundheit gibt es bislang kaum. Dennoch sind diese Erfahrungswerte nicht von der Hand zu weisen, auch wenn es an wissenschaftlichen Beweisen hierzu fehlt. Ich rate aber dazu, Barfen nicht als Allheilmittel anzusehen, denn nicht jedes Tier zeigt positive Veränderungen.

Kopffleisch, Schlund und Kehlkopf, welche alle gerne für hausgemachte Barfrationen und kommerzielle Fertigbarfmenüs verwendet werden, können Schilddrüsenanteile enthalten (die man nicht sieht). Die Aufnahme hiervon ist mit der Einnahme von Schilddrüsentabletten zu vergleichen. Schilddrüsenhormone beeinflussen den Energiestoffwechsel und die Aktivität. Ob dies ein möglicher Grund für das Beobachten von „mehr Aktivität" ist, muss noch geklärt werden. Ganz ausschließen kann man es nicht.

Eine Verbesserung des Fells lässt sich ernährungsphysiologisch durch einen hohen Anteil an essenziellen Fettsäuren erklären, die typischerweise beim Barfen aufgrund der Verwendung verschiedener Öle reichlich in den Rationen enthalten sind. Der Anteil kann durchaus höher sein als bei Fertigfutter. Ich habe aber auch schon Rationsempfehlungen gesehen, in denen die Versorgung zu niedrig war, wodurch die Tiere ein stumpfes Fell bekamen.

Die Analbeutel werden mechanisch im Zuge der Kotabgabe entleert. Eine Abnahme der Probleme damit ließe sich durch eine bessere Entleerung aufgrund einer veränderten Kotkonsistenz oder bei Knochengabe durch einen härteren Stuhl erklären.

Die Reduzierung von Gelenkproblemen ließe sich bei der Rohfütterung auch darauf zurückführen, dass die Tiere ihr Idealgewicht besser halten können oder sogar abnehmen.

Vergleichende Studien zum Parasitenbefall gebarfter und kommerziell ernährter Hunde gibt es bislang keine. Daher rate ich generell dazu, regelmäßig den Kot auf Parasiten untersuchen zu lassen.

Rohfleisch als Allergieprophylaxe?

Eine retrospektive Studie von 2013 aus Finnland ergab, dass Tiere, die während des Wachstums rohes Futter bekamen, als Erwachsene weniger häufig unter Allergien auf Umweltallergene (Atopie) litten (Paasikangas et al., 2013). Verschiedene Futterbestandteile wurden im Zuge der Studie geprüft (Fleisch, Innereien, Knorpel, Knochen, Fisch, Eier, Gemüse, Beeren). Rohes Fleisch war dabei das herausragende Merkmal. Interessant ist, dass es ausreichen könnte, wenn lediglich 20 % der Gesamtration aus rohen Futterkomponenten besteht. Auch die Aufnahme von Tümpelwasser führte ebenfalls zu weniger allergischen Reaktionen.

> **Hygienetheorie**
>
> In der Hygienetheorie geht es um die Entstehung von Allergien. Vereinfacht gesagt: Man geht davon aus, dass das Immunsystem durch zu viel Keimfreiheit – sei es in der Umwelt oder im Futter – zu wenig zu tun hat. In der Folge „sucht" es sich eine andere „Beschäftigung", wodurch die körpereigenen Abwehrmechanismen fehlgeleitet werden: Es kommt zu überschießenden Reaktionen auf eigentlich harmlose Stoffe. Die Umgebung unserer Hunde wird immer keimfreier. Antibakterielle Seifen, entsprechende Küchentücher usw. liegen richtig im Trend. Außerdem werden unsere Hunde regelmäßig und oft häufig entwurmt sowie prophylaktisch mit Zecken- und Flohmitteln behandelt. Kommerzielles Futter wird keimfrei produziert und ist daher quasi steril. Vor diesem Hintergrund ist ein „gelangweiltes" (unterfordertes) Immunsystem gut vorstellbar, wenngleich es sicher weiterer Studien bedarf, um diese Hypothese zu untermauern.

Signifikant mehr Allergien traten bei Fütterung von Trockenfutter oder Büffelhautknochen auf. Derselbe Effekt wurde festgestellt, wenn die Muttertiere bereits Allergiker waren, ebenso wenn die Tiere vermehrt im Haus gehalten wurden.

Zwei andere, sehr interessante schwedische Studien aus den Jahren 2006 und 2007 über Umweltallergien bei bestimmten Risikorassen (Bullterrier, Boxer und West Highland White Terrier) haben gezeigt, dass Nachkommen von Hündinnen, die während der Säugephase ausschließlich hausgemachtes Futter erhielten, in 50 % der Fälle weniger an Allergien litten. Bekamen die Hündinnen teilweise frisches Futter (u. a. Fleisch, Eier, Milchprodukte) war das Risiko der Nachkommen zumindest nicht erhöht (Nødtvedt et al., 2007; Sallander et al., 2009).

Barfen bei Erkrankungen

Das Futter für seinen Hund individuell zusammenstellen zu können, ist bei Erkrankungen von Vorteil, insbesondere wenn mehrere Erkrankungen vorliegen. Kommerzielle Diätfuttermittel sind in der Regel nur für eine Erkrankung konzipiert, sodass sich verschiedene Diätanforderungen am besten mit einer selbst zubereiteten und individuellen Ration erfüllen lassen.

Das klassische Barfen mit viel Fleisch und Innereien und dem Verzicht auf Kohlenhydrate ist nicht bei jeder Erkrankung geeignet, da die Diäten oft eiweiß- und/oder fettarm und folglich stärkereich sein sollten, um das Tier zu unterstützen (s. Seite 124ff.). Das bedeutet aber nicht, dass Sie deshalb ganz aufs Barfen verzichten müssen. Vielmehr sollte man dann die Futtermittel gezielt je nach Erkrankungen aussuchen und gegebenenfalls Kohlenhydrate ergänzen.

Da das Immunsystem bei Erkrankungen geschwächt ist, sollte das Futter eine einwandfreie Qualität haben. Dies gilt auch für trächtige und laktierende Hündinnen. Leider lässt die hygienische Qualität vieler im Handel erhältlicher Barffutter zu wünschen übrig. Wählen Sie Ihren Futtermittelhändler also bitte mit Bedacht, v. a. wenn Sie das Fleisch trotz Erkrankung oder Zuchtplänen weiterhin roh verfüttern möchten.

> **Mythos: Tierärzte sind gegen das Barfen, weil Sie dann kein Futter mehr verkaufen können**
>
> Für kranke Tiere sind eine Reihe spezieller Diätfuttermittel erhältlich, die vielen Tieren helfen. Nicht jeder Besitzer hat die Möglichkeit, das Futter für sein Tier frisch zuzubereiten. Im Urlaub sind fertige Diäten praktische und gute Alternativen. Der Grund, warum diese Diätfuttermittel über Tierärzte vertrieben werden, ist weniger weil sie „nur ihr Futter verkaufen wollen", sondern vielmehr, um sicherzustellen, dass nur kranke Tieren eine spezielle Diät erhalten und kein gesunder Hund diese für ihn unpassenden Futtermittel bekommt.

Nachteile des Barfens

Die hygienischen Anforderungen im Umgang mit rohem Fleisch sollten dringend beachtet werden. Dies ist besonders wichtig, wenn sich kleine Kinder oder krankheitsanfällige Menschen im Haushalt befinden. Zudem ist die passende Rationsgestaltung eine Herausforderung des Barfens.

Infektionsgefahr

Der Hund lebt in enger Gemeinschaft mit dem Menschen. Daher sollten hygienische Risiken, die durch die Verfütterung von rohem Fleisch bestehen, unbedingt beachtet werden.

Viele Barfbefürworter bagatellisieren das Infektionsrisiko (s. Mythos Seite 22) und Tierärzte gelten gerne als Spielverderber, wenn sie auf die Gefahr hinweisen.

Dabei gehört es zur beruflichen Pflicht eines Tierarztes, Sie ausreichend über jedwede Risiken aufzuklären. Um zu entscheiden, ob die Rohfütterung wirklich *für Sie* und *Ihren Hund* das Richtige ist, müssen Sie auch die negativen Aspekte einschätzen können. Sollten Sie am Ende dieses Kapitels zu der Meinung gelangen, dass Sie doch lieber nicht Barfen möchten, brauchen Sie kein schlechtes Gewissen zu haben. Es gibt sehr gute Alternativen (s. Seite 158ff.), z. B. das Futter zu kochen oder Fertigfutter mit frischen Komponenten aufzuwerten. Die Futterpläne in diesem Buch können Sie auch für Kochrationen verwenden und das Fleisch anstatt roh gegart verfüttern.

Potenzielle Erreger in rohem Fleisch

Rohes Fleisch kann verschiedene Keime und Parasiten im Zwischenstadium enthalten, die durch die fehlende Erhitzung nicht abgetötet werden. Manche Erreger führen „nur" zum Verderb des Fleisches, andere jedoch zu Erkrankungen bei Tier *und* Mensch. Studien zeigen eindeutig, dass Tiere, die mit rohem Fleisch gefüttert werden, pathogene Lebensmittelbakterien ausscheiden können, ohne selbst daran zu erkranken.

Im Einzelnen sind dies:
- Bakterien
  - *Arcobacter* spp.
  - *Bacillus cereus*
  - *Campylobacter* spp.
  - Clostridien
  - *Enterobacter* spp.
  - *E. coli*/STEC (= toxinbildende *E. coli*)
  - *Francisella tularensis* (v. a. Hasenfleisch)
  - Listerien
  - Mykobakterien (Erreger der Tuberkulose, v. a. Wildfleisch)
  - Salmonellen
  - Staphylokokken (inkl. MRSA)
  - *Yersinia enterocolica* (v. a. Schweinefleisch)
- Viren
  - Aujeszky (Schweinefleisch)
- Parasiten
  - Bandwürmer (*Echinococcus* sp., *Taenia* sp.)
  - Spulwürmer (*Toxocara canis*)
- Einzeller (Toxoplasmen, *Neospora caninum*, Kryptosporidien, Sarkosporidien)
- Trichinen (*Trichinella spiralis*)

Viele der genannten Bakterien können Giftstoffe (Toxine) bilden und dadurch eine gesundheitsschädliche Wirkung entfalten. Häufige Symptome sind Bauchschmerzen, Erbrechen und/oder Durchfall.

Bei geschwächtem Immunsystem oder wenn Bakterien über Wunden in den Körper eindringen (z. B. bei Zahnfleischentzündungen) können auch grundlegend nützliche/gute Bakterien zu Krankheitserregern werden. **Eine sorgfältige Hygiene im Umgang mit dem rohen Fleisch sowie bei Transport, Lagerung und Zubereitung ist daher entscheidend, um das allgemeine Infektionsrisiko zu reduzieren.**

Untersuchungen zeigen, dass die mikrobiologische Qualität von Barffutter leider oft mangelhaft ist. In einer neueren deutschen Studie wurden 15 gefrorene Barfmenüs verschiedener namhafter Versandhändler untersucht. 14 davon wiesen Keimgehalte weit über den für Lebensmittel geltenden Höchstmengen auf, obwohl einige Produkte als „Lebensmittelqualität" ausgelobt waren (Wendel et al., 2012).

Reicht es, das Fleisch einzufrieren?

Ein vorheriges Einfrieren hilft nur in manchen Fällen. Gerade Salmonellen, *Bacillus cereus* und Clostridien sind unempfindlich gegen Kälte. Die meisten *E. coli*-Bakterien sowie Bandwurmfinnen und Sarkosporidienzysten hingegen werden durch Einfrieren abgetötet (Bandwürmer mindestens 7 Tage und Sarkosporidien mindestens 3 Tage bei −20 °C). Ist Einfrieren nicht möglich, empfiehlt die europäische Vereinigung von Veterinärparasitologen (www.esccap.de) die Hunde alle 6 Wochen gegen Bandwürmer zu behandeln oder den Kot zu untersuchen. Wenngleich das Risiko einer Ansteckung nicht besonders hoch ist, können die gesundheitlichen Folgen einer möglichen Infektion für Tier und Mensch erheblich sein. Daher sind Vorsichtsmaßnahmen in jedem Fall anzuraten.

Salmonellose

Berichte über Salmonelleninfektionen beim Menschen, bei denen das Haustier oder das Futter der Überträger waren, gibt es viele. Ein Großteil davon kommt aus der Renn- und Schlittenhundeliteratur, da hier die Fütterung von rohem Fleisch schon lange praktiziert wird. Die Berichte betreffen aber nicht nur rohes Futter, sondern ebenso kontaminiertes Trockenfutter und Kauartikel. Salmonellen sind folglich nicht nur ein Problem der Rohfütterung, stehen aber mit an oberster Stelle, obwohl mittlerweile *Campylobacter*-Bakterien das größte Risiko darstellen.

Salmonellen können über Monate symptomlos vom Hund ausgeschieden werden. Sie sind schwer nachweisbar, da sie nicht kontinuierlich ausgeschieden werden.

Eine Salmonelleninfektion gehört zu den Zoonosen, also zu den vom Tier auf den Menschen übertragbaren Krankheiten. Salmonellen können heftigste Durchfälle verursachen und sind in Deutschland meldepflichtig. Entgegen mancher Meinungen besteht die Gefahr einer Salmonelleninfektion nicht nur bei Geflügelfleisch, wenngleich Geflügelfleisch am häufigsten betroffen ist. Auch in gefrorenen Barfmenüs, basierend auf Rind-, Lamm- und Straußenfleisch, wurden Salmonellen gefunden. Sie können die Gefahr durch eine Vermeidung von Geflügelfleisch zwar minimieren, aber nicht ganz ausschließen. Seien Sie daher bitte immer vorsichtig.

Wann ist besondere Vorsicht geboten?

Die Gefahr einer durch das Barfen verursachten Infektion ist für Kleinkinder (unter 5 und v. a. unter 2 Jahren), Schwangere sowie ältere und chronisch kranke Personen besonders groß. Ihr Immunsystem ist schwächer und sie können sich somit leichter anstecken. Zudem können die Auswirkungen einer Infektion sehr gravierend sein. Eine Toxoplasmeninfektion in der Schwangerschaft beispielsweise kann schwere irreversible Folgen für das Ungeborene haben, eine Salmonelleninfektion verläuft bei Kleinkindern oder Senioren unter Umständen tödlich.

Wenn Sie selbst oder andere Personen in Ihrem Haushalt zu einer dieser Gruppen gehören, oder Ihr Hund als Therapiehund regelmäßig Seniorenheime oder ähnliche Einrichtungen besucht, rate ich Ihnen, lieber auf Nummer sicher zu gehen und das Futter auf jeden Fall (ab-)zukochen. Nur so werden potenziell pathogene Keime sicher abgetötet.

> **Merke:** Das gesundheitliche Risiko durch Krankheitserreger im rohen Fleisch betrifft vor allem den Menschen. Besonders gefährdet sind Kinder unter 5 Jahren, Schwangere sowie Ältere und chronisch Kranke.

Herausforderung der richtigen Rationsgestaltung

Fehler bei der Rationsgestaltung sind neben Hygienemängeln ein wesentlicher Nachteil des Barfens. Barfen bietet Ihnen zwar die tolle Möglichkeit, Ihren Hund abwechslungsreich zu ernähren, gesund barfen erfordert aber ein gewisses Know-how. Abwechslungsreich bedeutet nicht automatisch ausgewogen, denn ausgewogen heißt, dass alle wesentlichen Nährstoffe in bedarfsgerechten Mengen im Futter enthalten sind. Eine Fütterung nach dem Vorbild der Natur allein ist also leider keine Garantie für eine ausgewogene Ernährung.

Hunde haben einen anderen Nährstoffbedarf als wir Menschen. Vor allem der Bedarf an Eiweiß, Calcium, Phosphor und den Spurenelementen Eisen, Kupfer, Zink und Jod ist um ein Vielfaches höher (s. Tabelle 2). Zum Teil liegt das daran, dass Hunde weit mehr Haare haben als wir. Allein ein Drittel des täglich benötigten Eiweißes braucht der Hund für das Fell. Außerdem enthalten Haare viel Kupfer und Zink. Die Menge, die für uns Menschen an Nahrung genügt, reicht daher nicht automatisch für den Hund.

Eine Unterversorgung mit Eiweiß, Phosphor, Magnesium, Natrium, Kalium oder Eisen ist selten ein Problem bei gebarften Hunden. Dagegen fehlen in den meisten Rationen die Spurenelemente Kupfer und Zink, da diese in unseren Lebensmitteln in zu geringen Mengen für den Hund enthalten sind (s. Tabelle 3). Auch die Versorgung mit Calcium, Mangan, Jod, Vitamin A und D ist häufig unzureichend.

Es wird gerne argumentiert, dass der Mensch für sich auch keine Rationsberechnung durchführe und nicht alle Nährstoffe jeden Tag in den empfohlenen Mengen zu sich nähme. Das ist sicherlich richtig. Ich möchte aber zu bedenken geben, dass bei uns Zweibeinern ebenfalls Nährstoffmängel vorkommen: Insbesondere die Versorgung mit Jod, Vitamin D und sicherlich auch mit Calcium ist knapp, weshalb Nahrungsergänzungen sinnvoll sind. Nicht umsonst gibt es jodiertes Kochsalz, und erst kürzlich wurde die Versorgungsempfehlung für Vitamin D angehoben.

Eine diesbezügliche Überprüfung der Ration bzw. des Futters lohnt sich immer. Sowohl Studien als auch meine eigene Praxiserfahrung zeigen, dass Mängel und Überversorgungen beim Barfen leider alltäglich sind. In einer deutschen Studie waren die Mineralstoff- und Vitamingehalte bei 60 % von 95 Barfrationen nicht bedarfsgerecht und unausgewogen. Bei der Hälfte mangelte es an Jod, bei etwa 10 % an Calcium und Vitamin D. Viele Rationen hatten niedrige Kupfer- und Zinkgehalte und 25 % wiesen ein Defizit an Vitamin A auf (Dillitzer et al., 2011). In einer anderen Studie aus Österreich wurden 56 Barfrationen unter die Lupe genommen Hier war bei 41 % war der Calciumgehalt zu niedrig, in ganzen 90 % der Fälle waren die Gehalte an Spurenelementen zu gering und auch an Vitamin A mangelte es häufig (Handl et al., 2012). Bei einer Untersuchung von sechs fertigen, im deutschen Handel beziehbaren Barfmenüs – eines davon für Welpen – war lediglich bei einem das Calcium-Phosphor-Verhältnis ausgewogen. Das Welpenmenü enthielt gerade einmal so viel Calcium und Phosphor, dass 20 % bzw. 24 % des Bedarfs gedeckt gewesen wären (Wendel et al., 2012). Eine solche Unterversorgung führt mit großer Wahrscheinlichkeit zu Wachstumsproblemen.

Tab. 2 Vergleich des Nährstoffbedarfs eines erwachsenen Menschen mit dem eines gleich schweren Hundes (65 kg).

	Mensch[1]		Hund[2]		Faktor
Eiweiß	48	g	125	g	2,6
Ca	1000	mg	3000	mg	3,0
P	700	mg	2200	mg	3,1
Na	550	mg	600	mg	1,1
K	2000	mg	3000	mg	1,5
Mg	325*	mg	520	mg	1,6
Fe	12,5*	mg	22	mg	1,7
Cu	1,3*	mg	4,5	mg	3,5
Zn	10	mg	45	mg	5,0
Mn	3,5*	mg	3,6	mg	1,0
J	200	mcg	660	mcg	3,2

1 Deutsche Gesellschaft für Ernährung: Erwachsener zwischen 25 und 51 Jahren (2015) (*Mittelwert)
2 National Research Council: Nutrient requirements for cats and dogs (2006)

Fairerweise muss man sagen, dass nicht jeder Hund bei unausgewogener Fütterung eine Mangelerscheinung entwickelt. Ich habe durchaus schon Hunde erlebt, die jahrelang nur mit Fleisch und Kartoffeln ernährt wurden, ohne ersichtliche Defizite aufzuweisen. Allerdings habe ich auch schon viele Hunde gesehen, die nach weit kürzerer Zeit der Fehlernährung Mangelsymptome gezeigt haben. Man weiß also nie, wie lange welcher Hund eine nicht bedarfsgerechte Ration toleriert. Genauso wenig weiß man genau, welche Folgen eine langfristig suboptimale Ernährung hat. Bei Tieren, die einen erhöhten Versorgungsbedarf haben (v. a. also Welpen und trächtige sowie säugende Hündinnen) machen sich Fehler in der Rationsgestaltung besonders schnell bemerkbar und sind gravierender. Auch Leistungshunde können bei suboptimaler Ernährung nicht ihr volles Potenzial ausschöpfen. Eine Fütterung „nach Gefühl" ist daher kaum zu empfehlen. Im Zweifelsfall ist es stets besser, auf Nummer sicher zu gehen.

> **Merke:** Gut gefüttert bedeutet nicht automatisch gut ernährt. Eine Mangelernährung macht sich bei ausgewachsenen Hunden selten sofort bemerkbar, erfahrungsgemäß dauert dies ein bis zwei Jahre.

Um nichts falsch zu machen, sollten Sie sich umfassend informieren – das tun Sie gerade durch die Lektüre dieses Buches – oder Sie lassen sich von jemandem mit entsprechender Sachkenntnis beraten. Im deutschsprachigen Raum gibt es einige auf Ernährung spezialisierte Tierärzte sowie verschiedene tiermedizinische Universitäten (Lehrstühle für Tierernährung), die individuelle Ernährungsberatungen anbieten (s. Seite 196).

> **Wählen Sie Ernährungsberater mit Bedacht**
> Leider darf im Prinzip jeder, der sich dazu berufen fühlt, eine Ernährungsberatung für Hunde anbieten. Achten Sie deshalb auf die berufliche Qualifikation sowie entsprechende Referenzen dieser Personen. Für Professionalität sprechen ein Studium und/oder (tatsächliche) berufliche Erfahrung in diesem Bereich. Auf seriösen Internetseiten werden Informationen durch den Verweis auf Fachliteratur und/oder Fachleute untermauert.

Sehr viele Barfpläne aus Büchern, dem Internet und Futterläden sind in Bezug auf ihre Ausgewogenheit leider mangelhaft. Meistens sind diese von ernährungswissenschaftlichen und tiermedizinischen Laien erstellt worden. Das soll nicht heißen, dass eine langjährige Erfahrung mit der Rohfütterung nichts wert sei, ganz im Gegenteil. Meiner Ansicht nach kann aber Erfahrung allein ein fundiertes Fachwissen nicht ersetzen. Im Idealfall hat man beides. Auch wären allgemein mehr Kenntnisse über die futtermittelrechtliche Gesetzeslage hilfreich, damit weniger Mythen im Umlauf wären, die Tierbesitzer nur unnötig verunsichern.

> **Merke:** Eine Überprüfung der Ration ist im Zweifel immer sinnvoll, ganz besonders bei Welpen sowie bei trächtigen und säugenden Hündinnen.

Blutuntersuchung anstelle einer Rationsüberprüfung?
Neuerdings wird von einem veterinärmedizinischen Labor ein sogenanntes Barfprofil angeboten, das die Überprüfung der Futterration erleichtern soll. Neben einem kleinen Blutbild, Albumin und dem Schilddrüsenhormon T4 werden die Mineralstoffe Calcium, Phosphat, Kupfer, Zink und Jod sowie die

Tab. 3 Typische Nährstoffimbalanzen bei Barfrationen

Nährstoff		Häufigste Ursache	Mögliche Auswirkungen
Eiweiß	Zu viel	Fleisch	Störung der Darmflora möglich Bei Leber- und Nierenerkrankungen problematisch
Calcium	Zu viel	Knochen	Wachstumsstörungen bei Welpen Sekundärer Kupfer- und Zinkmangel Förderung von Harnsteinen
	Zu wenig	Unzureichende oder gar keine Ergänzung	Welpe: Wachstumsstörungen Trächtigkeit: Unterentwickelte Welpen Säugeperiode: Eklampsie (Milchfieber) Adult: Knochendemineralisierung (erhöhte Frakturneigung, „Gummikiefer", Zahnverluste)
Kupfer, Zink	Zu wenig	Unzureichende oder gar keine Ergänzung Calciumexzess	Schlechte Haut- und Fellqualität, Pigmentverlust/Haaraufhellung Kupfer: Blutarmut, Durchtrittigkeit bei Welpen Zink: eventuell erhöhte Infektneigung oder schlechte Wundheilung
Jod	Zu viel	Seealgenmehl	Einschränkung der Schilddrüsenfunktion
	Zu wenig	Ergänzung mit Chlorella oder Spirulina (Süßwasseralgen)	Kropfbildung, Fellverlust, Lethargie
Vitamin A	Zu viel	Große Mengen bzw. einseitige Fütterung mit Leber	Übererregbarkeit, Frakturneigung
	Zu wenig	Fehlende Ergänzung, kein Gemüse (Betacarotin)	Erhöhte Infektanfälligkeit, Bindehautentzündung, Wachstumsstörungen
Vitamin D	Zu viel	Lebertran	Gefäßverkalkung
	Zu wenig	Fehlende Ergänzung	Ungenügende Skelettmineralisierung
Vitamin B_1 (Thiamin)	Zu wenig	Überwiegende Fütterung mit rohen thiaminasehaltigen Fischen	Anfangs Appetitlosigkeit, Kotfressen Später Beeinträchtigung des zentralen Nervensystems, Krämpfe und Kreislaufprobleme
Linolsäure	Zu wenig	Ausschließliche Verwendung von Olivenöl, Fischöl, Leinöl und/oder Kokosfett	Trockene Haut, sprödes Fell, Haarausfall vermehrte Ohrschmalzbildung Erhöhte Neigung für Hautentzündungen und schlechte Wundheilung

Vitamine A und D im Blut bestimmt. Die Beurteilung ist allerdings schwierig, denn die Aussagekraft der Nährstoffgehalte im Blut ist schwach und es handelt sich hierbei auch immer nur um eine Momentaufnahme. Eine Beurteilung der mittel- und langfristigen Nährstoffversorgung ist anhand einer Blutuntersuchung daher nicht möglich. Hierauf wird auch von Seiten des Labors hingewiesen und eine zusätzliche Rationsüberprüfung empfohlen. Die Kosten für die Laboruntersuchung liegen bei 150 €, die man sicherlich auch gleich in eine Rationsüberprüfung investieren könnte.

Barfprofil im Detail:
- Der **Calcium**spiegel wird hormonell sehr straff reguliert und spiegelt daher nicht die Versorgung über das Futter wieder (s. Seite 32). Weder bei einer Über- noch Unterversorgung (wie es bei Barfrationen häufig der Fall ist) sind die Blutspiegel verändert.
  – Aussagekraft und Nutzen: keine
- Der **Phosphor**spiegel wird weniger straff reguliert als der Calciumspiegel und ist neben der Fütterung auch abhängig von weiteren Faktoren wie Alter, Erkrankungen und Medikamenten. Eine Unterversorgung ist bei Barfrationen selten, da Fleisch, Innereien und Knochen phosphorreich sind.
  – Aussagekraft und Nutzen: fraglich
- Eine Unterversorgung mit **Kupfer und Zink** ist bei unsupplementierten Barfrationen relativ häufig zu finden. Da Kupfer in der Leber gespeichert wird, müsste man eigentlich die Gehalte in der Leber bestimmen, um die Kupferversorgung zu beurteilen. Dies ginge aber nur mittels einer Biopsie – das ist natürlich keine Option und steht nicht im Verhältnis. Ähnlich ist es bei Zink, dessen Hauptspeicherort die Knochen sind. Zudem steigt der Zinkspiegel eine Stunde nach der Fütterung an und nimmt dann allmählich ab. Bestimmte Erkrankungen beeinflussen die Blutwerte für Kupfer und Zink und bei einem vorangegangen Mangel können die Blutwerte auch erniedrigt sein, weil zunächst die Speicher wieder gefüllt werden.
  – Aussagekraft und Nutzen: fraglich
- Die **Jod**versorgung ist eng an die Bildung der Schilddrüsenhormone geknüpft, weshalb eine parallele Beurteilung der Schilddrüsenhormone sinnvoll ist. Sowohl bei einer Unter- als auch bei einer Überversorgung sind die Hormonspiegel verändert. Noch aussagekräftiger ist der Jodgehalt im Urin, da dieser die Zufuhr über die Nahrung genauer widerspiegelt. Zu berücksichtigen ist, dass der Körper sehr lange braucht, um sich an eine Veränderung der Jodzufuhr anzupassen. Wenn das Futter keine Seefische, Seealgen oder irgendeine andere jodhaltige Ergänzung enthält, ist eine Jodunterversorgung ziemlich wahrscheinlich.
  – Aussagekraft und Nutzen: in Ordnung
- **Vitamin A** wird insbesondere in der Leber, aber auch in den Nieren gespeichert. Die Beurteilung von freien Vitamin-A-Verbindungen im Blut ist wissenschaftlich umstritten. Sofern die Ration Leber oder Lebertran enthält, ist eine Unterversorgung unwahrscheinlich. Eher hat man bei Barfrationen das Problem der Überversorgung. Hunde können außerdem das in Gemüse und Obst enthaltene Betacarotin bei Bedarf in Vitamin A umwandeln.
  – Aussagekraft und Nutzen: fraglich
- **Vitamin D** ist ein fettlösliches hormonähnliches Vitamin, welches gleichmäßig im Fettgewebe des Körpers gespeichert wird. Beim Hund findet eine Eigensynthese über die Haut durch UV-Licht, wie beim Menschen, nicht statt. Im Blut wird eine Vitamin-D-Vorstufe bestimmt, das 25-Hydroxychalciferol, welches bei einem Mangel erniedrigt ist. Die aktive Form des Vitamins, das 1,25-Dihydroxacholechalciferol, ist im Blut wenig aussagekräftig, da es ähnlich wie auch Calcium straff reguliert wird. Eine Unterversorgung ist bei Barfrationen typisch, wenn kein Lebertran oder fetter Seefisch gefüttert wird.
  – Aussagekraft und Nutzen: gut

Fazit: Eine Blutuntersuchung ist kein sicheres Mittel zur Beurteilung der Nährstoffversorgung.

Tab. 4 Vor- und Nachteile des Barfens auf einen Blick

Vorteile	Nachteile

• Individuelle und abwechslungsreiche Auswahl und Zuteilung der Zutaten
• Sie wissen genau, was Ihr Hund bekommt
• Längere Fresszeiten
• Befriedigung des Kaubedürfnisses
• Bessere Zahnpflege
• Häufig bessere Kotkonsistenz und geringere Kotmengen
• Weniger Nährstoffverluste
	• Hygienemängel möglich
	• Übertragung von Krankheitserregern
	  – auf das Tier
	  – auf den Menschen
	• Verletzung oder Verstopfungen durch Knochen
	• Verdauungsstörungen/Vergiftung durch ungeeignete Futtermittel
	• Häufig Nährstoffimbalanzen, Rationsberechnung empfehlenswert
	• Höherer Zeitaufwand
	• Ggf. höhere Anschaffungskosten für Zubehör

Verletzungsgefahr durch Knochenfütterung

An dritter Stelle muss die Verletzungs- und Verstopfungsgefahr durch die Verfütterung von Knochen beachtet werden. Nicht jeder Hund verträgt Knochen gleichermaßen. Knochen können splittern und brechen und so zu Zahnfrakturen oder Verletzungen am Zahnfleisch, im Magen oder im Darm führen. Manche Hunde bekommen Verstopfungen (Knochenkotobstipation). Größere Knochenteile können so hartnäckig im Darm stecken bleiben, dass sie nur operativ entfernt werden können. Knorpelringe von Luftröhren oder Markknochen können, wenn im Ganzen abgeschluckt, im Rachen festsitzen. Manche Hunde bleiben mit der Zunge darin stecken und können sich nicht mehr selbst befreien. Dies kann lebensbedrohlich sein. Auch in diesen beiden Fällen müsste Ihr Hund operiert werden.

Merke: Besonders bei Hunden, die sehr schlingen und schnell fressen, kann Knochenfütterung kritisch sein.

Tipp: Wenn Sie merken, dass Ihr Hund Probleme mit Knochen hat oder zu Verstopfungen neigt, versuchen Sie es entweder mit kleinen Mengen gewolfter Geflügelhälse oder verzichten Sie ganz auf die Fütterung von Knochen und verwenden stattdessen Knochenmehl.

Probleme durch ungeeignete Futtermittel

Nicht alles ist für den rohen Verzehr geeignet: Insbesondere Hülsenfrüchte, Eier und bestimmte Fischsorten sollten gegart verfüttert werden, da es sonst zu Vergiftungen, Verdauungsproblemen oder Vitaminmängeln kommen kann. Während Eier und Fisch häufiger in Barfrationen vorkommen, tauchen Hülsenfrüchte eigentlich nie auf.

Gerne verwendet wird auch Kehlkopf, dies kann jedoch nach regelmäßigem Verzehr zu Schilddrüsenproblemen führen (s. Seite 59). Hierbei ist es irrelevant, ob der Kehlkopf roh oder gekocht gefüttert wird.

Grundlagen zu Verdauung und Nährstoffen

Verdauung ist die Zerlegung der Nahrung in ihre Einzelbestandteile, sodass die enthaltenen Nährstoffe in den Körper und den Stoffwechsel aufgenommen und genutzt werden können.

Verdauung

Die Verdauung findet im Magen und Darm statt. Leber und Bauchspeicheldrüse spielen ebenfalls eine entscheidende Rolle. Über die Speiseröhre (Schlund) wird der Futterbissen zum Magen befördert. Der Nahrungsaufschluss geschieht mithilfe von Verdauungsenzymen, die größtenteils in der Bauchspeicheldrüse produziert und in den Dünndarm abgegeben werden (s. Abbildung 3).

Magen

Der Hundemagen ist außerordentlich dehnbar und kann im gefüllten Zustand bis weit hinter den Rippenbogen reichen. Er reguliert den Weitertransport der Nahrung in den Dünndarm und diente ursprünglich auch als Speicherorgan. Der Nahrungsbrei wird im Magen kräftig durchmischt sowie mit Magensaft durchtränkt und so die Verdauung eingeleitet. Der im Magen gebildete Magensaft besteht aus Salzsäure und Pepsinogen (eine Vorstufe des eiweißabbauenden Enzyms). Um sich selbst vor der Salzsäure zu schützen, bildet der Magen zudem Bicarbonat und ein schleimiges Sekret. Wie viel Magensaft produziert wird hängt von der Art und Menge der Futtermittel ab. Stimulierend wirken

Abb. 2: Typisches Fleischfressergebiss. Mit den langen spitzen Fangzähnen und den beiden großen kräftigen Reißzähnen auf jeder Seite – der sogenannten Brechschere – können Hunde Knochen und Fleischstücke optimal erfassen und zerlegen.

> **Mythos: Die Magensäure des Hundes tötet alle Keime ab**
>
> In der Tat verhindert der Magensaft, dass sich bestimmte Bakterien im Magen vermehren. Durch den Salzsäureanteil ist der pH-Wert im Magen (zweitweise) sehr niedrig. Manche Keime werden dadurch abgetötet, aber längst nicht alle. Es gibt säureresistente Keime, z. B. Milchsäurebakterien, aber auch Salmonellen, die die Magensäure problemlos überleben. Die Magensäure allein schützt den Hund also nicht vor Krankheitserregern. Und es ist folglich falsch zu glauben, dass rohes Fleisch nicht gesundheitsgefährdend sein könnte. Zudem gibt es per se keinen Unterschied zwischen der Magensäure des Hundes und der des Menschen, wie oft behauptet. Wohingegen stimmt, dass eine fleischreiche Kost die Magensaftproduktion anregt. Einen Einfluss auf den pH-Wert an sich hat das aber nicht.

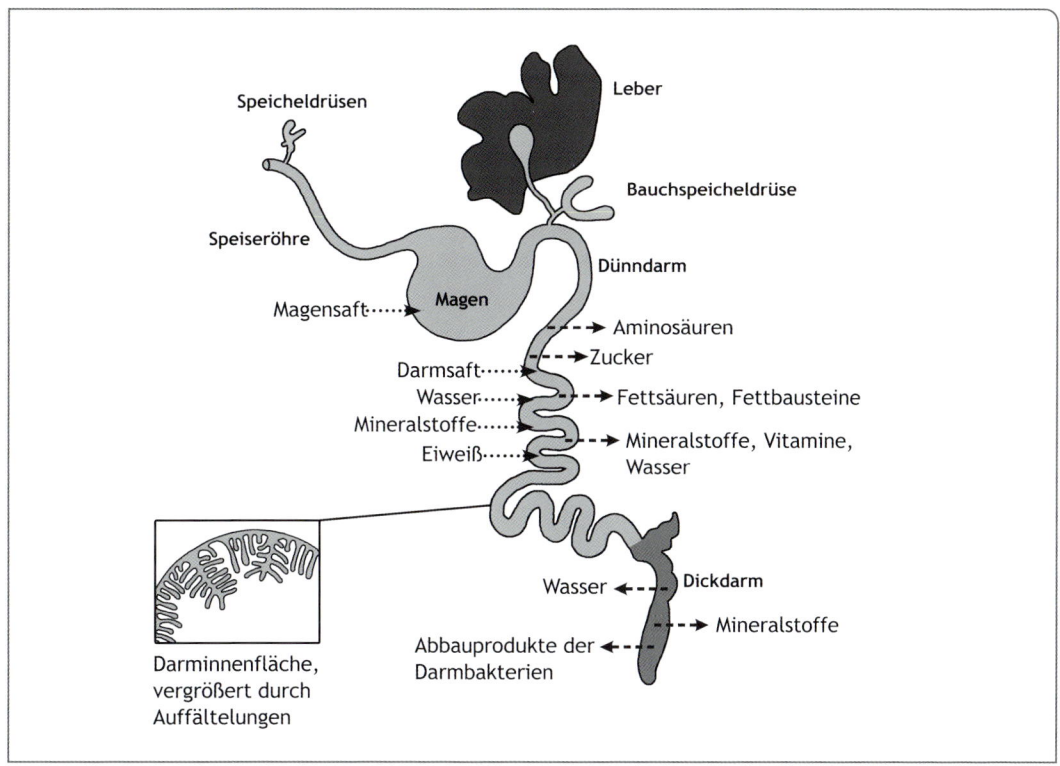

Abb. 3: Übersicht über die Vorgänge im Verdauungstrakt von Hunden.

Fleisch, Fleischbrühe, Salz, Milch, Säuren und sogar Wasser. Hemmend wirken Brot, Kartoffeln, Butter und Zucker.

Die Entleerung des Magens dauert im Schnitt zwischen zwei und acht Stunden. Spätestens nach 15–20 Stunden ist der Magen vollständig entleert. Feste Stücke (z. B. Fleisch) und visköses Material werden langsamer in den Dünndarm abgegeben, Unverdautes als Letztes. Können unverdauliche Bestandteile (auch Fremdkörper) nicht weiter transportiert werden, werden sie hochgewürgt. Fett wirkt im Allgemeinen verzögernd auf die Magenentleerung.

Dünn- und Dickdarm

Der Hauptteil der Verdauung findet im Darm statt, der unterteilt ist in den längeren Dünndarm und den kürzeren Dickdarm. Die Bauchspeicheldrüse produziert die nötigen Verdauungsenzyme und gibt diese in den vorderen Dünndarmabschnitt ab.

Der Großteil der Nährstoffe wird im Dünndarm in den Körper aufgenommen. Eine sehr

Merke: Je flüssiger und zerkleinerter das Futter, desto schneller wird es aus dem Magen weitertransportiert.

Merke: Die Futterverdauung dauert insgesamt ungefähr einen Tag.

> **Einflussfaktoren auf die Geschwindigkeit der Nahrungspassage**
> Schneller:
> - Mehrmalige Fütterung
> - Bewegung später als zwei Stunden nach dem Fressen
> - Hoher Ballaststoffgehalt des Futters
>
> Langsamer:
> - Hochverdauliches Futter/wenig Ballaststoffe
> - Körperliche Belastung direkt nach dem Fressen

feine Fältelung der Darmschleimhaut sorgt für eine entsprechend große Oberfläche. Die Nahrung verweilt im Dünndarm etwa ein bis zwei Stunden.

Im Dickdarm befinden sich besonders viele Bakterien, die für die Verdauung der restlichen Nahrungsbestandteile sorgen. Außerdem werden im Dickdarm Wasser und Elektrolyte reabsorbiert. Wie lange die Nahrung im Dickdarm verweilt, hängt von der Menge an Ballaststoffen ab, im Schnitt sind es zwischen 18 und 24 Stunden.

Darmflora

Die Darmflora besteht aus einer außerordentlichen Vielfalt unterschiedlicher Bakterien, die als Kleinstlebewesen ihren eigenen Stoffwechsel haben. Manche davon brauchen Sauerstoff zum Leben, andere kommen ohne aus. Die Bakterien sind über den ganzen Verdauungskanal verteilt. Im Magen findet man pro Gramm etwa 0,1 Millionen Bakterien, im Dickdarm dagegen 100 Milliarden.

Nicht jedes Bakterium zersetzt die gleichen Nährstoffe. Laktobazillen verdauen z. B. am liebsten Kohlenhydrate, Clostridien hingegen hauptsächlich Eiweiß. Es gilt das Gesetz des Stärkeren – stärker sind die Bakterien, die am meisten Nahrung bekommen. Das bedeutet, dass man über die Zusammen-

> **Tipp:** Die Darmschleimhaut bietet eine natürliche Schutzbarriere, die dafür sorgt, dass nur Nahrungsmoleküle mit einer bestimmten Größe in den Körper gelangen können. Ist sie zerstört, beispielsweise aufgrund einer Entzündung, können größere Nahrungsmoleküle ins Blut übergehen. Diese werden vom Immunsystem als fremd eingestuft, wodurch Allergien gegen diese Nahrungsbestandteile entstehen können. Um dem vorzubeugen, sollten Sie Ihren Hund bei einer akuten Magen-Darm-Entzündung 12 bis 48 Stunden fasten lassen. Wasser sollte aber stets zur Verfügung stehen.

> **Pro- und Präbiotika**
> *Probiotika* sind per Definition „lebende Mikroorganismen, die die Darmflora modifizieren und eine positive gesundheitliche Wirkung erzielen". Meistens handelt es sich um Milchsäurebildner (*Lactobacillus, Bifidobacterium, Enterococcus*) oder Hefen (*Saccharomyces* spp.). Als Futterzusatzstoff für Hunde sind derzeit *Lactobacillus acidophilus* und *Enterococcus faecium* zugelassen. Die empfohlene Dosis beträgt 10^8–10^{11} KBE pro Tag.
>
> *Präbiotika* sind „unverdauliche Futterbestandteile, die selektiv das Wachstum bestimmter Bakterien im Dickdarm stimulieren und dadurch die Gesundheit fördern". Mit anderen Worten: Präbiotika sind Nahrung für die Darmbakterien. Man versucht also, die guten Darmbakterien zu fördern, indem man ihnen ausreichend Nahrung zur Verfügung stellt. Auf diese Weise werden die schlechten Bakterien „ausgehungert" und verdrängt.
>
> Präbiotika für Hunde sind vor allem unverdaubare Kohlenhydrate wie Laktose (Milchzucker), Pektine, Fructooligosaccharide (FOS) oder Mannanoligosaccharide (MOS), die natürlicherweise in pflanzlichen Futtermitteln vorkommen, z. B. in Möhren, Bananen, Weizenkleie, Sojaschalen, Äpfeln, Obsttrester, Zuckerrüben, Flohsamen oder Zuckerrübenschnitzeln.

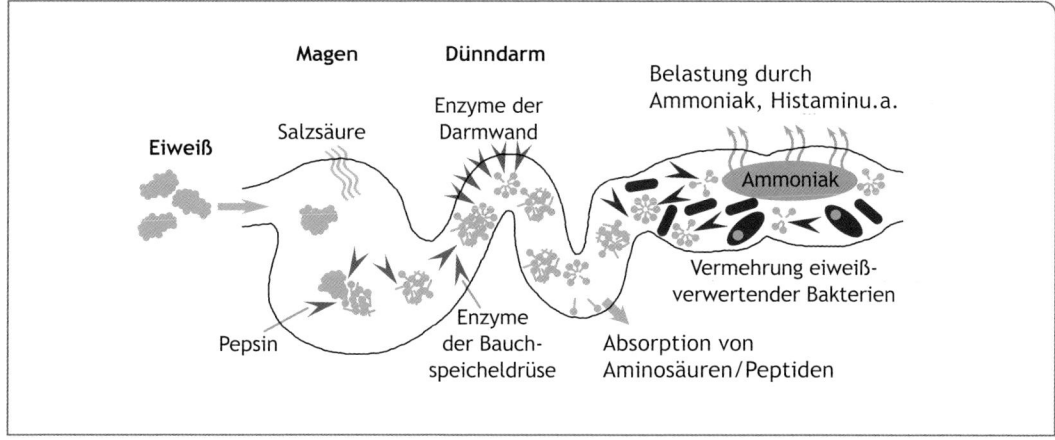

Abb. 4: Schematische Darstellung der Eiweißverdauung im Dünn- und Dickdarm.
Bei einer einseitigen oder sehr eiweißreichen Fütterung landen vermehrt Eiweißbestandteile aus der Nahrung im Dickdarm. Dies begünstigt eiweißspaltende Bakterien und drängt nützliche Bakterien zurück. Es besteht die Gefahr einer Dysbiose, also einer Störung der natürlichen Bakterienflora. Zudem kann es verstärkt zu Blähungen kommen und Durchfälle treten unter Umständen gehäufter auf.

setzung der Nahrung die Bakterienflora im Darm beeinflussen kann. Auf diesem Prinzip basieren auch Pro- und Präbiotika, die gezielt den Aufbau einer gesunden Darmflora fördern sollen. Studien zum Einsatz von Pro- und Präbiotika gibt es zahlreiche. Ebenso zahlreich sind dabei die Ergebnisse. Die eingesetzten Präparate, Erkrankungen der Probanden und die verwendeten Methoden unterscheiden sich oft von Studie zu Studie, sodass es schwierig ist, Vergleiche anzustellen bzw. allgemeingültige Schlussfolgerungen daraus zu ziehen. Erfolgsversprechend ist der Einsatz v. a. bei unkomplizierten akuten Magen-Darm-Entzündungen (Gastroenteritis), stressinduziertem Durchfall und Futtermittelunverträglichkeiten. Unterstützend können Pro- und Präbiotika bei chronisch entzündlichen Darmerkrankungen eingesetzt werden. Medikamente wie Antibiotika oder Wurmkuren ersetzen sie aber nicht.

Unterschiede der Verdauung im Dünn- und Dickdarm

Zum Verständnis vieler Probleme, die im Zusammenhang mit der Nahrung stehen, ist es wichtig, den Unterschied zwischen der Verdauung im Dünndarm und der im Dickdarm zu kennen. In beiden Darmabschnitten werden zwar die gleichen Nährstoffe zersetzt, die dabei entstehenden Endprodukte unterscheiden sich jedoch.

Stärke und Eiweiß werden im Dünndarm in einzelne Zuckereinheiten bzw. Aminosäuren zerlegt, die dann in den Körper aufgenommen werden. Was im Dünndarm nicht verdaut wird, landet im Dickdarm und wird von den dortigen Bakterien abgebaut. Die bakterielle Verdauung nennt man Fermentation. Es entstehen dabei immer Gase, die sich dann beim Hund durch Blähungen bemerkbar machen können.

Stärke wird von Bakterien nicht zu Glukose, sondern zu kurzkettigen Fettsäuren (Essig-, Butter- und Propionsäure) sowie zu Milchsäure (Laktat) abgebaut. Der Hund kann diese Fettsäuren als Energiequelle nutzen, allerdings ist die Ausbeute insgesamt deutlich geringer als beim Stärkeabbau zu Glukose im Dünndarm (nur ca. 8 % der gesamten Verdauung). Buttersäure dient den Darmzellen zusätzlich als primäre Energiequelle und trägt somit zu einer gesunden Darmfunktion bei.

Eiweiß, bzw. genau genommen die Aminosäuren, werden von den Darmbakterien im Dickdarm weiter zu Ammoniak, biogenen Aminen oder Histamin abgebaut. Letztere muss der Hund mithilfe der Leber entgiften, weshalb diese Endprodukte eher belasten (s. Seite 129).

Die Leber – ein Meisterorgan

In der Leber finden ca. 1500 wichtige Stoffwechselprozesse statt. Hierzu zählen im Wesentlichen der Auf-, Um- und Abbau von Kohlenhydraten, Fett und Eiweiß. Außerdem werden in der Leber Gallensäuren gebildet, die in der Gallenblase gesammelt werden und für die Fettverdauung von großer Bedeutung sind. Die Leber speichert zudem wichtige Nährstoffe (z. B. Vitamin A, Kupfer und Vitamin B_{12}) und ist das wichtigste Entgiftungsorgan.

Verdaulichkeit des Futters

Die Verdaulichkeit beschreibt den Anteil des Futters, der im Darm absorbiert wird, ausgedrückt in Prozent. Die Verdaulichkeit lässt sich anhand einer mathematischen Formel berechnen, wenn man die aufgenommene Futtermenge und die ausgeschiedene Kotmenge kennt (s. Seite 27). Ist ein Futtermittel beispielsweise zu 85 % verdaulich, werden 15 % davon unverdaut wieder ausgeschieden (bezogen auf die Trockensubstanz). Eine hohe Verdaulichkeit bedeutet also eine geringe Kotmenge. Unterschiede von nur 10 % können bereits die doppelte Kotmenge ausmachen.

Hausgemachte Rationen (egal, ob roh oder gekocht) sind fast immer besser verdaulich als kommerzielle Futtermittel. Zum einen hängt das mit dem Herstellungsprozess des Futters

Tab. 5 Verdaulichkeit verschiedener Eiweiße beim Hund in %

Futtermittel	Verdaulichkeit
Frisches Fleisch	98
Fleischmehl	90
Frische Innereien[1]	95
Pansen	93
Sehnen, Knorpel	90–95
Eiklar, roh	50–70
Eiklar, gekocht	90
Quark	85
Milch	95
Sojaextraktionsschrot	82–84
Sojaproteinisolat	94
Erbsen	85
Gemüse[2]	63

1 Leber, Lunge   2 Kohl, Spinat
Quelle: Meyer und Zentek (2013)

> **Besonderheit großer Hunde**
> Große Hunde haben im Verhältnis zu ihrer Körpermasse einen kürzeren Darm als kleine Hunde. Der Gewichtsanteil beträgt bei einem 5 kg schweren Hund ca. 7 % der gesamten Körpermasse, bei einem 60 kg schweren Hund hingegen nur knapp 3 %. Aus diesem Grund setzen große Hunde öfter Kot ab als kleine und haben häufig eine schlechtere Kotqualität. Außerdem geben sie mehr Natrium in den Dickdarm ab, wodurch der Kot wässriger und weicher ist. Insbesondere für sehr große Hunde sollte das Futter daher hochverdaulich sein.

zusammen, zum anderen mit der Art der verwendeten Zutaten (z. B. frisches Fleisch verglichen mit Fleischmehl, s. Tabelle 5). Bei hausgemachten Rationen liegt die Verdaulichkeit meist über 90 %, bei kommerziellem Futter selten über 85 %. Das ist auch der Grund, warum die meisten Hunde nach der Umstellung auf Barf weniger Kot absetzen.

Bestimmung der Verdaulichkeit
Die Verdaulichkeit eines Futtermittels kann nur über einen Fütterungsversuch ermittelt werden. Plakative Aussagen über „eine hervorragende Verdaulichkeit" des Futters ohne entsprechende Belege sagen daher wenig aus. Bei einer Verdaulichkeitsstudie wird ein bestimmtes Futter an mindestens sechs Tiere über mindestens eine Woche gefüttert. Die ersten drei Tage sind die sogenannte Anfütterungsphase, die folgenden vier Tage die sogenannte Sammelphase. Während Letzterer werden die aufgenommene Futter- und die ausgeschiedene Kotmenge genau quantifiziert, Futter und Kot anschließend im Labor analysiert und die Verdaulichkeit mathematisch errechnet.

Einflussfaktoren
Die Verdaulichkeit tierischer Futtermittel wird durch deren Anteil an Bindegewebe bestimmt. Die enzymatische Verdauung von Bindegewebseiweiß (Kollagen) im Dünndarm ist schlechter als die von Muskeleiweiß. Schlachtabfälle und Organe wie Lunge, Blättermagen oder Schlund sind daher schwerer zu verdauen als bloßes Fleisch und führen häufiger zu Blähungen.

Bei stärkereichen Futtermitteln wird die Verdaulichkeit durch den Ballaststoffanteil sowie durch die Aufbereitungsart bestimmt. Ballaststoffarme ebenso wie mechanisch bzw. thermisch behandelte Futtermittel haben eine höhere Verdaulichkeit. Weißer Reis ist daher leichter zu verdauen als Naturreis, Getreideflocken besser als ganze Körner und

> **Merke:** Je höher der Anteil an Bindegewebe, desto schwerer verdaulich ist das Futtermittel und desto eher bekommt Ihr Hund Blähungen.

gekochte Kartoffeln oder Nudeln besser als rohe (s. Tabelle 19, Seite 65).

Nährstoffe

Nahrung besteht aus organischen und anorganischen Bestandteilen und enthält Vitamine und Wasser (s. Tabelle 6). Nährstoffe, die nicht selbst vom Körper hergestellt werden können, sind essenziell. Sie müssen über die Nahrung aufgenommen werden, damit es nicht zu Mangelerscheinungen kommt.

Energie
Energie wird durch Verbrennung der Makronährstoffe Kohlenhydrate, Fett und Eiweiß gewonnen. Kohlenhydrate sind die am schnellsten verfügbare Energiequelle und daher z. B. wichtig für Sprintathleten, Rennhunde. Fett ist ebenfalls eine hervorragende Energiequelle, aber eher auf lange Sicht gesehen und daher wichtig für z. B. Ausdauersportler, Schlittenhunde.

Eiweiß dagegen ist kein primärer Brennstoff, sondern wichtig für den Aufbau und die Aufrechterhaltung der Körpersubstanz. Die Energieausbeute bei der Verbrennung von Eiweiß ist verglichen mit der von Kohlenhydraten und Fett geringer, denn es geht mehr Energie in Form von Wärme verloren. Auch der Wasserbedarf ist größer.

Die im Futter enthaltene Energie, die der Hund effektiv nutzen kann, wird als umsetzbare Energie (ME) bezeichnet. Bei der Berechnung der umsetzbaren Energie werden Energieverluste über den Kot und den Harn berücksichtigt (s. Abbildung 5).

Die Einheit für die Energie ist Joule (J) oder Kalorie (cal). Der Einfachheit halber

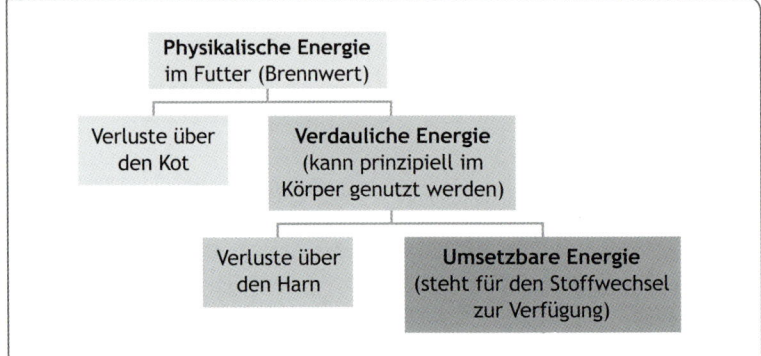

Abb. 5: Energiebewertungssysteme von Futtermitteln. Für den Hund entscheidend ist die umsetzbare Energie.

verwendet man die höheren Einheiten Kilojoule (kJ) und Kilokalorien (kcal), wenngleich im üblichen Sprachgebrauch von Kalorien die Rede ist. Eine Kilokalorie entspricht 4,184 Kilojoule.

In der Tierernährung verwendet man in Deutschland die Einheit Megajoule (MJ = 1000 kJ), in der Humanernährung Kilokalorien. Ein Megajoule entspricht 239 Kilokalorien. Damit Sie eine bessere Vorstellung vom Energiebedarf Ihres Hundes und den Energiegehalten der Futtermittel bekommen, verwende ich in diesem Buch die Einheit Kilokalorie.

Eiweiß

Die Grundbausteine von Eiweiß (= Protein) sind die Aminosäuren. Hiervon gibt es rund zwanzig verschiedene, die in unterschiedlicher Anzahl und Reihenfolge aneinandergeknüpft sind. Die Reihenfolge ist genetisch festgelegt und bestimmt die Struktur sowie Funktion des jeweiligen Proteins. Etwa die Hälfte der Aminosäuren ist essenziell und muss mit der Nahrung aufgenommen werden (s. Kasten), die andere Hälfte kann der Körper selbst liefern.

Viel Eiweiß enthalten v. a. tierische Futtermittel. Der Gehalt an essenziellen Aminosäuren bestimmt dabei die Wertigkeit des Proteins.

Essenzielle Aminosäuren für den Hund
- Arginin
- Histidin
- Isoleucin
- Lysin
- Leucin
- Methionin[1]
- Phenylalanin[2]
- Threonin
- Tryptophan
- Valin

[1] teils durch Cystein ersetzbar
[2] teils durch Tyrosin ersetzbar

Ohne Eiweiß aus der Nahrung könnte Körpergewebe nicht ständig erneuert werden. Eiweiß ist wichtig für die Bildung sogenannter Strukturproteine, z. B. Muskulatur, Bindegewebe, Haut und Haare, und für Funktionsproteine, wie Antikörper, Hormone, Botenstoffe und Enzyme. Eiweiß wird folglich in erster Linie für die Aufrechterhaltung und den Aufbau von Körpergewebe benötigt.

Im Körper wird Eiweiß selbst nicht gespeichert. Zu viel aufgenommenes Eiweiß muss daher abgebaut und „entsorgt" werden. Der hierbei anfallende Stickstoffrest wird über Ammoniak in der Leber zu Harnstoff umgewandelt und über die Nieren ausgeschieden.

Die Energie aus dem Eiweißabbau kann sowohl genutzt als auch bei einem Überschuss als Fett gespeichert werden. Im Hungerzustand wird, wenn die Fettreserven erschöpft sind, auch körpereigenes Eiweiß

Tab. 6 Einteilung der Nährstoffe und ihre üblichen Abkürzungen

Organisch Makronährstoffe	Anorganisch Mineralstoffe		Spurenelemente		Vitamine fettlöslich		wasserlöslich	
Eiweiß	Calcium	Ca	Eisen	Fe	Retinol	A	Thiamin	B_1
Fett	Phosphor	P	Kupfer	Cu	Cholecalciferol	D	Riboflavin	B_2
Kohlenhydrate	Magnesium	Mg	Zink	Zn	Tocopherol	E	Niacin	B_3
Ballaststoffe	Kalium	K	Mangan	Mn	Menadion	K	Pantothen	B_5
	Natrium	Na	Jod	J			Pyridoxin	B_6
	Chlorid	Cl	Selen	Se			Biotin	B_7/B_8
							Folsäure	B_9
							Cobalamin	B_{12}
							Ascorbinsäure	C

Qualität von Eiweiß

Die „biologische Wertigkeit" ist neben der Verdaulichkeit im Dünndarm ein Standardmaß für die Qualität eines Eiweißes. Je höher dieses ist, desto effizienter kann das Nahrungseiweiß in körpereigenes Eiweiß umgewandelt werden. Ausschlaggebend für die biologische Wertigkeit ist die Zusammensetzung der Aminosäuren. Tierisches Eiweiß ist im Allgemeinen hochwertiger als pflanzliches Eiweiß, mit Ausnahme von Soja. Referenzwert ist das Ei, dessen biologische Wertigkeit bei 100 liegt.

mobilisiert, um den Organismus mit Energie zu versorgen. Dadurch kommt es jedoch zu einem Verlust an Körpersubstanz, insbesondere an Muskulatur, sowie zu Einbußen verschiedener Körperfunktionen.

Fette

Fette (= Lipide) sind Verbindungen aus einzelnen Fettsäuren und Glyzerin. Sie sind wichtig für die:
- Energieversorgung
- Versorgung mit essenziellen Fettsäuren
- Aufnahme der fettlöslichen Vitamine im Darm

Fettsäuren unterscheiden sich durch ihre Anzahl an Kohlenstoffatomen und werden je nach Länge in kurz-, mittel- und langkettige Fettsäuren unterteilt. Des Weiteren werden Fettsäuren danach unterschieden, ob sie eine Doppelbindung zwischen den Kohlenstoffatomen besitzen oder nicht. Haben sie keine, handelt es sich um eine *gesättigte* Fettsäure. Ist eine Doppelbindung vorhanden, spricht man von einer *ungesättigten* Fettsäure, existieren mehrere Doppelbindungen von einer *mehrfach ungesättigten* Fettsäure (s. Abbildung 6). Die Doppelbindungen sind anfällig gegenüber Sauerstoff- sowie Lichteinflüssen und sind entscheidend für die Haltbarkeit. Je länger eine Fettsäure ist und je mehr Doppelbindungen sie hat, desto hochwertiger, aber auch empfindlicher ist sie. Mehrfach ungesättigte Fettsäuren wie z. B. in Lein- oder Fischöl werden daher schneller ranzig. Ein natürlicher Oxidationsschutz ist Vitamin E, das reichlich in pflanzlichen Ölen enthalten ist.

Die Struktur der Fettsäuren ist zudem ausschlaggebend für den Schmelzpunkt eines Fettes. Gesättigte Fette sind bei Raumtempe-

Grundlagen zu Verdauung und Nährstoffen

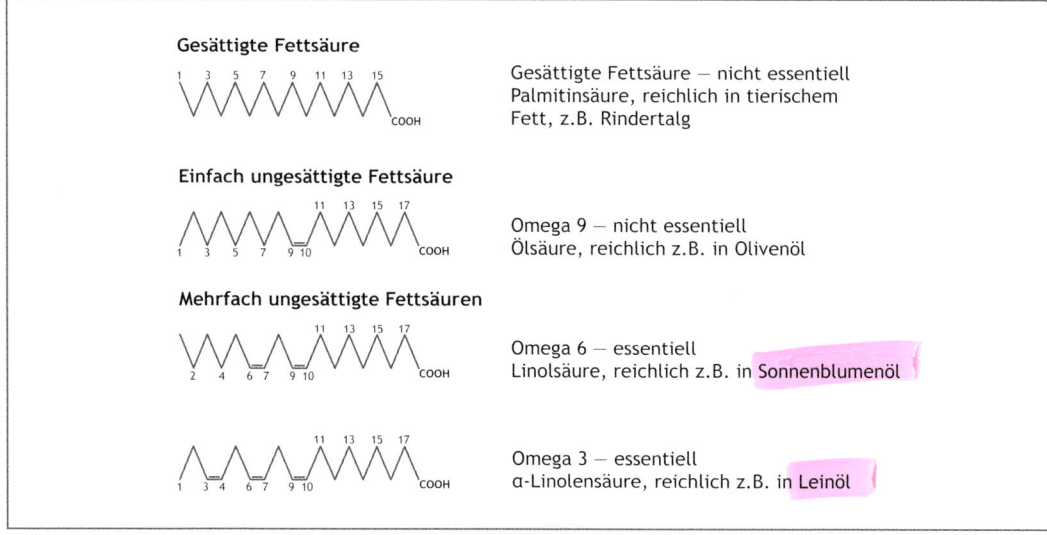

Abb. 6: Schematischer Aufbau von Fettsäuren.

ratur hart (z. B. Rindertalg, Butter), ungesättigte Fette dagegen flüssig (z. B. Sonnenblumenöl). Als besonders hochwertig werden v. a. die langkettigen, mehrfach ungesättigten Fettsäuren eingestuft, während die gesättigten, „harten" Fette als ungesünder gelten.

Essenzielle Fettsäuren

Für Hunde essenziell sind die Omega-6-Fettsäure *Linolsäure* und in geringerem Maß die Omega-3-Fettsäure *α-Linolensäure*. Linolsäure ist besonders wichtig für die Haut und das Fell und mitverantwortlich für den Fellglanz. Sie ist reichlich in pflanzlichen Ölen, aber auch in tierischen Fetten enthalten.

> **Merke:** Ein Mangel an Linolsäure äußert sich typischerweise in stumpfem Haarkleid, Fellverlust, erhöhter Infektionsneigung der Haut und schlechter Wundheilung.

Aus α-Linolensäure können die beiden wertvollen Omega-3-Fettsäuren *Docosahexaensäure* (DHA) und *Eicosapentaensäure* (EPA) gebildet werden. Beide sind für die Entwicklung des Nervensystems sowie der Netzhaut wichtig und spielen, wie auch α-Linolensäure, eine bedeutsame Rolle bei Entzündungsprozessen. DHA ist außerdem erwiesenermaßen für die Gehirnentwicklung und Lernfähigkeit wichtig. Leinöl enthält besoners viel α-Linolensäure. EPA und DHA dagegen kommen nur in tierischen Fetten vor, v. a. in Fischöl.

Omega-6 und Omega-3

Ob es sich um eine Omega-3-, Omega-6- oder Omega-9-Fettsäure handelt, wird durch den Platz der Doppelbindung bestimmt. Ist die Doppelbindung an dritter Stelle, handelt es sich um eine Omega-3-Fettsäure, ist sie an

> **Merke:** DHA ist besonders günstig für Zuchthündinnen, Welpen und ältere Hunde. Da der körpereigene Umbau aus α-Linolensäure zu DHA relativ ineffektiv ist, ist Fischöl am besten als Nahrungsergänzung geeignet.

sechster Stelle, um eine Omega-6-Fettsäure, und ist sie an neunter Stelle, um eine Omega-9-Fettsäure (s. Abbildung 6).

> **Merke:** Nur Omega-3- und Omega-6-Fettsäuren sind essenziell, Omega-9-Fettsäuren dagegen nicht.

Der ursprüngliche Platz der Doppelbindung kann nicht verändert werden. Aus einer Omega-6-Fettsäure kann also nie eine Omega-3-Fettsäure gebildet werden oder umgekehrt. Der Körper ist aber in der Lage, die Kettenlänge einer Fettsäure zu erweitern und zusätzliche Doppelbindungen einzubauen. Daher sind nur die beiden „Gerüste" der Omega-6- sowie der Omega-3-Fettsäuren essenziell und müssen mit der Nahrung aufgenommen werden.

Omega-6- und Omega-3-Fettsäuren unterscheiden sich durch ihre Wirkungsweise bei physiologischen und pathophysiologischen Prozessen. Aus beiden werden bestimmte Botenstoffe gebildet, mit entweder entzündungsfördernden (Omega-6) oder entzündungshemmenden (Omega-3) Eigenschaften. Beide konkurrieren um dieselben Enzyme, daher ist eine erhöhte Zufuhr an Omega-3 zu empfehlen, wenn eine reduzierte Entzündungsantwort gewünscht ist, beispielsweise nach Operationen oder bei:
- Verletzungen
- Verbrennungen
- Krebserkrankungen
- Hauterkrankungen
- Gelenkerkrankungen
- chronischen Darmerkrankungen
- Zahnfleischentzündungen

> **Tipp:** Wenn Ihr Hund operiert werden soll, beginnen Sie drei Wochen vor der OP mit der Ergänzung durch Omega-3-Fettsäuren, am besten in Form von Lachsöl.

Über das beste Verhältnis von Omega-6 zu Omega-3 und die optimale Zufuhr bei bestimmten Erkrankungen gehen die Meinungen auseinander. Die Empfehlungen reichen von 10:1 für gesunde Hunde bis hin zu 0,5:1 für kranke Hunde. Sinnvoll ist es in jedem Fall, den Omega-3-Anteil im Futter bei kranken Hunden zu erhöhen.

Kohlenhydrate

Kohlenhydrate (= Saccharide) sind komplexe Verbindungen aus vielen einzelnen Zuckermolekülen. Je nach Anzahl der Zuckermoleküle und somit Größe des Kohlenhydrats, spricht man von Mono-, Di- oder Polysacchariden, also von Einfach-, Zweifach- oder Mehrfachzuckern. Beispiele für Einfachzucker sind Glukose, Fruktose und Galaktose. Mehrfachzucker sind komplexe Kohlenhydrate, am bekanntesten ist Stärke. Stärke besteht aus mehreren Tausend Zuckermolekülen und kommt so gut wie gar nicht in tierischen, dafür aber reichlich in vielen pflanzlichen Futtermitteln vor, v. a. in Getreide und Knollen.

Glukose wird als Glykogen gespeichert, vorwiegend in der Leber und in geringeren Mengen in der Muskulatur. Sind die Speicher voll, wird der Rest in Fett umgewandelt. Bei einem akuten Energiemangel werden zuerst die Glykogenreserven mobilisiert. Sind die Reserven erschöpft und wird mit der Nahrung keine Stärke aufgenommen, greift der Körper auf andere Quellen zur Energieversorgung zurück. Dies sind Fett und zur Not auch Eiweiß. Der Glykogenanteil an der Körpermasse ist mit 1–2 % im Vergleich zu den Fettreserven mit 2–20 % (bei normalgewichtigen Tieren) gering.

Ballaststoffe

Ballaststoffe (= Fasern) sind die unverdaulichen Bestandteile der Nahrung und wichtig für eine gesunde Darmfunktion und Darmflora. Es handelt sich hierbei um pflanzliche Gerüstsubstanzen, zu denen Zellulosen,

Brauchen Hunde unbedingt Kohlenhydrate?

Stärke, genauer gesagt Glukose, dient der Energieversorgung, ist aber nicht essenziell. Das heißt, gesunde Hunde können prinzipiell auf Kohlenhydrate verzichten. In der Trächtigkeit und während der Säugephase sind Kohlenhydrate günstig, da die Energieversorgung der Föten über Glukose erfolgt und für die Milch viel Milchzucker (Laktose) gebildet werden muss. Auch Darmflora freut sich über etwas Stärke. Im diätetischen Bereich sind stärkereiche Futtermittel gern eingesetzte Energiequellen, da viele Erkrankungen einen reduzierten Eiweiß- und/oder Fettgehalt erfordern (s. Seite 124ff.). Da Kohlenhydrate eine schnell verfügbare Energiequelle sind, sollte man sie bei sportlich aktiven Hunden nicht außer Acht lassen. Dies gilt besonders für Rennhunde.

Hemizellulosen und Pektine zählen. Ihre Struktur ist ähnlich wie die von Stärke, allerdings sind die einzelnen Zuckermoleküle anders miteinander verbunden. Aufgrund dieser speziellen Bindung können pflanzliche Faserstoffe ausschließlich von Mikroorganismen abgebaut werden, da allein sie über die dafür nötigen Enzyme verfügen. Pflanzenfresser sind auf den bakteriellen Abbau von Fasern (= „Fermentation") angewiesen, da sie die dabei entstehen Endprodukte als Hauptenergiequelle nutzen. Die Geschwindigkeit des Abbaus ist abhängig vom Fasertyp. Man unterscheidet zwischen schnell und langsam fermentierbaren Fasern.

Merke: Schnell fermentierbare Faserstoffe (z. B. Pektin, MOS, FOS) dienen dem Hund als Nährstoff für die Darmbakterien (= Präbiotikum). Langsam fermentierbare Faserstoffe (z. B. Zellulose) tragen als Ballaststoff zur Regulierung der Darmtätigkeit und Kotqualität bei.

Mineralstoffe

Mineralstoffe und Spurenelemente sind unentbehrliche Bestandteile des Körpers und wichtig für zahlreiche Körperfunktionen. Einen Überblick über die wichtigsten Funktionen finden Sie in Tabelle 7.

Die biologische Verfügbarkeit von organischen Spurenelementen (z. B. Eisenfumarat) ist teilweise besser als von anorganischen Verbindungen (z. B. Eisenoxid). Man erkennt organische Verbindungen immer daran, dass sie mit „-at" enden (ausgenommen Sulfate und Acetate).

Calcium und Phosphor

98 % des gesamten Calciums und etwa 80 % des gesamten Phosphors sind in den Knochen enthalten und sorgen für deren Stabilität. Muskulatur und Organe enthalten nur sehr geringe Mengen Calcium (ca. 4–30 mg in 100 g), während die Phosphorgehalte etwa 10-fach höher sind (100–400 mg in 100 g). Calcium ist außerdem bei der Blutgerinnung und Muskelkontraktion von Bedeutung. Phosphor ist in vielen Zellbestandteilen enthalten und spielt eine entscheidende Rolle beim Energiestoffwechsel der Zelle.

Die Ausscheidung von Calcium erfolgt über den Urin und den Kot, die von Phosphor hauptsächlich über den Urin. Harnsteinbildung kann daher durch hohe Phosphorgehalte im Futter begünstigt werden.

Der Calciumspiegel im Blut wird hormonell straff reguliert. Bei einem Mangel bzw. einem Absinken des Calciumspiegels wird vermehrt Parathormon aus der Nebenschilddrüse ausgeschüttet. Dieses fördert die Freisetzung von Calcium aus den Knochen und die Aufnahme aus dem Darm über die Aktivierung von Vitamin D. Ein langfristiger Calciummangel führt daher zu einer Knochendemineralisierung und zu einer Überfunktion der Nebenschilddrüse. Eine typische Folgeerscheinung ist der sogenannte Gummikiefer. Während ein Calciummangel nach wie vor

Tab. 7 Überblick wichtiger Funktionen von Mineralstoffen und Spurenelementen

Mineralstoffe	
Calcium	Hauptbestandteil der Knochen, wichtig für Blutgerinnung und Muskelkontraktion
Phosphor	Hauptbestandteil der Knochen, wichtig für den Energiestoffwechsel
Magnesium	Muskulatur, Nervensystem, Stoffwechsel
Kalium	Wasserhaushalt, Enzymaktivierung
Natrium, Chlorid	Wasserhaushalt, Säure-Basen-Gleichgewicht, Reizweiterleitung
Spurenelemente	
Eisen	Blutbildung (Bestandteil von Hämoglobin)
Kupfer	Haut und Fell (Pigmentbildung), Bindegewebe, Blutbildung
Zink	Haut und Fell (Pigment, Kollagen), Wundheilung, Immunsystem (Antikörperbildung)
Mangan	Bestandteil von Mucopolysacchariden, wichtig für die Gelenke
Jod	Schilddrüsenfunktion, Energiestoffwechsel
Selen	Antioxidans, Radikalfänger

häufiger in der Praxis vorkommt, ist eine bedarfsgerechte Versorgung mit Phosphor fleischreichen Rationen in der Regel gewährleistet.

Das *Calcium-Phosphor-Verhältnis* in der Nahrung ist neben der Deckung des absoluten Bedarfs wichtig für die Verfügbarkeit beider Nährstoffe. Calcium sollte immer zu einem größeren Teil in der Ration enthalten sein als Phosphor, aber nicht mehr als das Doppelte betragen, da sich ansonsten Komplexe im Darm bilden können und die Mineralstoffe dann nicht mehr gut aufgenommen werden können.

Merke: Das Calcium-Phosphor-Verhältnis sollte zwischen 1:2 und 2:1 liegen, ideal ist 1,3:1.

Merke: Bei Calciummangel kommt es langfristig zu Knochenabbau. Der Calciumspiegel im Blut sagt nichts über die Versorgung mit Calcium aus der Nahrung aus.

Magnesium
Die Hälfte des Magnesiums im Körper befindet sich im Weichgewebe, die andere Hälfte in den Knochen. Magnesium ist Bestandteil zahlreicher Enzyme und beeinflusst u. a. die neuromuskuläre Aktivität. Bei einem Mangel kann es daher zu Erregungszuständen und unkoordinierten Muskelbewegungen kommen. Auch eine reduzierte Stressresistenz wird angenommen. Ein Mangel bei ausgewachsenen Hunden ist jedoch selten, da die Gehalte in den meisten Futtermitteln ausreichend sind.

Über die Nieren wird der Großteil des aufgenommenen Magnesiums ausgeschieden. Vor einer lang anhaltenden überhöhten Zufuhr sei daher gewarnt, da hiermit ein erhöhtes Risiko für Harnsteine einhergeht.

Kalium, Natrium und Chlorid
Kalium, Natrium und Chlorid zählen zu den Elektrolyten und sind wichtig für:
- Reizweiterleitung
- Wasserhaushalt

- Säure-Basen-Gleichgewicht
- Aktivierung vieler Enzyme (Kalium)

Kalium befindet sich primär innerhalb der Zellen, Natrium und Chlorid vorwiegend außerhalb. Natrium ist reichlich im Blut und in den Knochen enthalten, Chlorid auch im Magen, da es Bestandteil der Magensäure (Salzsäure: HCl) ist.

Der Bedarf an Elektrolyten steigt bei chronischen Durchfällen und Erbrechen sowie bei erhöhten Blutverlusten an, aber nicht bei körperlicher Aktivität, denn Hunde haben im Gegensatz zum Menschen kaum Schweißdrüsen.

Bei Fütterung von gut entblutetem Fleisch und Getreideflocken kann eine zusätzliche Salzergänzung notwendig sein. Eine Ergänzung mit Kalium hingegen ist selten nötig, da die meisten Futtermittel ausreichend Kalium enthalten (v. a. in Fleisch und Gemüse). Durch Waschen bzw. Wässern von Futtermitteln reduziert sich deren Kaliumgehalt.

Überhöhte Kaliumaufnahmen (z. B. im Rahmen einer Eliminationsdiät mit Kartoffeln als Kohlenhydratquelle) werden sehr gut vertragen. Auch die Toleranz für hohe Salzmengen ist sehr gut, vorausgesetzt, es steht ausreichend Wasser zur Verfügung. Unnötige Salzergänzungen sollten aber dennoch vermieden werden.

Spurenelemente

Ebenso wichtig wie Mineralstoffe sind Spurenelemente für die Aufrechterhaltung der Körperfunktionen.

Eisen

Eisen ist Bestandteil des Farbstoffes Hämoglobin der roten Blutkörperchen und Myoglobin der Muskulatur. Etwa zwei Drittel des gesamten Eisens im Körper kommen im Blut vor, etwa ein Zehntel in der Muskulatur und rund ein Fünftel liegt als Reserve vor. Pigmentierte Haare haben ebenfalls hohe Eisengehalte.

Der Eisenbedarf ist folglich erhöht nach stärkeren Blutverlusten sowie bei langhaarigen Hunden im Fellwechsel. Eisenmangelkrankheiten sind bei gesunden Hunden selten. Bei fleischreichen Rationen ist eine Ergänzung nicht nötig, es sei denn, es wird vorwiegend weißes Geflügelfleisch gefüttert.

Kupfer

Kupfer wird vorwiegend in der Leber gespeichert und ist wichtig für:
- Pigmentbildung
- Blutbildung
- Eisentransport
- Bindegewebe
- Energiestoffwechsel

Ein erhöhter Bedarf besteht bei hohen Gehalten an Calcium, Zink oder Eisen im Futter sowie bei langhaarigen Hunden während des Fellwechsels. Ein Mangel äußert sich typischerweise durch ein Grauwerden des Fells und Blutarmut. Im Wachstum kommt es zu Störungen in der Knorpelbildung. Die Welpen sind dann o- oder x-beinig und durchtrittig.

Die Kupfergehalte in den meisten Futtermitteln reichen nicht aus, um den Bedarf zu decken, weshalb Kupfer bei hausgemachten Rationen ergänzt werden sollte.

Zink

Zink findet sich v. a. im Skelett und ist Bestandteil verschiedener Enzyme. Es ist besonders wichtig für:
- Immunabwehr
- Wundheilung

Eine Ergänzung ist bei den meisten hausgemachten Rationen zu empfehlen. Bei hohen Calcium-, Eisen- und Kupfergehalten im Futter ist die Verwertung von Zink beeinträchtigt. Ein Mangel äußert sich in erster Linie an

> **Tipp:** Eine Zinkergänzung ist bei älteren Hunden zur Stärkung des Immunsystems sowie für alle Hunde nach Operationen zur Verbesserung der Wundheilung zu empfehlen. Tägliche Dosis: 2 mg/kg KG.

Haut und Fell: Es kommt zu Haarausfall und Farbverlust des Fells (Hellerwerden). Die Haut wird borkig und rissig. Außerdem kann es zu Fruchtbarkeitsstörungen kommen.

Mangan
Mangan ist wichtig für die Funktion vieler Enzyme, u. a. für die Synthese von Mucopolysacchariden und damit für die Gelenke.

Bei getreidefreien Rationen sind die Mangangehalte oft zu niedrig und hohe Gehalte an Calcium, Phosphor und Eisen beeinträchtigen die Aufnahme. Fälle von Manganmangel sind allerdings bisher nicht bekannt.

Jod   *Seealgen*
Jod ist als Bestandteil der Schilddrüsenhormone essenziell für die Schilddrüsenfunktion und damit für den Energiestoffwechsel. Bei einem Jodmangel kommt es kompensatorisch zu einer Vergrößerung der Schilddrüse. Trotzdem werden nicht ausreichend Schilddrüsenhormone gebildet. Die Tiere sind dann schlapp, weniger leistungsfähig und verlieren Fell. Auch Fruchtbarkeits- und Wachstumsstörungen können aus einem Jodmangel resultieren. Dauerhaft überhöhte Jodgaben führen allerdings ebenfalls zu einer Beeinträchtigung der Schilddrüsenfunktion und sollten vermieden werden.

> **Merke:** Die Jodgehalte sind in den meisten Futtermitteln nicht ausreichend. Hohe Jodgehalte finden sich nur in Meeresfischen und Seealgen.

Bei Hunden kommen viel häufiger Schilddrüsenunterfunktionen als -überfunktionen vor. Dies hat weniger etwas mit den Jodgehalten im Futter zu tun, sondern ist meist krankheitsbedingt (Tumor, Autoimmunerkrankung). Bei einer Unterfunktion nehmen die Tiere typischerweise trotz gleicher Futtermenge zu und sind träge, bei einer Überfunktion nehmen sie ab und sind aufgedreht.

Selen
Selen ist Bestandteil des Enzyms Glutathionperoxidase, welches das Gewebe vor schädlichen Sauerstoffradikalen schützt. Zusammen mit Vitamin E ist Selen wichtig für die Integrität von Zellmembranen. Eine hohe Selenzufuhr kann Vitamin E einsparen und umgekehrt.

Selenreich sind Leber und Nieren, die Gehalte in Fleisch sind geringer. Die Gehalte in pflanzlichen Futtermitteln sind abhängig von der Art der Pflanze und des Bodens. Eine Ergänzung ist im Normalfall nicht nötig. Um den Selenstatus zu bestimmen, können Blutuntersuchungen herangezogen werden. Die Referenzwerte für den Hund liegen bei 1,9–4,3 µmol/l bzw. 150–340 µg/l.

> **Achtung:** Selen hat eine sehr geringe therapeutische Breite (Dosierungsbreite). Vor übermäßigen Ergänzungen sei daher unbedingt gewarnt. Sicherer ist eine Ergänzung mit Vitamin E.

Vitamine
Vitamine sind bedeutende Bestandteile vieler Stoffwechselprozesse und damit unerlässlich für zahlreiche lebenswichtige Körperfunktionen. Man unterscheidet fettlösliche (A, D, E und K) und wasserlösliche Vitamine (C und B-Vitamine). Fettlösliche Vitamine werden im Körper gespeichert. Eine Überversorgung ist daher nicht ungefährlich. Wasserlösliche Vitamine hingegen werden mit dem Urin ausgeschieden, eine Überversorgung ist somit unbedenklich.

Vitamin A
Vitamin A (Retinol) ist an zahlreichen Funktionen im Organismus beteiligt. Es ist wichtig für die Eiweißsynthese („Wachstumsvitamin"), das Knochenwachstum und als Bestandteil des Sehpurpurs von Bedeutung für den Sehvorgang. Außerdem spielt Vitamin A eine essenzielle Rolle für die Funktion und

den Aufbau von Haut sowie Schleimhäuten („Epithelschutzvitamin") – es trägt somit zur Infektionsabwehr bei.

Vitamin A wird zu großen Teilen in der Leber gespeichert. Es kann Monate dauern, bis der Speicher aufgebraucht ist. Bei übermäßiger Aufnahme kann sich zu viel Vitamin A im Körper ansammeln und dadurch Vergiftungen hervorrufen.

Hunde können Vitamin A aus der Vorstufe Betacarotin synthetisieren. Aus 1 mg Betacarotin können 500 IE Vitamin A gebildet werden. Eine Überversorgung mit Betacarotin im Sinne einer Vitamin-A-Vergiftung ist nicht möglich, denn der Hund wandelt nur so viel um, wie er benötigt. Betacarotin ist reichlich in vielen Gemüsesorten und Obst enthalten, während Vitamin A ausschließlich in tierischen Produkten vorkommt. Vitamin-A-reiche Futtermittel sind Leber, Lebertran und Eigelb, wobei die natürlichen Gehalte je nach Fütterung des Herkunftstieres schwanken.

Vitamin D

Vitamin D, genauer Vitamin D_3 (Cholecalciferol), ist essenziell für die Aufnahme von Calcium und Phosphor und hat daher eine wichtige Rolle im Knochenstoffwechsel. Es kann im Körper, vorwiegend im Fettgewebe und in der Leber, gespeichert werden. Eine Überversorgung führt zu Verkalkungen von Gefäßen und Weichteilgewebe.

Besonders reich an Vitamin D sind Lebertran und fette Fischsorten (z. B. Lachs und Thunfisch), daneben auch Eigelb und Milchprodukte. Das mit der Nahrung aufgenommene Vitamin D wird über mehrere Schritte in der Leber und später in der Niere in die aktive Form überführt.

Vitamin E

Vitamin E (Tocopherol) ist ein wichtiges Antioxidans, sowohl im Körper als auch in Futtermitteln. Ein Vitamin-E-Mangel ist selten und kann neben unzureichenden Gehalten im Futter auch durch überlagertes Futter (Oxidation) auftreten.

Im Gegensatz zu Vitamin A und D sind selbst bei hohen Dosen keine negativen Auswirkungen im Sinne einer Vergiftung bekannt. Allerdings kann eine exzessive Aufnahme von Antioxidantien, v. a. wenn diese einseitig ist, nachteilig sein, da sie dann einen pro-oxidativen Effekt haben.

Vitamin-E-reich sind v. a. Keimöle sowie Getreide, die Gehalte in tierischen Futtermitteln sind sehr gering.

> **Merke:** Eine erhöhte Zufuhr Vitamin E ist bei älteren Tieren und Tieren mit chronischen Erkrankungen sowie Krebs zu empfehlen. Tägliche Dosis: 2 mg/kg KG

Vitamin K

Vitamin K wird für die Blutgerinnung benötigt und in großen Mengen von der Darmflora synthetisiert. Mangelzustände sind daher selten und eine Ergänzung mit dem Futter nicht notwendig. Einzige Ausnahmen: Nach Antibiotikagaben oder Erkrankungen, die eine Zerstörung der Darmflora mit sich ziehen. Ein Mangel an Vitamin K äußert sich in Blutgerinnungsstörungen.

> **Mythos: Hunde brauchen kein Vitamin D aus der Nahrung**
>
> Es hält sich die Meinung, dass Hunde Vitamin D bei Bedarf selbst herstellen können. Für manchen Futtermittelhersteller ist das sogar das Argument, warum er kein Vitamin D zusetzt. Im Gegensatz zum Menschen können Hunde Vitamin D jedoch nicht selbst herstellen. Eine Umwandlung der Vitamin-D-Vorstufe in der Haut durch Sonnenlicht (UV-Strahlung) findet nicht statt – dies wurde in zwei Studien eindeutig bewiesen (Hazewinkel et al., 1987; Corbee et al., 2014). Hunde brauchen daher Vitamin D im Futter.

Vitamin C

Vitamin C (Ascorbinsäure) ist neben Vitamin E ein natürliches Antioxidans und spielt außerdem eine wichtige Rolle für die Kollagensynthese (Bindegewebebildung). Im Gegensatz zu uns Menschen sind Hunde in der Lage, Vitamin C in der Leber und in der Niere zu bilden. Eine Ergänzung ist daher nicht nötig. Lediglich bei schnellwüchsigen großen Hunderassen während der Hauptwachstumsphase (3.–6. Lebensmonat) sowie bei degenerativen Lebererkrankungen und nach großen Operationen oder schweren Brandwunden kann die Eigenproduktion unzureichend sein. In diesen Fällen können zusätzlich 10 mg/kg KG (Welpen) bzw. 20–100 mg/kg KG (bei Leberinsuffizienz) gegeben werden. Hierbei müssen Sie beachten, dass Ascorbinsäure in hohen Mengen möglicherweise abführend wirkt. Reagiert Ihr Hund mit Durchfall, reduzieren Sie die Dosis.

B-Vitamine

B-Vitamine wirken überwiegend als Coenzyme im Intermediärstoffwechsel der Zelle. Die Darmflora kann einen Teil der B-Vitamine synthetisieren, die dann aus dem Darm in den Körper aufgenommen werden können. Mit Ausnahme von B_{12} werden B-Vitamine so gut wie gar nicht im Körper gespeichert und müssen daher mit dem Futter aufgenommen werden. Da sie wasserlöslich sind, werden sie bei einer übermäßigen Aufnahme über die Nieren ausgeschieden.

> **Merke:** Eine Überversorgung mit den fettlöslichen Vitaminen A und D kann gefährlich werden. Eine Überversorgung mit wasserlöslichen B-Vitaminen und Vitamin C hingegen nicht.

Vitamin B_1 (Thiamin) spielt eine zentrale Rolle im Kohlenhydratstoffwechsel und ist wichtig für den Aufbau von Nervenzellen. Mangelerscheinungen wurden schon im frühen 17ten Jahrhundert beim Menschen als Beriberi bekannt. Ein Mangel führt zu schweren Störungen des Nervensystems, Krämpfen und im Endstadium sogar zu Gehirnerweichung. Thiaminreiche Futtermittel sind Hefe, Schweinefleisch und der Magen-Darm-Inhalt von Pflanzenfressern (grüner Pansen und Blättermagen). B_1 ist nicht nur wasserlöslich, sondern auch sehr hitzeempfindlich. Durch das Einweichen von Futtermitteln und/oder Kochen mit anschließender Entfernung des Wassers geht B_1 verloren. Manche Fischsorten enthalten ein Enzym, das Vitamin B_1 spaltet. Bei der Rohfütterung dieser Fischsorten kann es daher zu einem Mangel kommen.

Vitamin B_2 (Riboflavin) ist üblicherweise ausreichend in Futtermitteln enthalten. Besonders viel davon findet sich in Milchprodukten, Hefe, Leber, Lunge, Pansen und Blättermagen. Getreideflocken enthalten wenig B_2. Mangelerscheinungen wurden beim Hund bisher nicht beschrieben.

Vitamin B_6 (Pyridoxin) ist essenziell für den Eiweißstoffwechsel. Bei fleischreichen Rationen besteht folglich ein erhöhter Bedarf. Die meisten Futtermittel enthalten ausreichend B_6. Mangelerscheinungen sind unwahrscheinlich und bisher in der Praxis nicht bekannt. Bei einem Mangel besteht ein erhöhtes Risiko für Harnsteine (Oxalatsteine).

Vitamin B_{12} (Cobalamin) kommt in fast allen Körperzellen vor. B_{12} wird in der Leber gespeichert und kann über die Darmflora synthetisiert werden. Spontane Mangelerscheinungen wurden daher bisher nicht beobachtet. Eine längere Unterversorgung äußert sich in Blutarmut und Leberverfettung.

Für die Aufnahme von B_{12} ist ein bestimmter Faktor, der sogenannte Intrinsic Faktor, nötig. Dieser Faktor wird zu 90 % in der Bauchspeicheldrüse gebildet (10 % im Magen), sodass Hunde mit einer Unterfunktion der Bauchspeicheldrüse oft einen B_{12}-Mangel aufweisen.

> **Merke:** B$_{12}$ kommt ausschließlich in tierischen Futtermitteln vor, vor allem in Leber. Bierhefe ist zwar reich an B-Vitaminen, enthält aber kein Vitamin B$_{12}$.

> **Merke:** Die Bestimmung von Vitamin B$_{12}$ und Folsäure im Blut wird als diagnostisches Hilfsmittel für Erkrankungen des Dünndarms und der Bauchspeicheldrüse verwendet.

Folsäure ist wichtig für den Intermediärstoffwechsel. In den meisten Futtermitteln liegt dieses Vitamin in gebundener Form vor. Es muss daher zunächst im Körper aufgeschlossen werden, bevor es aufgenommen werden kann. Für die Aufnahme im Dünndarm ist außerdem ein spezifischer Träger nötig. Wenn die Schleimhaut im Dünndarm geschädigt ist, z. B. durch eine chronische Entzündung, kann Folsäure nicht ausreichend absorbiert werden. Der Folsäurespiegel ist dann meist erniedrigt.

Da die Darmflora große Mengen Folsäure in Eigensynthese zur Verfügung stellt, ist der zusätzliche Bedarf bei Hunden mit gesunder Darmfunktion gering und eine Ergänzung mit dem Futter nicht nötig. Grüne Pflanzen sowie Leber und Hefe enthalten reichlich Folsäure.

> **Tipp:** Bei Darmerkrankungen, die mit einem erniedrigten Folsäurespiegel einhergehen, sollten täglich 0,5–1 mg Folsäure ergänzt werden, bis sich der Blutspiegel wieder normalisiert hat. Entsprechende Präparate gibt es in der Apotheke.

Biotin ist Bestandteil zahlreicher Enzyme. Bekannt ist Biotin insbesondere in Zusammenhang mit Haut und Haar. Es spielt eine essenzielle Rolle bei der Synthese von Keratin, der Grundsubstanz von Hautepithelien, Haaren und Krallen. Ein Mangel äußert sich daher durch schlechte Fellqualität (glanzlos, spröde, trocken), Haarausfall und vermehrte Schuppenbildung sowie durch Entzündungen der Haut mit Verschorfung, Verdickung und erhöhtem Juckreiz. Biotin wird in großen Mengen von der Darmflora gebildet, Mangelerscheinungen sind daher selten.

> **Tipp:** Bei einigen Hauterkrankungen kann eine Ergänzung mit Biotin in der Dosierung 0,5 mg Biotin/kg KG/Tag zur Besserung führen. Entsprechende Präparate sind in der Apotheke erhältlich.

Niacin (Nikotinsäure) ist ein Bestandteil verschiedener Coenzyme und damit wichtig für den Stoffwechsel von Eiweiß, Fett und Kohlenhydraten. Niacin kann einerseits über die Darmflora und andererseits aus der Aminosäure Tryptophan gebildet werden. Verglichen mit anderen B-Vitaminen ist Niacin etwas robuster gegenüber Hitze-, Licht- und Sauerstoffeinflüssen.

Pantothensäure ist Bestandteil des Coenzyms A. Es kommt in den meisten Futtermitteln in ausreichenden Mengen vor, sodass Mangelerscheinungen nicht zu erwarten sind und unter Praxisbedingungen bisher nicht beobachtet wurden.

Was braucht mein Hund?

Um zu wissen, was Ihr Hund an Futter braucht, können Sie sich an Empfehlungen zu den Nährstoffgaben orientieren. Zudem spielen Gewicht, Größe und Kondition des Hundes eine Rolle: Sie bestimmen, wie viel Energie das Futter enthalten sollte.

Bedarfszahlen

Die nüchtern formulierte Definition lautet: Bedarfszahlen sind Empfehlungen für die Energie- und Nährstoffzufuhr, mit denen das Tier unter den jeweils herrschenden Anforderungen und Umweltbedingungen gesund, fruchtbar und leistungsfähig gehalten werden soll. Wichtig zu berücksichtigen ist, dass es sich nicht um Naturkonstanten, sondern um Schätzgrößen handelt. Die Empfehlungen beinhalten immer also eine gewisse Sicherheitsspanne und können sich ändern, wenn neue Erkenntnisse vorliegen.

Goldstandard der Bedarfszahlen

Das National Research Council (kurz NRC) ist eine Organisation, innerhalb derer ein Komitee unabhängiger Wissenschaftler auf der Basis sämtlicher wissenschaftlicher Untersuchungen Bedarfsempfehlungen für verschiedene Tierarten festlegt. Diese Bedarfszahlen sind die Grundlage der Empfehlungen zu den Nährstoffgehalten in kommerziellen Futtermitteln des europäischen Verbandes der Heimtierfutterindustrie (FEDIAF), welche kontinuierlich aktualisiert und an neuere Erkenntnisse angepasst werden (zuletzt im Juli 2013).

Natürlich gibt es auch andere Quellen für Bedarfszahlen, etwa die Gesellschaft für Ernährungsphysiologie (GfE), die Supplemente zu Vorlesungen und Übungen der Tierernährung oder das Standardwerk zur Hundeernährung von Helmut Meyer und Jürgen Zentek. Vergleicht man die Empfehlungen, findet man zuweilen gewisse Unterschiede, was manch einen die Richtigkeit der Bedarfszahlen anzweifeln lassen mag. Diese Unterschiede sind aber nicht so groß, dass sich die Empfehlungen widersprechen würden. Und in der Wissenschaft gibt es, wie im wahren Leben auch, nicht nur die „eine Wahrheit".

Mit welchen Bedarfszahlen man rechnet, kann jeder selbst entscheiden. Man sollte aber darauf achten, dass man die aktuellsten Empfehlungen zugrunde legt und sich die Empfehlungen auf das metabolische Körpergewicht, also die Stoffwechselmasse, beziehen (s. hierzu Seite 41). Gerade Werke von vor 2006 enthalten veraltete Zahlen. Der Goldstandard sind die NRC-Empfehlungen, die auch Grundlage für die Rationsempfehlungen in diesem Buch sind.

Gelten andere Bedarfszahlen für Barfer?

Unter den Barfern wird gern argumentiert, dass die Bedarfszahlen in Bezug auf Rohfleischrationen keine Gültigkeit hätten, da die Nährstoffe bei dieser Fütterung besser verfügbar und der Bedarf folglich geringer seien. In der Tat wird der Einfluss des Herstellungsprozesses von Futtermitteln auf die Verfügbarkeit der Nährstoffe bei den geltenden Bedarfsempfehlungen berücksichtigt. Der Ansatz ist also durchaus richtig.

Leider gibt es aber derzeit keine konkreten Bedarfsempfehlungen für reine Rohfleischrationen, weshalb sich in Bezug auf den Bedarf beim Barfen nur Vermutungen anstellen lassen.

Solange es keine genaueren Daten hierzu gibt, empfiehlt es sich deshalb, das Futter nach den aktuellen Empfehlungen zusammenzustellen. Das ist sicherer als eine Fütterung nach „Gefühl".

Natürlich kann man die Kirche im Dorf lassen: Der Hund muss sicher nicht jeden Tag exakt die empfohlene Menge an Nährstoffen erhalten. Es sollten aber *langfristig* keine Unter- oder Überversorgungen bestehen, da dies definitiv negative Konsequenzen für seine Gesundheit hat.

Ermittlung von Bedarfszahlen

Der Nährstoffbedarf von Hunden kann auf vier verschiedene Arten ermittelt werden:
- Mangelversuche: Hierbei wird untersucht, was passiert, wenn ein bestimmter Nährstoff fehlt. Meistens sind dies Fallberichte oder klinische Tierversuche. Solche Versuche gibt es zum Glück nur noch selten. Über Mangelernährung ist bereits sehr Vieles bekannt, weshalb Versuche hierzu nicht wiederholt werden müssen. Bei den Fallberichten handelt es sich oft um Begebenheiten aus der Praxis, in denen ein Tier aus Unwissenheit und unbeabsichtigt mangelernährt wurde.
- Dosis-Wirkungsbeziehungen: Hierbei wird analysiert, was geschieht, wenn ein Nährstoff in verschiedenen Dosierungen aufgenommen wird.
- Regressionsberechnungen: Hierbei werden zahlreiche Daten aus verschiedensten Studien zusammengefasst und in einem Graphen (genauer einer Regressionsgleichung) dargestellt. Auf diese Weise können Gemeinsamkeiten analysiert werden, z. B. wie hoch die Verdaulichkeit in Abhängigkeit vom Ballaststoffanteil ist.
- Faktorielle Bedarfskalkulation: Hierbei wird der Nettobedarf anhand von Verlusten (z. B. Milligramm Calcium pro Liter Milch) und/oder anhand vom Ansatz im Gewebe (z. B. Gramm Eiweiß pro Kilo neugebildeter Muskelmasse) ermittelt. Unter Berücksichtigung der Verfügbarkeit des jeweiligen Nährstoffes wird dann die nötige Zufuhr zur Deckung des Nettobedarfs abgeschätzt (= Bruttobedarf = Bedarfsempfehlungen).

Wie viel Wasser sollte mein Hund trinken?

Der tägliche Wasserbedarf richtet sich nach dem Wassergehalt im Futter, der Temperatur sowie der Aktivität des Hundes (s. Tabelle 8). Im Sommer und bei aktiven Hunden ist der Bedarf höher. Bei der Fütterung von Frisch- bzw. Nassfutter mit ca. 70–80 % Wasseranteil benötigen Hunde deutlich weniger Wasser als bei der Fütterung von Trockenfutter mit durchschnittlich 10 % Wasseranteil. Ein Hund, der 500 g Frischfutter frisst, nimmt allein um die 400 ml Wasser mit dem Futter auf. Der gleiche Hund würde an Trockenfutter 125 g

Tab. 8 Täglicher Wasserbedarf (ml/kg KG)

Aktivität	Temperatur	Trockenfutter	Nass-/Frischfutter
normal	< 20 °C	40–50	5–10
	> 20 °C	50–100	20–50
erhöht	< 20 °C	bis 100	bis 50
	> 20 °C	bis 150	bis 100

Quelle: Meyer und Zentek (2013)

> **Merke:** Damit Ihr Hund mehr Wasser trinkt, sind Salzzulagen nicht zu empfehlen. Zu einer Steigerung der Wasseraufnahme und erhöhten Urinausscheidung kommt es nämlich erst ab der Aufnahme von sehr großen Salzmengen. Besser ist es, dem Futter Wasser beizumengen und es suppig anzubieten.

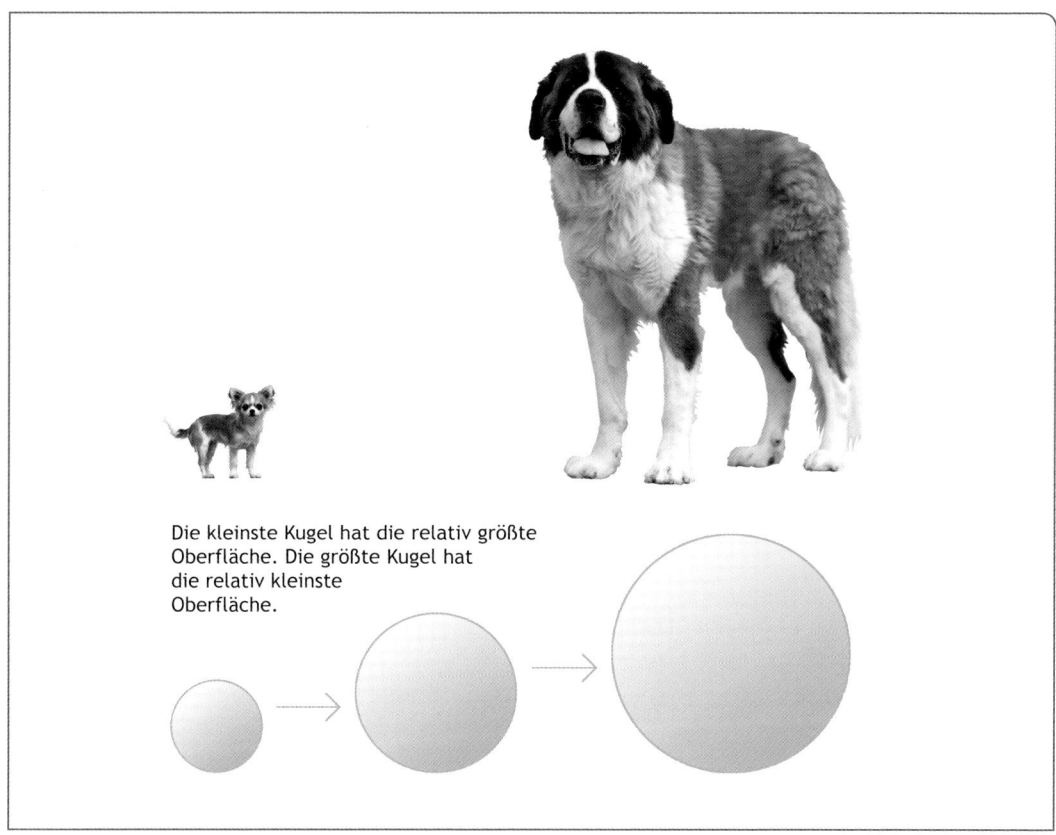

Abb. 7: Bedeutung der Körpergröße für den Energiebedarf.
Da kleine Hunde relativ gesehen mehr Wärme über ihre Körperoberfläche verlieren als große Hunde, benötigen sie im Verhältnis mehr Energie.

am Tag benötigen, womit er lediglich 15 ml Wasser aufnehmen würde. Es ist daher normal, dass Hunde weniger Wasser trinken, wenn sie mit frischem Futter (oder Dosenfutter) ernährt werden.

Ohne Energie geht nichts

Der Energiebedarf variiert bei Hunden sehr stark, da er von einer Vielzahl an Faktoren bestimmt wird. Größe, Haltungsform, Temperament und Gesundheitszustand sind nur ein paar dieser Kriterien.

Bedeutung der Körpergröße

Bei keiner anderen Säugetierspezies gibt es so extreme Unterschiede in der Körpergröße wie beim Hund. Die Bandbreite reicht von sehr kleinen Hunderassen, die knapp zwei Kilo wiegen, bis hin zu solchen, die 80 kg und mehr auf die Waage bringen.

Für den Energiebedarf ist nicht allein entscheidend wie klein oder groß ein Hund ist. Es muss vielmehr berücksichtigt werden, wie groß die Körperoberfläche in Bezug zur Körpermasse ist. Der Grund hierfür ist, dass über die Haut ein Großteil der Körperenergie in Form von Wärme verlorengeht. Je größer

Tab. 9 Vergleich des Energiebedarfs verschiedener Gewichtsklassen bezogen auf das normale und das metabolische Körpergewicht

Körpergewicht kg	metabolisches Körpergewicht $kg^{0,75}$	Absoluter Energiebedarf bezogen auf das normale Körpergewicht (FALSCH) kcal	Absoluter Energiebedarf, bezogen auf das metabolische Körpergewicht (KORREKT) kcal
2	1,7	190	160
30	12,8	2850	1218
60	21,6	5700	2052

also die Oberfläche im Verhältnis zum Gewicht ist, desto mehr Wärme geht verloren und desto mehr Energie wird benötigt (s. Abbildung 7).

Stellen Sie sich den Stoffwechsel Ihres Hundes als einen Verbrennungsmotor vor, der Energie erzeugt. Die Nahrung ist der Treibstoff. Je kleiner der Körper ist, desto mehr Wärmeenergie geht verloren und desto mehr Energie muss der Motor nachliefern – das geht nur mit genügend Treibstoff. Im Verhältnis brauchen kleine Hunde daher wesentlich mehr Futter als ihre großen Artgenossen, wenngleich sie absolut gesehen natürlich weniger fressen. Ein kleiner Chihuahua mit zwei Kilo braucht beispielsweise täglich 80 Kilokalorien pro Kilogramm seines Körpergewichts, eine große Deutsche Dogge hingegen mit rund 60 Kilogramm Körpergewicht nur 34 Kilokalorien.

Die Körperoberfläche ist eine nichtlineare Funktion der Körpermasse. Das bedeutet, sie steigt nicht proportional mit der Körpermasse an. Also ist der Energiebedarf auch eine nichtlineare Funktion der Körpermasse.

Der Energiebedarf wird demnach nicht pro Kilo Körpergewicht, sondern pro Kilo Stoffwechselmasse („**metabolisches**" **Körpergewicht**) angegeben. Das metabolische Körpergewicht ist das Körpergewicht potenziert mit 0,75, die Einheit somit $kg^{0,75}$.

Rechenbeispiel: Ein Hund mit 30 kg hat ein metabolisches Körpergewicht von 30 hoch 0,75 = 12,8 kg. Würde man den Energiebedarf auf das normale Körpergewicht beziehen, wäre der Bedarf stark überschätzt (s. Tabelle 9).

Individueller Energiebedarf

Der durchschnittliche Energiebedarf für die Erhaltung (s. Kasten sowie Tabelle 10) liegt bei ausgewachsenen und normal aktiven Hunden bei 95 kcal/kg $KG^{0,75}$. Sehr aktive Tiere benötigen ca. 30 % mehr (125 kcal/kg $KG^{0,75}$), Couch-Potatos sowie Senioren ca. 30 % weniger (65 kcal/kg $KG^{0,75}$). Maßgebend ist immer das Idealgewicht.

Hunde im Wachstum, während der Trächtigkeit und Säugeperiode sowie Arbeitshunde (z. B. Polizeihunde, Jagdhunde, Schlittenhunde) haben einen erhöhten Bedarf, da sie eine zusätzliche „Leistung" erbringen, die mehr Energie und teils auch mehr Nährstoffe erfordert.

Einflussfaktoren

Neben dem Körpergewicht und dem Aktivitätsniveau gibt es weitere individuelle Faktoren, die den Energiebedarf beeinflussen. Diese sind:
- Kastration
- Alter

Grundumsatz und Erhaltungsbedarf

- Der *Grundumsatz* ist die Energiemenge, die ein nüchternes Lebewesen bei völliger Ruhe im thermoneutralen Bereich braucht, um alle seine Körperfunktionen aufrechtzuerhalten. Thermoneutral bedeutet, dass keine Energie zur Wärmeregulation erbracht werden muss.
- Der *Erhaltungsbedarf* ist der Energiebedarf für den Grundumsatz plus die Energie, die für Futteraufnahme, Verdauung, lebensnotwendige Bewegungen (Nahrungssuche, Auslauf, Temperamentsäußerungen) und gegebenenfalls Wärmeregulation bei suboptimalen Temperaturen aufgewendet werden muss. Der Erhaltungsbedarf ist also die Energiemenge, die nötig ist, um den Organismus am Leben zu erhalten, ohne dass er eine spezielle Leistung verrichtet oder sich überdurchschnittlich bewegt.

Tab. 10 Täglicher Energiebedarf verschiedener Gewichtsklassen in Abhängigkeit des Aktivitätsniveaus

Aktivität kg KG	Täglicher Energiebedarf		
	Gering kcal	Normal kcal	Hoch kcal
5	220	320	420
10	365	535	700
15	500	725	950
20	615	900	1180
25	730	1060	1400
30	830	1220	1600
35	935	1370	1800
40	1035	1500	2000
50	1225	1785	2350
60	1400	2050	2700

- Gesundheitszustand
- Haltungsform
- Muskelmasse
- Unterhautfettgewebe/Fell
- Temperament

Kastration

Durch die hormonelle Veränderung nach der Kastration ändert sich der Stoffwechsel. Der Grundumsatz, also der eigentliche Kalorienverbrauch, sinkt. Außerdem fressen die Tiere mehr, bewegen sich aber weniger. Die Kastration ist daher einer der häufigsten Gründe für Übergewicht.

Alter

Junge Hunde sind von Natur aus sehr agil und leisten zudem viel Kopfarbeit. Sie lieben es zu rennen und mit anderen Hunden zu toben. Das verbraucht mehr Energie als beim einfachen Gassi gehen. Mit zunehmendem Alter sinkt die Bewegungsintensität. Senioren haben daher einen deutlich geringeren Energiebedarf (s. Seite 54).

Gesundheitszustand

Bestimmte Erkrankungen haben Auswirkungen auf den Energiebedarf. Vor allem Erkrankungen der Schilddrüse, da diese direkt mit dem Energiestoffwechsel verknüpft sind. Bei einer Unterfunktion (Hypothyreose) ist der Bedarf erniedrigt, bei einer Überfunktion (Hyperthyreose) erhöht. Auch Krebserkrankungen können den Energiebedarf steigern.

Haltungsform

Hunde, die in Mehrhundhaushalten leben, brauchen in der Regel mehr Energie als „Einzelkinder", da sie sich durch die Interaktion mit den anderen Hunden häufiger bewegen. Auch Hunde, die draußen gehalten werden, müssen mehr Energie aufwenden, um ihre Körpertemperatur zu regulieren.

Aussehen/Rasse/Temperament

Die Muskelmasse und „Isolierung" des Hundes beeinflussen den Energieverbrauch. Je mehr Muskelmasse ein Hund hat, desto höher ist sein Grundumsatz und damit sein Energieverbrauch. Doggen beispielsweise haben besonders viel Muskulatur und deshalb einen höheren Erhaltungsbedarf als andere Hunderassen. Neufundländer hingegen und allgemein Hunde mit viel Fell und/oder Unterhautfett sind gut isoliert und brauchen weniger Energie. Sie verlieren weniger Wärme über die Haut. Das gilt natürlich auch für alle übergewichtigen Tiere.

> **Tipp:** Falls Sie Ihren Hund im Winter scheren, kann es sein, dass er mehr Futter braucht. Beim Gassi gehen sollte er dann eine Decke tragen. Auch kurzhaarige Rassen profitieren im Winter von einem zusätzlichen Wärmeschutz.

Auch das Temperament Ihres Hundes spielt eine Rolle. Sehr temperamentvolle Hunde (z. B. Jagdterrier) brauchen mehr Energie als solche, die lieber gemütlich unterwegs sind (z. B. Labradore). Sehr ängstliche und nervöse Tiere brauchen ebenfalls mehr Energie, da sie ständig angespannt sind und „unter Strom" stehen.

Nährstoffbedarf ausgewachsener Hunde

Der Nährstoffbedarf richtet sich bei gesunden und ausgewachsenen Hunden in erster Linie nach dem Körpergewicht. Wie auch beim Energiebedarf wird der Bedarf für die jeweiligen Nährstoffe auf das metabolische Körpergewicht bezogen (s. Tabelle 11). Maßgebend ist auch hierfür das Idealgewicht.

Das Aktivitätsniveau Ihres Hundes hat keinen Einfluss auf den Nährstoffbedarf, wohl aber, ob Ihr Hund eine spezielle „Leis-

Tab. 11 Nährstoffbedarf

Nährstoff	Einheit	Bedarf pro kg $KG^{0,75}$
Eiweiß	g	5,5
Fettsäuren		
Linolsäure	mg	360
α-Linolensäure	mg	14
EPA	mg	12–18
DHA	mg	12–15
Mineralstoffe		
Calcium	mg	130
Phosphor	mg	100
Magnesium	mg	20
Natrium	mg	26
Kalium	mg	140
Spurenelemente		
Eisen	mg	1,0
Kupfer	mg	0,2
Zink	mg	2,0
Mangan	mg	0,16
Jod	µg	30
Vitamine*		
A	IE	167
D	IE	18
E	mg	1**
B_1	mg	0,074
B_2	mg	0,17
B_6	mg	0,05
B_{12}	µg	1,15
Niacin	mg	0,57
Pantothen	mg	0,49
Folsäure	µg	8,9

* Biotin (außer bei Fütterung roher Eier) und Vitamin K wird im Normalfall ausreichend über die Darmflora gebildet.
** Höherer Bedarf bei hohen Gehalten an mehrfach ungesättigten Fettsäuren im Futter.
Quellen: NRC (2006), Kamphues et al. (2014) für Eiweiß

tung" erbringt, wie etwa während des Wachstums oder der Fortpflanzung (s. folgende Kapitel). Des Weiteren bestehen spezielle Nährstoffbedürfnisse im Seniorenalter und bei bestimmten Erkrankungen (näheres hierzu ab Seite 124).

Bedarf von Hunde-Mamas

Hier ist besonderes Know-How und Fingerspitzengefühl gefragt. Vom Beginn der Trächtigkeit über deren gesamte Dauer bis hin zur Säugeperiode verändert sich der Bedarf der Hündinnen stark. Die Fütterung sollte den jeweiligen Umständen unbedingt angepasst werden.

Trächtigkeit

Die Dauer der Trächtigkeit beträgt im Durchschnitt 63 Tage. Große Rassen haben in der Regel mehr Welpen als kleine Rassen.

Die Einnistung der Embryonen erfolgt nach rund 3 Wochen, erst dann werden die Föten über Blutgefäße der Mutter versorgt. Die Embryonen sind sehr empfindlich gegenüber groben Fütterungsfehlern bei der Mutter. Hierzu gehören auch Hygienemängel – dies stellt die Eignung von Rohfleischrationen bei trächtigen Hündinnen infrage. Ich rate daher, das Fleisch während dieser Zeit lieber gegart zu verfüttern. Bei trächtigen Hündinnen sollten vergleichbare Vorsichtsmaßnahmen getroffen werden wie bei Schwangeren, die ebenfalls auf rohe tierische Lebensmittel verzichten sollten. Eine Fehlernährung der Hündin wird oft erst bei der Geburt der Welpen ersichtlich. Die Folgen können sein:
- Absterben der Föten/kleine Wurfgröße
- Missbildungen
- geringes Geburtsgewicht
- krankheitsanfällige Welpen
- geringe Vitalität der Welpen

Energiebedarf und Futtermenge

Die Gewichtsentwicklung der Föten erfolgt nicht linear, sondern exponentiell. Eine Futtererhöhung ist daher erst ab der zweiten Trächtigkeitshälfte notwendig. Eine zu starke Gewichtszunahme Ihrer Hündin sollten Sie vermeiden, um Komplikationen während der Geburt vorzubeugen. Perfekt ist es, wenn sie zum Zeitpunkt der Geburt etwa ein Viertel (25 %) über Ihrem Idealgewicht liegt. Da Hündinnen während der Säugephase die Futteraufnahme entsprechend erhöhen, benötigen sie keine großen Fettreserven.

> **Merke:** Der Grundsatz während der Trächtigkeit lautet: Qualität statt Quantität!

In der ersten Hälfte der Trächtigkeit können Sie Ihrer Hündin die gewohnte Futtermenge geben. Fleisch verliert beim Kochen an Gewicht, da Wasser verloren geht. Die Portionsgröße wird daher etwas kleiner ausfallen. Teilen Sie die Tagesration anfangs auf ein bis zwei Mahlzeiten auf.

In der zweiten Hälfte sollte Ihre Hündin dann zwei oder sogar drei Mahlzeiten bekommen. Sie braucht jetzt je nach Anzahl der Welpen 30–50 % mehr Futter.

Eine Woche vor der Geburt neigen Hündinnen zu Verstopfungen. In diesem Fall können Sie etwas Leber (3–5 g/kg KG), Milch (20–25 ml/kg KG) oder Weizenkleie zufüttern. Ausreichend Bewegung ist zudem wichtig und unterstützt die Verdauung.

Zwei Tage vor der Geburt halbieren Sie die Futtermenge, um den Darmtrakt zu entlasten. Durch die Geburt verliert die Hündin viel Flüssigkeit. Eine Suppe aus Haferschleim, Leinsamen, etwas Milch, Eidotter, Muskelfleisch und Salz (300 mg/kg KG) tut ihr dann sehr gut.

Besonderheiten des Nährstoffbedarfs

Trächtige Hündinnen brauchen zwischen 40 und 70 % mehr **Eiweiß**. Dieses sollte aus hochwertigen Futtermitteln wie Fleisch, Milchprodukten oder Eier geliefert werden.

Die Föten decken ihren Energiebedarf überwiegend über Glukose, daher sollten mindestens 20 % der Energie aus **Kohlenhydraten/Stärke** stammen. Wenn Sie kohlenhydratfrei füttern möchten, müssen Sie die Eiweißzufuhr verdoppeln, um eine ausreichende Glukosebildung aus Aminosäuren zu sichern. Bei fleischreichen Rationen ist dies normalerweise gegeben.

Für eine ausreichende Versorgung mit **essenziellen Fettsäuren** geben Sie Ihrer Hündin einen halben Teelöffel Sonnenblumenöl pro 400 g Futter sowie für Hunde bis 15 kg eine halbe und für Hunde über 15 kg eine ganze Fischölkapsel am Tag. Riesenrassen bekommen zwei Kapseln.

In der zweiten Hälfte der Trächtigkeit steigt der Bedarf an **Calcium** und **Phosphor**, da in dieser Zeit die Skelettentwicklung der Föten stattfindet. Ausreichend Calcium ist zudem wichtig für den Geburtsverlauf und die anschließende Säugephase. Trotzdem ist eine Überversorgung zu vermeiden. Eine bedarfsgerechte Calciumversorgung ist wichtig, um einer Eklampsie vorzubeugen.

Der Bedarf an **Eisen**, ist in der letzten Trächtigkeitswoche besonders hoch. Eisen ist wichtig für das Kolostrum (Erstmilch). Eine Unterversorgung der Mutter schwächt die Abwehrkräfte der Welpen. Auf eine ausreichende **Jod**versorgung der Mutter ist zu achten, damit es zu keiner Kropfbildung bei den Föten kommt.

Die fettlöslichen **Vitamine A**, **D** und **E** werden vom Fötus nicht gespeichert. Sie nehmen diese Vitamine später über die Milch auf. Eine ausreichende Versorgung der Mutter ist daher auch für die Welpen wichtig.

Milchfieber

Milchfieber (Eklampsie) ist eine Erkrankung der Hündin, die vor, während oder nach der Geburt auftreten kann. Meistens tritt sie zwei bis vier Wochen nach der Geburt auf. Hauptsächlich sind davon kleine Hunderassen betroffen. Es kommt zu einem schnellen und sehr hohen Anstieg der Körpertemperatur sowie zu Muskelkrämpfen. Sollte Ihre Hündin in der Hochlaktation auffällig unruhig oder plötzlich aggressiv sein, können diese Verhalten Vorboten hierzu sein. Zu den ersten Anzeichen zählen außerdem Zittern, Winseln und vermehrtes Hecheln.

Die Ursache liegt in einer Diskrepanz des Calciumstoffwechsels. In den letzten Wochen vor der Geburt wachsen die Föten besonders rasch und die Hündin bereitet sich auf die anschließende Milchbildung vor. Dadurch steigt der Bedarf an Calcium. Dieser wird noch höher, wenn die Hündin säugt, da sie viel Calcium in die Milch abgibt. Eklampsie tritt häufig auf, wenn die körpereigenen Regelmechanismen zur Aufrechterhaltung des Calciumspiegels überfordert sind. Nicht nur ein Zuwenig, sondern auch ein Zuviel an Calcium begünstigt eine Eklampsie. Zu viel, weil dadurch die Mechanismen zur Eigenregulation lahmgelegt werden und der Körper die hohen Calciumverluste über die Milch nicht ausgleichen kann.

Wenn Sie den Verdacht haben, dass Ihre Hündin eine Eklampsie haben könnte, warten Sie nicht ab, sondern rufen Sie gleich Ihren Tierarzt.

> **Tipp:** Bei einer Eklampsie sind Zulagen von Vitamine B_6, B_1 und 250 mg Vitamin C (2- bis 3-mal) am Tag günstig.

Säugeperiode

Die Säugeperiode (Laktation) dauert etwa sechs Wochen. Der Energie- und Nährstoffbedarf der Hündin nimmt von Geburt bis zum Beginn der Beifütterung der Welpen zu und richtet sich nach der Welpenzahl sowie der Laktationswoche. Am höchsten ist der Bedarf zwischen der dritten und fünften Woche. Hier beginnt meist auch die Beifütterung der Welpen.

Das Futter sollte in der Säugeperiode ebenfalls von einwandfreier hygienischer Qualität sein – Barfen ist während dieser Phase nur bedingt geeignet.

Merke: Der Grundsatz während der Säugeperiode lautet: Qualität *und* Quantität!

Energiebedarf und Futtermenge

Einen Tag nach der Geburt ist die Futteraufnahme meist noch zögerlich. Im Laufe der Zeit steigt diese aber stark an. Der Energiebedarf ist abhängig von der Anzahl der Welpen und kann extrem hoch sein. Eine Labradorhündin (30 kg) mit 8 Welpen braucht so viel Energie wie ein Tour-de-France-Fahrer (> 6500 kcal/Tag!).

Als Faustregel gilt, dass der Erhaltungsbedarf in der Hochlaktation pro Welpe um ein Viertel steigt. Mit anderen Worten: Die Hündin sollte pro Welpe 25 % mehr Futter bekommen als vorher.
Daraus ergibt sich:
- < 4 Welpen → 2 × Erhaltungsbedarf
- 4–6 Welpen → 3 × Erhaltungsbedarf
- \> 6 Welpen → 4 × Erhaltungsbedarf

Bei weniger als vier Welpen sollten Sie die Futtermenge zuteilen (restriktive Fütterung), damit Ihre Hündin nicht zu dick wird. Bei mehr als vier Welpen können Sie ihr das Futter zur freien Verfügung anbieten (ad-libitum-Fütterung).

Durch den hohen Energiebedarf verlieren viele Hündinnen stark an Gewicht und magern regelrecht ab, obwohl sie relativ viel fressen. Das muss nicht sein! Ein zu großer Gewichtsverlust kann in jedem Fall durch ein hochkalorisches und energiedichtes Futter vermieden werden. Auch hier wäre eine Rationsberechnung zu empfehlen. Im Idealfall sollte das Gewicht der Mutter etwa konstant bleiben bzw. eine maximale Reduzierung von 5–10 % gegenüber ihrem Normalgewicht aufweisen.

Merke: Das größte Problem während der Säugeperiode ist ein zu starkes Abmagern der Hündin.

Die Gründe für eine zu starke Gewichtsabnahme liegen wie erwähnt weniger in der Futteraufnahme an sich als vielmehr in der Energiedichte des Futters. Die Hündin kann zwar viel mehr fressen, wenn das Futter aber insgesamt zu kalorienarm ist, genügt es nicht für eine ausreichende Energieaufnahme. Die Wichtigkeit der Energiedichte lässt sich verdeutlichen, wenn Sie sich vorstellen wie viele Äpfel Sie essen müssten, bis Sie 2000 kcal zusammen hätten, und wie wenig das in Tafeln Schokolade wäre (25 Äpfel [3,7 kg] bzw. ca. 4 Tafeln Schokolade [400 g]).

Rationsgestaltung

Das Futter der Hündin sollte sein:
- schmackhaft
- hochverdaulich
- energiedicht
- vitaminreich

Bei einem großen Wurf verwenden Sie am besten fetteres Fleisch, Eier und hochwertiges Öl, um dem Bedarf an Eiweiß, Energie und essenziellen Fettsäuren zu decken. Mindestens 50 % der Ration sollte tierischer Herkunft sein.

Es ist günstig, der Hündin einen gewissen Anteil Kohlenhydrate zu füttern, denn Kohlenhydrate sind wichtig für die Bildung der Milch, die viel Milchzucker enthält. Zu empfehlen sind mindestens 10–20 % der Energieaufnahme.

Gemüse und Obst sind zwar sehr gesund, enthalten aber kaum Kalorien. Bei großen Würfen ist es daher besser, von der Fütterung von Gemüse und Obst auf ein geeignetes Mineralfutter umzusteigen. Bananen bilden eine Ausnahme, denn v. a. sehr reife Bananen enthalten viel Zucker. Sie können gut verwendet werden und werden meist gerne gefressen. Bei kleineren Würfen können Sie die Ration durch Gemüse und anderes Obst ergänzen, da in diesem Fall der Energiebedarf nicht so extrem hoch ist.

> **Merke:** Für das Futter der säugenden Hündin sollten Sie möglichst fette und energiereiche Futtermittel verwenden (Kopffleisch, Sahnequark, Eier, Öl, Getreideflocken) und kalorienarme Futtermittel eher weniger füttern (Gemüse, Obst).

Der Bedarf an Calcium und Phosphor ist abhängig von der Milchleistung, d. h. der Anzahl der Welpen. Während der Hauptlaktation ist er ca. fünfmal höher als unter normalen Umständen. Hausgemachte Rationen müssen daher immer ausreichend ergänzt werden, sonst droht eine Eklampsie. Lassen Sie sich hinsichtlich der Rationszusammenstellung bitte immer beraten.

Äußerst wichtig ist auch eine ausreichende Wasserzufuhr. Ohne Wasser kann keine Milch gebildet werden. Der Bedarf ist sehr hoch: Eine 35 kg schwere Hündin mit großem Wurf benötigt z. B. rund 5–6 l Wasser am Tag!

Milchleistung – Beispiele:
- Eine Labrador-Hündin (30 kg) mit 11 Welpen produziert während der gesamten Säugephase 75 l Milch, während der Hauptlaktation ca. 3 l am Tag.
- Eine Doggen-Hündin (60 kg) mit 8 Welpen produziert während der gesamten Laktation 144 l Milch und in der Hauptlaktationsphase knapp 6 l am Tag.
- Im Vergleich: Eine Frau (60 kg) bildet während einer dreimonatigen Stillzeit nur etwa 750 ml Milch am Tag.

> **Hunde- und Kuhmilch im Vergleich**
> Die Milch von Hunden enthält mehr als doppelt so viel Eiweiß und Fett wie Kuhmilch und ist dadurch auch doppelt so kalorienreich (s. Tabelle 12). Dies ist kein Zufall, denn Hundewelpen wachsen viel schneller als Kälber und benötigen daher mehr Energie und Eiweiß. Kuhmilch ist also kein guter Ersatz für Hundemuttermilch. Würde man einen Hundewelpen mit Kuhmilch ernähren, würde dieser trotz vollem Bauch verhungern.

Durchfall während der Laktation

Durch die hohe Nährstoffaufnahme während der Säugephase kann die Verdauungskapazität überschritten werden und zu Durchfall führen. Bei einer sehr hohen Aufnahme an Stärke kommt es typischerweise zu einem wässrigen, säuerlich riechenden

Tab. 12 Vergleich der Zusammensetzung von Hunde- und Kuhmilch

	Energiegehalt kcal/l	Eiweißgehalt g/l	Fettgehalt g/l	Laktosegehalt g/l
Hundemilch	1550	84	103	33
Kuhmilch	760	33	40	50

Durchfall. Ein Zuviel an schwer verdaulichem Eiweiß (bindegewebsreiche Schlachtabfälle) kann ebenfalls zu Durchfall führen. In beiden Fällen reicht es aus, die Futterzusammensetzung entsprechend zu verändern.

> **Merke:** Wenn Ihre Hündin Durchfall hat, füttern Sie hochwertige, fettreiche Futtermittel. Hat Ihre Hündin dabei Fieber, suchen Sie bitte unbedingt Ihren Tierarzt auf.

Erbrechen während der Laktation

Wenn Ihre Hündin in der 3.–4. Woche ihr Futter erbricht und kein (!) Fieber hat, ist dies nicht krankhaft, sondern ein Verhaltensüberbleibsel der Vorfahren. Man weiß, dass Wölfinnen in dieser Zeit ihr Futter erbrechen, um ihren Jungen die vorverdaute Nahrung anzubieten und die Welpen damit auf die Aufnahme von fester Nahrung vorzubereiten.

Beifütterung

Der Zeitpunkt der Beifütterung ist abhängig von der Milchleistung und der Wurfgröße. Meist beginnen die Welpen im Alter von drei bis vier Wochen damit, feste Nahrung aufzunehmen. Aus ihrem Verhalten wird erkennbar, wann mit der Beifütterung begonnen werden sollte (vermehrte Unruhe, ständige Sauglust, Belästigung der Hündin, Interesse an der Nahrung des Muttertieres etc.). Wenn ein Welpe anfängt, folgen ihm meist die anderen.

Die Futtermenge richtet sich nach dem Appetit. Wird bei einer Mahlzeit nicht alles gefressen, teilen Sie bei der nächsten etwas weniger zu. Am besten bieten Sie das Welpenfutter etwa körperwarm in flachen Schalen an. Sobald die Welpen feste Nahrung aufnehmen, sinkt auch die Milchleistung der Mutter.

Anforderungen an das Beifutter:
- hygienisch einwandfrei
- hochverdaulich
- gut verträglich
- schmackhaft
- flüssig-breiige Konsistenz
- handwarm
- dem Bedarf entsprechender Nährstoffgehalt

Sie können Milchaustauscher, eigene Futtermischungen oder Fertignahrung verwenden. Frisches Futter sollte ähnlich wie Feuchtfutter zunächst suppig angeboten werden. Bei Fertignahrung eignen sich Welpenfutter oder Futter für Zuchthündinnen. Frisch-/Feuchtfutter sollte im Verhältnis 1:1 und Trockenfutter im Verhältnis 1:3 mit warmem Wasser vermischt werden.

> **Rezept für selbst gemachten Milchaustauscher**
> (geeignet für mutterlose Aufzucht)
> - 430 ml Magermilch
> - 5 Eigelb (100 g)
> - 6 EL Maiskeimöl (60 g)
> - 400 g Magerquark
> - 10 g Mineralfutter mit > 20 % Calcium
>
> Futtermenge pro Welpe: 15 % des Körpergewichts
> Mahlzeiten: 3 Wochen lang täglich 5–6, anschließend 3–4

Absetzen

Der Zeitpunkt des Absetzens ist abhängig von der Höhe der Beifutteraufnahme. Theoretisch können die Welpen ab der fünften Woche abgesetzt werden. Aus ernährungs- und verhaltensphysiologischen Gründen ist ein späterer Zeitpunkt jedoch günstiger (6.–8. Woche). Am Absetztag lassen Sie die Welpen noch einmal saugen. Anschließend bieten Sie in den ersten drei bis vier Tagen das gewohnte Beifutter in den gleichen Mengen wie während der Säugezeit an. Danach können Sie die Menge langsam erhöhen.

Bei der Hündin führt ein abruptes und konsequentes Absetzen zusammen mit einer Drosselung der Futtermenge in der Regel zu einem raschen Versiegen der Milch. Bereits ein bis zwei Tage vor dem Absetzen sollte die Futtermenge der Hündin reduziert werden.
- 1 Tag vorher: kein Futter
- Absetztag: ¼ des Erhaltungsbedarfs
- 1. Tag danach: ¼ des Erhaltungsbedarfs
- 2. Tag danach: ¾ des Erhaltungsbedarfs
- 3. Tag danach: normale Futtermenge

Bedarf von Welpen

„Der Beginn ist der wichtigste Teil der Arbeit."
                             Plato 427–347 v. Chr.

Die Frage nach der optimalen Fütterung beschäftigt wohl jeden frischgebackenen Hundebesitzer. Eine ausgewogene Ernährung ist die wichtigste Grundlage für ein gesundes Knochenwachstum. Fütterungsfehler können langfristige bis lebenslange Folgen haben. Es ist also wichtig, sich frühzeitig Gedanken über eine passende und sinnvolle Fütterung zu machen.

Tipp: Wenn Sie Ihren Welpen barfen möchten, lassen Sie sich lieber individuell von einem Fachmann beraten, als nach irgendeinem Futterplan zu füttern. Dann können Sie sicher sein, dass Ihr Vierbeiner bedarfsgerecht ernährt wird. Die damit verbundenen Kosten sind eine gute Investition in die Gesundheit Ihres Schützlings.

Vorwiegend Welpen großer Rassen sind empfindlich für Fütterungsfehler, da sie extrem schnell wachsen. Während ein Yorkshirewelpe sein Geburtsgewicht innerhalb von acht Monaten um das Zwanzigfache vervielfacht, verhundertfacht ein Doggenwelpe sein Geburtsgewicht in nur der dreifachen Zeit. Sehr deutlich wird die Wachstumsge-

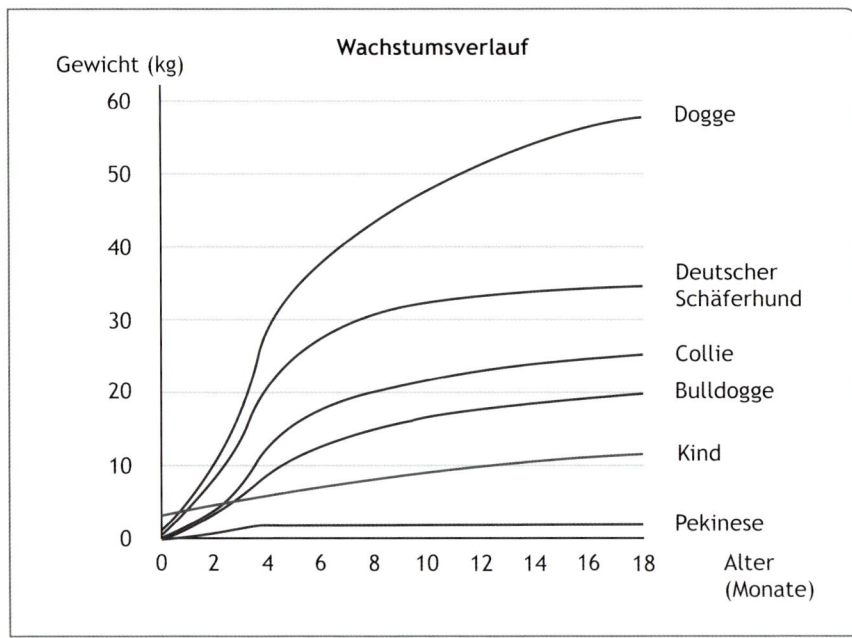

Abb. 8: Wachstumskurven verschiedener Hunderassen im Vergleich zum Menschen.

schwindigkeit großer Hunde, wenn man Mensch und Hund miteinander vergleicht. Eine ausgewachsene Dogge wiegt genauso viel wie ein ausgewachsener Mensch. Der Unterschied ist aber, dass die Dogge bereits nach anderthalb bis zwei Jahren 60 kg wiegt, wohingegen Kinder in diesem Alter gerade mal um die 12 kg auf die Waage bringen. Ein Mensch erreicht ein Gewicht von 60 kg erst nach etwa 17 Jahren (s. Abbildung 8).

Der Welpe kommt ins Haus

Der Ortswechsel sowie die Trennung von Mutter und Geschwistern bedeuten für den Welpen Stress. Zudem muss sich Ihr Welpe erst einmal an ein neues Keimmilieu gewöhnen. Füttern Sie Ihren Welpen daher in den ersten Tagen knapp und geben Sie, wenn möglich, das gleiche Futter wie zuvor beim Züchter. Bitten Sie ihn um eine ausreichende Futtermenge für etwa ein bis zwei Wochen. Nach zwei bis drei Tagen können Sie dann die gewohnten Futtermengen anbieten, um anschließend – nach einer Woche – auf das Futter Ihrer Wahl zu wechseln. Bitte wechseln Sie aber nicht abrupt, sondern mischen Sie das neue Futter langsam in immer größeren Mengen unter das alte Futter. Wenn Sie so vorgehen, ist es für den Kleinen am verträglichsten.

Wachstumsgeschwindigkeit und richtige Futtermenge

Ganz wichtig für eine gesunde Entwicklung aller Hunde ist eine angemessene Wachstumsgeschwindigkeit. Die Größe und damit das Endgewicht sind genetisch festgelegt und richten sich in erster Linie nach dem gleichgeschlechtlichen Elternteil. Wenn Sie wissen möchten, wie groß bzw. schwer Ihr Welpe einmal werden wird, sind die Gewichte der Eltern gute Anhaltspunkte. Bei Mischlingen kann nur geschätzt werden.

Durch die Fütterung kann das Endgewicht nicht beeinflusst werden, sehr wohl aber die

Tab. 13 Empfehlungen zur Gewichtsentwicklung (in %) des Erwachsenengewichts

Endgewicht (kg)	Lebensmonat			
	3.	4.	6.	12.
5	38	52	80	100
10	33	48	75	95
20	30	45	70	95
35	27	41	65	88
60	22	34	60	80

Quellen: nach Meyer und Zentek (2004)

Geschwindigkeit, mit der dieses erreicht wird. Wenn Ihr Welpe zu schnell wächst und damit für sein Alter zu schwer ist, führt dies häufig zu Störungen der Skelettentwicklung, u. a. weil die Gelenke durch das erhöhte Gewicht zu stark belastet werden. Auch die Knochen sind noch nicht ausreichend stabil, um das (zu hohe) Gewicht zu tragen. Die Folge sind oft Fehlstellungen der Beine.

Ausschlaggebend für die Wachstumsgeschwindigkeit ist die Energieaufnahme: Je mehr Energie Ihr Welpe bekommt, desto schneller wächst er. Es spielt dabei keine Rolle, ob die Kalorien aus Eiweiß, Kohlenhydraten oder Fett stammen.

> **Merke:** Besonders wichtig ist eine optimale Fütterung während der Hauptwachstumsphase zwischen dem dritten und sechsten Lebensmonat (bei sehr großen Rassen bis etwa zum achten Lebensmonat).

Das Fatale ist, dass man Welpen eine zu gut gemeinte Fütterung nicht ansieht. Im Gegensatz zu einem ausgewachsenen Hund, der zu viel zu Fressen bekommt, wird ein Welpe nicht dick, sondern wächst einfach schneller und schießt in die Höhe. Meist sehen die

Tab. 14 Wöchentliche bzw. monatliche Gewichtszunahme (in g) von Welpen unterschiedlicher Gewichtsklassen im ersten Lebensjahr

Erwachsenengewicht (kg)	Wöchentliche Zunahme im Lebensmonat					
	1.	2.	3.	4.	5./6.	7.–12.
5	140	160	175	175	110	40
10	245	300	340	340	230	75
20	340	600	700	700	400	200
35	450	1050	1200	1050	700	300
60	675	1375	1650	1650	1375	450

Erwachsenengewicht (kg)	Monatliche Zunahme im Lebensmonat					
	1.	2.	3.	4.	5./6.	7.–12.
5	560	650	700	700	450	170
10	870	1200	1400	1400	900	300
20	1350	2400	2750	2750	1650	750
35	1750	4200	4800	4200	2750	1200
60	2700	5500	6600	6600	5500	1850

Quelle: Gesellschaft für Ernährungsphysiologie (1989)

Hunde dann sogar dünn und schlaksig aus. Dies verleitet einen dazu, erst recht mehr zu füttern. Den Tabellen 13 und 14 können Sie Empfehlungen zur optimalen Gewichtsentwicklung entnehmen.

Erfahrungsgemäß ist nicht die Menge des Hauptfutters das Problem, sondern vielmehr das, was nebenbei noch alles zugefüttert wird, also beispielsweise Kauprodukte und Belohnungsleckerlis. Diese enthalten nicht weniger Kalorien und die Mengen werden häufig unterschätzt.

Die richtige Futtermenge können Sie ganz leicht und sicher anhand einer Wachstumskurve überprüfen, die Sie vom Tierarzt oder Züchter bekommen können. Entwickelt sich Ihr Welpe gemäß den Empfehlungen, ist die Futtermenge richtig. Liegt er hingegen darüber, bekommt er zu viel.

Merke: Um sicherzugehen wollen, dass Ihr Welpe die richtige Futtermenge bekommt, wiegen Sie ihn einmal wöchentlich und vergleichen Sie das Gewicht mit der Wachstumskurve.

Merke: In 95 % der Fälle ist bei Hunden mit Skelettwachstumsstörungen die Fütterung die Ursache. Meist sind dies eine zu hohe Energieaufnahme und eine Fehlversorgung mit Calcium und/oder Phosphor.

Mythos: Zu viel Eiweiß schadet während des Wachstums

Es heißt zuweilen, dass eine hohe Eiweißaufnahme negative Folgen für das Wachstum habe und Knochenentzündungen (Panostitis) hervorrufen könne. Hintergrund für diesen Mythos ist eine falsch gezogene Schlussfolgerung einer in den 1970er-Jahren durchgeführten Welpenstudie (Hedhammer, 1973). In den 1990er-Jahren erbrachte eine niederländische Forschergruppe den Gegenbeweis. Sie fütterten Doggenwelpen von der siebten Lebenswoche bis zum siebten Lebensmonat mit drei unterschiedlich hohen Eiweißgehalten (14,6 %, 23,1 % und 31,6 % der TS) bei gleicher und bedarfsgerechter Energieaufnahme. Zu keinem Zeitpunkt hatten die Hunde Wachstumsprobleme, sodass eine Eiweißüberversorgung während des Wachstums eindeutig kein Risiko darstellt.

Zum Glück ist dem so. Ansonsten würde das nämlich bedeuten, dass jeder gebarfte Welpe Wachstumsprobleme bekommen müsste, denn Barfrationen haben die vergleichsweise höchsten Eiweißgehalte. So sind auch Welpenfutter mit unterschiedlichen Eiweißstufen daher eher kreatives Marketing als eine physiologische Notwendigkeit.

Wichtige Nährstoffe

Calcium und Phosphor sowie Vitamin D, Kupfer und Vitamin A haben den größten Einfluss auf die Skelettentwicklung. Starke Über- als auch Unterversorgungen sollten unbedingt vermieden werden.

Calcium und Phosphor

Calcium und Phosphor sind die Grundsubstanz der Knochen. Im Gegensatz zum ausgewachsenen Hund können Welpen Ihre Calciumaufnahme nicht regulieren. Da sie ihr Skelettsystem erst aufbauen, nehmen sie das gesamte ihnen zur Verfügung stehende Calcium aus der Nahrung auf – selbst wenn dies zu viel ist und schadet. Ein Welpe hat sozusagen „offene Calciumschleusen". Auch die Phosphoraufnahme wird nicht dem Bedarf entsprechend reguliert. Die Natur hat zwar dafür gesorgt, dass immer ausreichend Bausteine für die Knochen angeliefert werden können, einen automatischen Aufnahmestopp hat sie hierfür aber leider nicht vorgesehen.

Merke: Die Calcium- und Phosphorversorgung sollte während des Wachstums nicht mehr als 50 % über und nicht weniger als 20 % unter dem Bedarf liegen.

Eine Calcium- und Phosphorüberversorgung tritt v. a. bei Knochenfütterung auf. Barfer müssen daher besonders aufpassen und die Knochenmenge genau zuteilen. Eine Calciumüberversorgung äußert sich u. a. durch Knochenhautentzündung, ungleiches Knochenwachstum (krumme Beine), Knorpelschäden und Lahmheit.

Merke: Bereits geringe Knochenmengen können zu einer starken Calcium- und Phosphorüberversorgung führen. Für Welpen sind daher Eierschalen, Knochenmehle oder (gewolfte) Hühnerhälse ideal, da sie sich gut dosieren lassen.

Zu einer Unterversorgung kommt es, wenn keine bzw. zu wenig calciumreiche Futtermittel gegeben werden. Die Folge ist, dass die Knochen nicht richtig mineralisiert werden und leicht brechen. Da Hunde viel schneller wachsen als Kinder, benötigen sie vergleichsweise mehr Nährstoffe. Über Milchprodukte lässt sich der Calciumbedarf von Hunden daher nicht decken.

Phosphormängel sind relativ selten. Die meisten Futtermittel – insbesondere mageres Fleisch – enthalten ausreichende Mengen. Wenn allerdings überwiegend fettreiches

Fleisch gefüttert wird, kann die Aufnahme zu niedrig sein. Betroffen ist dann in erster Linie der Bänderapparat, ähnlich wie bei Kupfermangel. Die Tiere sind durchtrittig und die Gliedmaßen können krumm erscheinen. Äußerlich ist eine Unterversorgung mit Phosphor kaum von einer Calciumfehlversorgung zu unterscheiden.

Wenn Sie wissen wollen, wie viel Calcium und Phosphor Ihr kleiner Vierbeiner an Tag braucht, haben Sie die Möglichkeit, den Bedarf einfach und kostenlos auf meiner Homepage (www.napfcheck.de unter „Futtercheck") zu ermitteln.

Neben der bedarfsgerechten absoluten Calcium- und Phosphorversorgung ist auch eine gleich- und regelmäßige Aufnahme zu empfehlen. Für Ihren Welpen ist es in jedem Fall besser, wenn Sie ihm täglich lieber kleinere, aber dafür dem Bedarf entsprechende Mengen Knochen geben, als wenn er an ein paar Tagen der Woche die doppelte Menge oder mehr bekommt.

Vitamin D

Vitamin D ist wichtig für die Calciumaufnahme. Eine Überversorgung äußert sich in daher Organ- und Gefäßverkalkungen. Sie kann zustande kommen, wenn z. B. überwiegend Lachs, größere Mengen Lebertran oder diverse Vitaminzusätze verabreicht werden. Ein Vitamin-D-Mangel äußert sich wie eine Calciumunterversorgung in einer mangelnden Mineralisierung des Skeletts („Rachitis"). Barfrationen ohne Ergänzung von Lebertran oder einem Mineralfutter enthalten meist zu wenig Vitamin D.

Vorbeugung von Allergien?

Das Füttern von rohen Futterkomponenten (Fleisch, Knorpel, Eier, Gemüse etc.) im frühen Welpenalter könnte späteren Allergien (auch auf Umweltallergene) und chronischen Darmproblemen vorzubeugen – zumindest ist das eine Hypothese aus zwei neueren retrospektiven Studien (Paasikangas et al. und Palmunen et al., 2013). Interessanterweise reicht es anscheinend, wenn nur ein Fünftel der gesamten Ration aus frischen Komponenten besteht. Wenn Sie also nicht komplett barfen möchten, profitiert Ihr Welpe auch, wenn Sie ihm nur gelegentlich einen rohen Pansen, Ei, Knorpel oder etwas frisches Gemüse zum Futter dazugeben.

Diese Hypothese bedarf weiterer Forschung. Das Ergebnis passt aber zu der Hygienetheorie (s. Kasten Seite 13), nach der sich ein keimfreies Milieu begünstigend auf Allergien auswirkt.

> **Tipp:** Wenn Sie einen Welpen haben, füttern Sie ein oder zwei Fleisch-/Fischsorten bewusst nie (auch nicht in Form von Leckerlis). Falls sich später jemals der Verdacht einer Futtermittelallergie ergeben sollte, kann diese frühzeitige Maßnahme sehr hilfreich sein, da Sie dann auf diese Futtermittel ausweichen können.

Bedarf von Senioren

Wann ein Hund als Senior gilt, ist abhängig von der Größe des Hundes. Kleine Hunde werden in der Regel älter als große Rassen, also altern sie auch später. Bei kleinen Rassen ist dies etwa ab dem 10. Lebensjahr der Fall, bei großen Rassen bereits etwa ab dem 7. Lebensjahr.

Anzeichen des Älterwerdens

Der Alterungsprozess ist gekennzeichnet durch eine abnehmende Anpassungs- und Kompensationsfähigkeit auf äußere und innere Stressfaktoren. Damit verbunden sind Funktionseinschränkungen der Sinnesorgane (v. a. des Geruchssinns), der Organsysteme und eine höhere Krankheitsanfälligkeit. Die ersten Anzeichen des Älterwerdens sind meist das Nachlassen der Aktivität, der

Verlust an Muskelmasse und eine Zunahme des Körperfettanteils.

> **Woran merke ich, dass mein Hund alt wird?**
> - Er wird auf einmal dicker, obwohl er die gleiche Futtermenge bekommt.
> - Er geht nicht mehr so gerne Gassi und bleibt lieber auf der Couch.
> - Das Futter schmeckt ihm plötzlich nicht mehr so gut wie früher.

Allgemeine Empfehlung zur Futterzusammensetzung

Das Futter von älteren Hunden sollte neben hochwertigen tierischen Komponenten, wie Muskelfleisch, Herz, Eiern oder Milchprodukten, auch stärkereiche Futtermittel, etwa Kartoffeln oder Reis, enthalten. Um Herz, Leber und Niere nicht unnötig zu belasten, sollten Sie bindegewebsreiche Futtermittel (Innereien und Schlachtabfälle, s. Seite 59) vermeiden, auch in Form von Leckerlis und Kauprodukten.

Appetitanreger

Wenn Geruchs- und Geschmackssinn nachlassen, macht sich das meist durch einen reduzierten Appetit bemerkbar. Da Hunde sind primär „Riechesser" sind, ist es eine hilfreiche Maßnahme – auch wenn diese dem Barfen widerspricht –, das Futter angewärmt anzubieten. Dies verstärkt den Geruch. Wenn das nicht hilft oder Sie vorerst weiter roh füttern möchten, können Sie etwas von den folgenden Futtermitteln zusetzen, um die Ration schmackhafter zu gestalten:
- Fleischbrühe
- Bierhefe
- grüner Pansen (gelegentlich)
- Leber (wenig!)
- Milch
- Thunfischsaft

Manchmal hilft es auch, etwas Babynahrung unterzumischen oder das Futter einfach zu pürieren.

Besonderheiten des Nährstoffbedarfs

Ältere Tiere brauchen weniger Energie. Der Bedarf an Nährstoffen bleibt aber im Wesentlichen unverändert – vorausgesetzt der Hund hat keine Erkrankung, die eine besondere Diät erfordert. Ein gesunder älterer Hund braucht also ein Futter mit reduziertem Energiegehalt und höherer Nährstoffdichte.

> **Tipp:** Wenn Sie merken, dass Ihr Hund plötzlich zunimmt, reduzieren Sie die bisherige Futtermenge um 20–30 %.

Bei Rohfleischrationen ist es am einfachsten, wenn Sie von fettreichen Fleischsorten auf magere Sorten umsteigen und die Ölmenge auf ein Minimum reduzieren. Auf diese Weise können Sie Übergewicht im Alter vorbeugen. Dies ist gerade deshalb wichtig, weil alte Hunde häufig Probleme mit den Gelenken bekommen.

Unterstützung der Verdauung

Da die Darmtätigkeit im Alter oft nachlässt, neigen Hundesenioren zu Verstopfungen. Ein höherer Ballaststoffanteil ist daher günstig, um die Verdauung anzuregen. Um den Ballaststoffanteil zu erhöhen, können Sie Folgendes unter das Futter mischen:
- geraspeltes Gemüse
- Flohsamen/-schalen (1–3 TL pro 5–10 kg KG)
- Futterzellulose (0,5–1 g/kg KG)
- Kleie (nicht bei Nierenpatienten)

Bei Problemen der Darmflora ergänzen Sie das Futter mit Pro- und Präbiotika. Als Probiotika eignen sich Milchsäurebildner (*Lactobacillus*, *Bifidobacterium*, *Enterococcus*) und bestimmte Hefen (*Saccharomyces* spp.). Als Präbiotika eignen sich z. B. Pektin, Milchzucker oder Obsttrester. Pektine sind reichlich in Äpfeln und Möhren enthalten.

Immunsystem stärken

Antioxidantien wie Vitamin C und E fangen freie Radikale ab und schützen dadurch vor Oxidationsschäden, z. B. an der DNA. Vereinfacht gesagt: Sie schützen vor Zellschädigung und können das Immunsystem stärken. Somit wird ihnen eine indirekt verzögernde Wirkung auf den Alterungsprozess zugesprochen – zumindest ist das die Hypothese. Trotzdem sollte man es mit der Zugabe nicht übertreiben, da Antioxidantion in zu hohen Mengen die Zellen schädigen.

Zink ist Bestandteil von zahlreichen an Reparaturvorgängen beteiligten Enzymen und somit sehr wichtig für die Immunabwehr.

Die empfohlene tägliche Menge beträgt:
- Vitamin E und Zink: jeweils 2 mg/kg KG
- Vitamin C: 10–20 mg/kg KG

Zur Unterstützung der geistigen Fähigkeiten und Stärkung der Immunabwehr geben Sie zusätzlich **Fischöl**, z. B. täglich eine Kapsel pro 10 kg Körpergewicht. Auch die Zufuhr an **B-Vitaminen** können Sie erhöhen, z. B. durch die Ergänzung mit Vitamin-B-Komplex-Präparaten oder Bierhefeflocken.

Was kann ich tun, wenn der Durst meines Hundes nachlässt?

Wie auch beim Menschen lässt bei älteren Tieren häufig das Durstgefühl nach. Sie sollten Ihren Hund daher öfter auf seinen Wassernapf aufmerksam machen und ihn zum Trinken animieren. Das Futter stärker zu salzen ist nicht zu empfehlen, vor allem nicht bei Herzpatienten. Auf keinen Fall dürfen Sie die Wasserzufuhr einschränken, auch dann nicht, wenn Ihr Hund inkontinent ist.

Futtermittelkunde

Kenntnisse über Futtermitteleigenschaften und deren Nährstoffgehalte sind wichtige Voraussetzungen für das Zusammenstellen hauseigener Rationen. Damit das Futter für Ihren Hund seinen Bedarf an Energie und Nährstoffen deckt, müssen Sie nicht nur wissen, was Ihr Hund überhaupt braucht, sondern natürlich auch welche Futtermittel Sie wie und in welchen Mengen kombinieren sollten. In diesem Kapitel geht es daher um das *Was* und in den folgenden Kapiteln um das *Wie* der Rationsgestaltung.

Eine Übersicht zu den allgemeinen Eigenschaften tierischer und pflanzlicher Futtermittel zeigt die Tabelle 15.

Fleisch

Fleisch ist besonders wertvoll in der Ernährung. Es enthält zwischen 15 und 23 % hochwertiges Eiweiß mit einer optimalen Aminosäurenzusammensetzung. Die Verdaulichkeit von frischem Fleisch liegt bei fast 100 %, bei sehr sehnigem Fleisch ist sie etwas geringer,

Tab. 15 Allgemeine Eigenschaften tierischer und pflanzlicher Futtermittel

	Tierische Futtermittel[1]	Pflanzliche Futtermittel[2]
Eiweiß	• Hohe Gehalte • Hochwertig	• Geringe Gehalte (außer Hülsenfrüchte) • Qualität geringer (außer Soja)
Fett	Unterschiedliche Gehalte	Wenig
Kohlenhydrate (Stärke)	Keine (außer Leber und Milchprodukte)	Reichlich (außer Gemüse und Obst)
Ballaststoffe	Keine (außer Pansen und Blättermagen)	Unterschiedliche Gehalte
Mineralstoffe	• Viel Phosphor • Sehr wenig Calcium (außer Milchprodukte, Euter, Vormägen)	• Viel Phosphor • Sehr wenig Calcium • Wenig Natrium • Viel Kalium (v.a Kartoffeln)
Spurenelemente	Gehalte in Innereien höher als in Fleisch	Mäßige Gehalte
Vitamine	• Mehr wasserlösliche Vitamine in Innereien als in Fleisch • Fettlösliche Vitamine v. a. in Leber und Eigelb	• Unterschiedliche Gehalte • Abhängig von der Art der Verarbeitung • Kein B_{12}
Verdaulichkeit	Gut bis sehr gut (abhängig vom Anteil an Bindegewebe)	Abhängig von Zubereitung und Ballaststoffanteil
Beispiele	Fleisch, Fisch, Innereien, Eier, Milchprodukte	Getreide, Kartoffeln, Hülsenfrüchte, Gemüse, Obst

1 Knochen hierbei ausgenommen   2 Öle hierbei ausgenommen

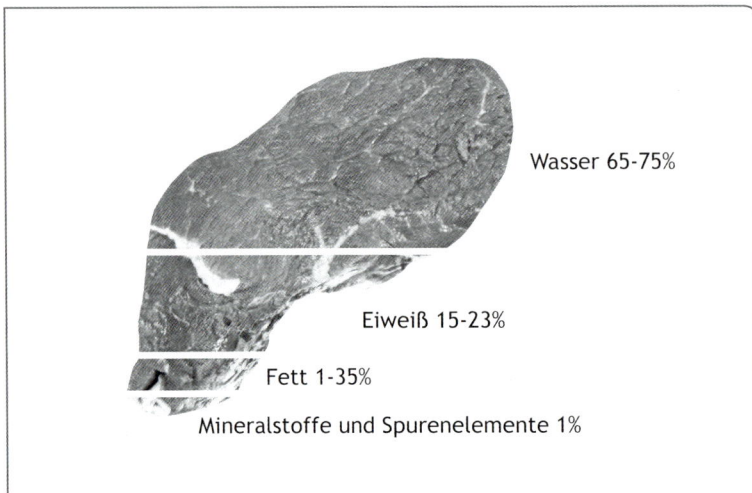

Abb. 9: Anteile der Nährstoffe im Fleisch. Die größten Unterschiede liegen im Eiweiß- und Fettgehalt.

da Kollagen schwerer zu verdauen ist. Der Fettgehalt schwankt je nach Fleischsorte und Abschnitt zwischen 1 bis über 30 %. Beispielsweise ist Rinderbrust recht fettig, Hühnerbrust hingegen sehr mager. Der Wasseranteil von frischem Fleisch beträgt bis zu 75 % (s. Abbildung 9).

Fleisch enthält kaum Calcium, dafür aber viel Phosphor (s. Tabelle 16). Der Natriumgehalt ist eher gering, da die Schlachttiere ausgeblutet werden. Rotes Fleisch, z. B. vom Rind, enthält mehr Eisen als helles Fleisch vom Geflügel. Der Gehalt an den Spurenelementen Kupfer, z. T. Zink, Mangan und v. a. Jod ist eher gering und nicht ausreichend, um den Bedarf zu decken. Das Gleiche gilt für den Gehalt an fettlöslichen Vitaminen (A, D und E).

Merke: Über Fleisch kann der tägliche Eiweiß-, Phosphor- und Eisenbedarf (Ausnahme Geflügelfleisch) gedeckt werden, nicht aber der Bedarf an Calcium, Kupfer, Mangan, Jod sowie Vitamin A, D und E.

Innereien

Beliebte Innereien sind:
- Mägen
- Herz
- Leber
- Niere
- Lunge
- Schlund
- Euter

Pansen und Blättermagen

Pansen und Blättermagen (alias Psalter) gehören zu den Vormägen von Wiederkäuern. Im Vergleich zu Fleisch ist zum einen ihre Eiweißqualität geringer und zum anderen enthalten sie mehr Bindegewebe sowie Keratin, weshalb sie nicht so ganz gut verdaulich sind. Manche Hunde reagieren nach dem Verzehr mit Blähungen. Im Gegensatz zu weißem, geputztem Pansen enthalten grüner Pansen sowie Blättermagen pflanzliches Material. Sie besitzen daher einen gewissen Ballaststoffgehalt sowie mehr B-Vitamine. Zu bemerken ist außerdem der höhere Calciumgehalt (s. Tabelle 16), der aber zur Deckung des Bedarfs nicht ausreicht.

Geflügelmägen und Herz

Der Magen von Vögeln besteht aus zwei Teilen, dem Muskelmagen und dem Drüsenmagen. Als Futtermittel werden Erstere verwendet. Da Geflügelmägen und Herz fast reine Muskulatur sind, sind sie etwa so hochwertig wie Fleisch.

Leber und Nieren

Leber und Nieren enthalten rund 20 % Eiweiß und weniger als 5 % Fett. Beide Organe sind hochverdaulich und nährstoffreich. In Leber sind geringe Mengen an Kohlenhydraten (< 5 %) in Form von Glykogen enthalten. Rohes Glykogen wirkt – wie rohe Stärke allgemein – abführend.

Leber hat von den Innereien die höchsten Spurenelement- und Vitamingehalte. In besonders großen Mengen ist Vitamin A enthalten, deren Gehalte je nach Fütterung des Ursprungstieres stark schwanken können. Daneben enthält Leber auch vergleichsweise viel Eisen, Kupfer, Vitamin D, Vitamin B_{12}, Biotin, Niacin und Pantothen.

> **Merke:** Bereits über geringe Mengen Leber kann der Bedarf an Vitamin A, Vitamin B_{12} und Biotin gedeckt werden.

Lunge und Euter

Lunge und Euter sind eiweißreiche Futtermittel, die gerne für Barfrationen, aber auch für Dosenfutter oder in getrockneter Form als Leckerli verwendet werden (v. a. Lunge). Die Eiweißqualität sowie die Mineralstoff- und Vitamingehalte sind geringer als bei Fleisch, der Bindegewebsanteil dafür höher, weshalb manche Hunde davon Blähungen bekommen. Hundezüchter „vom alten Schlag" fütterten gerne Euter an ihre Hündinnen, weil die Calcium- und Fettgehalte relativ hoch sind.

Schlund, Luftröhre und Kehlkopf

Der Kehlkopf ist der obere Abschluss der Luftröhre (alias Trachea oder Strossen). Beides besteht aus Knorpel und wird gerne als Kauartikel eingesetzt. Direkt unterhalb des Kehlkopfes befindet sich die Schilddrüse, weshalb häufig Reste hiervon am Kehlkopf haften. Als Schlund wird alles unterhalb des Stichfleisches (Stelle, wo die Schlachttiere entblutet werden) und oberhalb der Lunge bezeichnet. Hierzu gehören die Speiseröhre und meistens auch die Luftröhre. Anhaftende Schilddrüsenanteile sind auch bei Schlundfleisch nicht selten. Werden diese mit dem Futter aufgenommen, ist dies vergleichbar mit der Gabe von Schilddrüsenhormonen: Es kann dadurch zu einer Schilddrüsenüberfunktion (nutritive Hyperthyreose) kommen. Typische Symptome hierfür sind vermehrte Erregbarkeit, Nervosität, Hecheln und Herzrasen. Auch im Blut lassen sich erhöhte Schilddrüsenwerte messen. Ein Erhitzen inaktiviert die Hormone nicht.

> **Merke:** Kehlkopf sowie Schlund sollten besser nicht gefüttert werden, weder roh noch gekocht!

Sonstige bindegewebsreiche Schlachtabfälle

Ohren, Sehnen, Knorpel, Büffelhaut, Ochsenziemer, Klauenhorn und Rüsselscheiben sind Beispiele für bindegewebsreiche Schlachtabfälle. Diese Futtermittel werden meist nur getrocknet und als Kauartikel angeboten. Viele dieser Kauartikel sind regelrechte Kalorienbomben und sollten daher nicht zu oft gefüttert werden (s. Tabelle 46 Seite 145). Sie sind allgemein schwer verdaulich und besitzen einen geringeren Nährwert. Viele Hunde reagieren mit Blähungen, empfindliche Tiere auch mit Durchfall. Die Abbauprodukte belasten den Stoffwechsel, weshalb kranke Hunde und Senioren solche

Tab. 16 Calcium- und Phosphorgehalte verschiedener Futtermittel im Vergleich (in mg pro 100 g)

Futtermittel	Calcium	Phosphor
Eierschalen	37000	150
Calciumcarbonat/ Futterkalk	36–40000	0
Tricalciumphosphat	35000	18000
Algenkalk	34000	80
Di-Calcium-Phosphat	21000	16000
Fleischknochen/ -knochenmehl	13600–33000	6500–15000
Calciumzitrat	21000	0
Mono-Calcium-Phosphat	15000	22000
Kalbsknochen	13800	6200
Calciumlaktat	12.000	0
Lammrippchen	11000	5400
Beinscheibe, Rind	4840	2500
Ochsenschwanz, knochig	4020	1950
Kalbsbrustbein	2900	1380
Hühnerhälse	1700	1100
Hühnerflügel	1490	820
Ochsenschwanz, knorpelig	1260	710
Hühnerschlegel	750–950	490–610
Fleisch/Organe	4–30	100–400
Blättermagen/ grüner Pansen	90–120	80–130
Euter	115	160
Milchprodukte	70–140	90–190
Getreide	10–60	300–450
Reis/Nudeln, ungekocht	6–25	120–150

Leckereien nur selten oder besser gar nicht bekommen sollten.

Knochen

Knochen liefern in erster Linie Calcium und Phosphor, außerdem Magnesium, Natrium und Zink. Die Gehalte an Calcium und Phosphor sind sehr unterschiedlich, je nach Art und Alter des Ursprungstiere (s. Tabelle 16). Bei jüngeren Tieren (z. B. Kalb vs. Rind) sowie allgemein bei fleischigen Knochen sind die Gehalte in der Regel niedriger.

Die Verfügbarkeit der Mineralstoffe hängt hauptsächlich vom Zerkleinerungsgrad ab, bei Mehlen ist sie besonders hoch.

Eier und Eierschalen

Eier sind sehr wertvolle, nährstoffreiche und schmackhafte Futtermittel. Außerdem sind sie purinarm. Das Eiweiß ist besonders hochwertig, enthält allerdings viele schwefelhaltige Aminosäuren und führt daher manchmal zu übelriechenden Blähungen.

Das rohe **Eiklar** enthält einen Trypsinhemmstoff, welcher die Eiweißverdauung beeinträchtigt, sowie Avidin (= Anti-Vitamin H), welches Biotin bindet. Beide Stoffe sind hitzelabil und werden durchs Kochen inaktiviert. Andererseits werden rohen Eiern besondere antimikrobielle und antioxidative Eigenschaften zugesprochen. Bedenkt man, wofür das Ei eigentlich gedacht ist, nämlich das ungeborene Küken mit allen nötigen Nährstoffen zu versorgen und es vor Infektionen zu schützen, ist das leicht nachvollziehbar.

Das **Eigelb** ist besonders fettreich und enthält viele essenzielle Fettsäuren (v. a. Linolsäure), fettlösliche Vitamine (Vitamin A und D) und Biotin. Hunde lieben Eigelb und bekommen davon einen schönen Fellglanz.

Eierschalen sind eine hervorragende natürliche Calciumquelle. Mit 37 % Calcium und gehören sie zu den calciumreichsten Futtermitteln (s. Tabelle 16). Das Calcium liegt als anorganisches Calciumcarbonat vor und ist sehr gut verfügbar. Der Phosphorgehalt beträgt weniger als 1 %.

Milchprodukte

Milchprodukte liefern neben hochwertigem Eiweiß wichtige Mineralstoffe und Vitamine. Die enthaltenen Milchsäurebakterien und der Milchzucker sind außerdem förderlich für eine gesunde Darmflora.

Der Calciumgehalt ist vergleichsweise hoch und Milchprodukte daher eine wichtige Calciumquelle in der Humanernährung. Zur Deckung des Calciumbedarfs Ihres Hundes reichen sie aber nicht aus.

Merke: Wenn Sie Milchprodukte füttern, müssen Sie trotzdem Calcium ergänzen.

Entscheidend für die Verträglichkeit ist der Milchzuckergehalt. Die Enzymaktivität zur Verdauung des Milchzuckers (Laktose) ist bei Welpen sehr hoch, nimmt aber im Laufe des Lebens ab. Erwachsene Hunde können Milchzucker daher nicht vollständig verdauen und davon Durchfall bekommen. Das ist übrigens das gleiche wie bei manchen Menschen, die eine Laktoseintoleranz haben. Die Laktosegehalte in Quark und Joghurt sind deutlich geringer als in Milch und führen daher selten zu Problemen. Käse hat die geringsten Laktosegehalte (s. Tabelle 17).

Fisch

Fisch ist ein ebenso hochwertiges und gut verdauliches Futtermittel wie Fleisch. Der Eiweißanteil steht in Abhängigkeit des Fettgehaltes und kann unterschiedlich hoch sein. Fisch ist eine sehr gute Jodquelle, allerdings schwanken die Gehalte je nach Herkunft,

Tab. 17 Milchzuckergehalte (Laktose) in Gramm pro 100 g bzw. 100 ml

$0,1^1$–$0,5^2$	Käse
3–3,5	Sahne, Joghurt, Quark, Hüttenkäse, Frischkäse
4	Buttermilch, Kaffeesahne
5	Milch, Molke
10	Kondensmilch

1 Parmesan 2 Feta

Sorte und Fütterung zwischen 3 µg (Forelle) und 240 µg (Schellfisch) pro 100 g. Meeresfische fressen jodhaltige Algen und enthalten deshalb hohe Mengen Jod. Süßwasserfische fressen zwar ebenfalls Algen, aber die in Teichen wachsenden Algen enthalten kein Jod. Zuchtfische bekommen jedoch hochwertiges Fischfutter, das mittlerweile mit Jod angereichert ist. Fettreiche Seefische liefern außerdem besonders viele wertvolle und eisenreiche Omega-3-Fettsäuren.

Wichtiger Omega-3-Lieferant

Omega-3-Fettsäuren kommen reichlich in Phytoplankton, der Nahrung der Fische, vor. Durch die Aufnahme des Planktons reichern die Fische vermehrt Omega-3-Fettsäuren in ihrem Körper an, hauptsächlich im Fettgewebe. Es gilt der Grundsatz: Je kälter das Wasser, in dem der Fisch lebt, desto höher sind die Omega-3-Gehalte im Fisch.

Das Fettsäurenmuster im Körper spiegelt das Fettsäurenmuster in der Nahrung wieder. Fettsäuren werden in die Zellmembranen eingebaut und bestimmen so deren Fluidität („Flüssigkeit"). Die Temperatur, bei der ein Fett flüssig ist (Schmelzpunkt), ist abhängig von der Menge und Art seiner Fettsäuren. Je größer die Zahl der ungesättigten Fettsäuren und je höher deren Doppelbindungsanteil (s. Seite 29) ist, desto niedriger ist der

Schmelzpunkt und desto flüssiger ist das Fett bei kalten Temperaturen. Sehr kalte Umgebungstemperaturen erfordern daher reichlich hoch ungesättigte Fettsäuren (Omega-3), damit der Organismus überleben kann. Der hohe Gehalt an Omega-3-Fettsäuren der Fische ist folglich die biologische Voraussetzung für das Überleben in den Tiefen des Meeres. Hätten diese Fische das gleiche Fettsäurenmuster wie unsere Landsäugetiere oder Süßwasserfische, würden sie im kalten Wasser erstarren und sterben.

Lebertran und Fischöl

Lebertran ist ein hellgelbes Öl, welches aus der Leber von Fischen, vorwiegend Dorsch und Kabeljau, gewonnen wird. Es enthält überwiegend Vitamin A und D. Die Vitamin-D-Gehalte sind deutlich höher als bei reiner Leber. Die Vitamingehalte schwanken stark, je nach Produkt. Standardisierte Gehalte sind in Präparaten aus der Apotheke zu finden. In geringeren Mengen enthält Lebertran auch Omega-3-Fettsäuren (Tabelle 18). Häufig wird Lebertran mit Fischöl verwechselt, welches allerdings kein Vitamin A und D, dafür aber besonders hochwertige Omega-3-Fettsäuren (v. a. DHA und EPA) enthält. Die natürlichen Gehalte hiervon sind so hoch wie bei keinem anderen Öl. Sie schwanken zwischen 30 und 35 % (s. auch Seite 90). Fischöl wird aus Fischfleisch (Filet) gewonnen, nachdem die Leber entfernt wurde.

> **Merke:** Lebertran eignet sich als natürliche Quelle für Vitamin A und D. Fischöl ist ein anderes Produkt und eignet sich als Ergänzung für Omega-3-Fettsäuren.

Produkte aus Algen

Seealgen haben sehr hohe, aber auch sehr schwankende Jodgehalte (500–5000 µg/g). Typischerweise wird für die Herstellung von Seealgenmehl die Braunalge *Ascophyllum nodosum* verwendet, die in geringen Mengen als natürliche Jodergänzung eingesetzt werden kann. Häufig empfohlen werden auch **Chlorella und Spirulina**, die sich hierfür allerdings nicht eignen, da es beides Süßwasseralgen sind, die folglich gar kein Jod enthalten.

Chlorella wird für die Herstellung von Nahrungsmitteln und Kosmetika verwendet, in der Alternativmedizin auch als Mittel zur Schwermetallausleitung. Zur Nährstoffergänzung eignet sie Chlorella weniger, denn es sind wenige Nährstoffe in relevanten Mengen enthalten. Werbeaussagen wie „ein volles Nährstoffspektrum an Vitaminen, Mineralstoffen, Eiweiß und Fettsäuren" werden von deutschen Überwachungsbehörden sogar als irreführend bezeichnet.

Spirulina wird ebenfalls als Zutat für Lebens- und Nahrungsergänzungsmittel verwendet, aber auch hier wurden Aussagen zu den hohen Nährstoffgehalten als irreführend beurteilt. 5 g (ca. 1 TL) getrocknetes Spirulinapulver enthalten lediglich 1 mg Eisen, 0,1 mg Kupfer, 0,5 mg Zink und 0,2 mg Mangan. Zur Ergänzung wesentlicher Nährstoffe trägt diese Alge also nicht bei, sie schadet aber auch nicht. Im Petfood-Bereich findet Spirulina manchmal Verwendung als Anti-

Tab. 18 Durchschnittlicher Gehalt an Omega-3-Fettsäuren und fettlöslichen Vitaminen in Lebertran und Fischöl

		Lebertran	Fischöl
Omega-3-Fettsäuren	%	20	35
EPA	%	12	18
DHA	%	8	12
Vitamin A	IE/g	> 850	< 1
Vitamin D	IE/g	> 85	< 1
Vitamin E	mg/g	0	2–4

Quelle: aus Singer (2000)

oxidans, allerdings kommt es bei höheren Gehalten zu einer deutlichen Grünverfärbung des Futters – das schränkt die Einsatzmöglichkeit ein.

Algenkalk wird gerne als Calciumergänzung eingesetzt, enthält zudem aber auch gewisse Mengen Jod. Darüber hinaus sind geringe Mengen Magnesiumcarbonat und Kieselsäure enthalten. Hergestellt wird er aus Ablagerungen bestimmter Algen.

Gemüse und Obst

Gemüse und Obst sind wichtig für die Vitaminversorgung und liefern bedeutende Faserstoffe. Außerdem enthalten sie viel Wasser und Mineralstoffe (v. a. Kalium) sowie wichtige sekundäre Pflanzenstoffe (z. B. Antioxidanzien, s. Kasten Seite 63).

> **Die Natur hat wenig Oxidationsschutz für den Wolf eingeplant**
> Antioxidanzien fangen freie Radikale im Körper ab, schützen die Zellen so vor Oxidationsschäden, z. B. an der DNA, und stärken das Immunsystem. Ihnen wird daher eine indirekt verzögernde Wirkung auf den Alterungsprozess zugeschrieben. Antioxidanzien sind vorwiegend pflanzlicher Herkunft, Wölfe aber sind von Natur aus Fleischfresser. Das heißt, die Natur hat für sie wenig Schutz vor Zellschäden vorgesehen. Interessant ist, dass ein hohes Alter evolutionsbiologisch für Wildtiere gar kein Vorteil ist. Was hier zählt, ist einzig die erfolgreiche Fortpflanzung. Frisches Gemüse und Obst gehören zwar nicht zum Nahrungsspektrum des Wolfes, dürfen aber gerne täglich in den Napf Ihres Hundes.

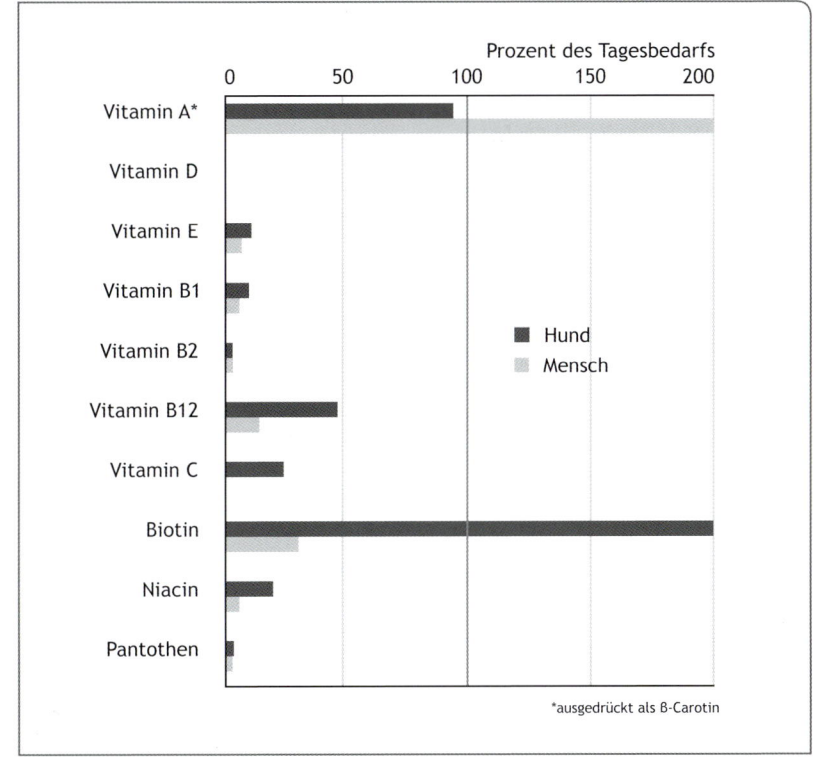

Abb. 10: Vergleich der Deckung des Vitaminbedarfs eines 20 kg schweren Hundes und eines Menschen bei Aufnahme eines Apfels.

Die praxisüblichen Mengen sind allerdings zu gering, um alleinig den Vitaminbedarf zu decken (s. Abbildung 10). Manche Sorten sind reich an wasserlöslichen Faserstoffen (Pektine) und förderlich für die Darmflora, wie etwa bei Äpfeln und Möhren. Blattreiche Gemüsesorten sind insgesamt ballaststoffreicher. Der Kaloriengehalt ist, mit Ausnahme von Bananen und Avocados, gering.

Pflanzenöle

Pflanzliche Fette enthalten viele gesunde Fettsäuren und sollten daher in keiner Futterration fehlen.
- **Distel-, Sonnenblumen-, Weizenkeim- und Maiskeimöl** enthalten besonders viel Linolsäure (55–75 %) und ganz wenig α-Linolensäure (< 1 %). Für Hunde sind diese Öle sehr gut geeignet. Weizenkeim-

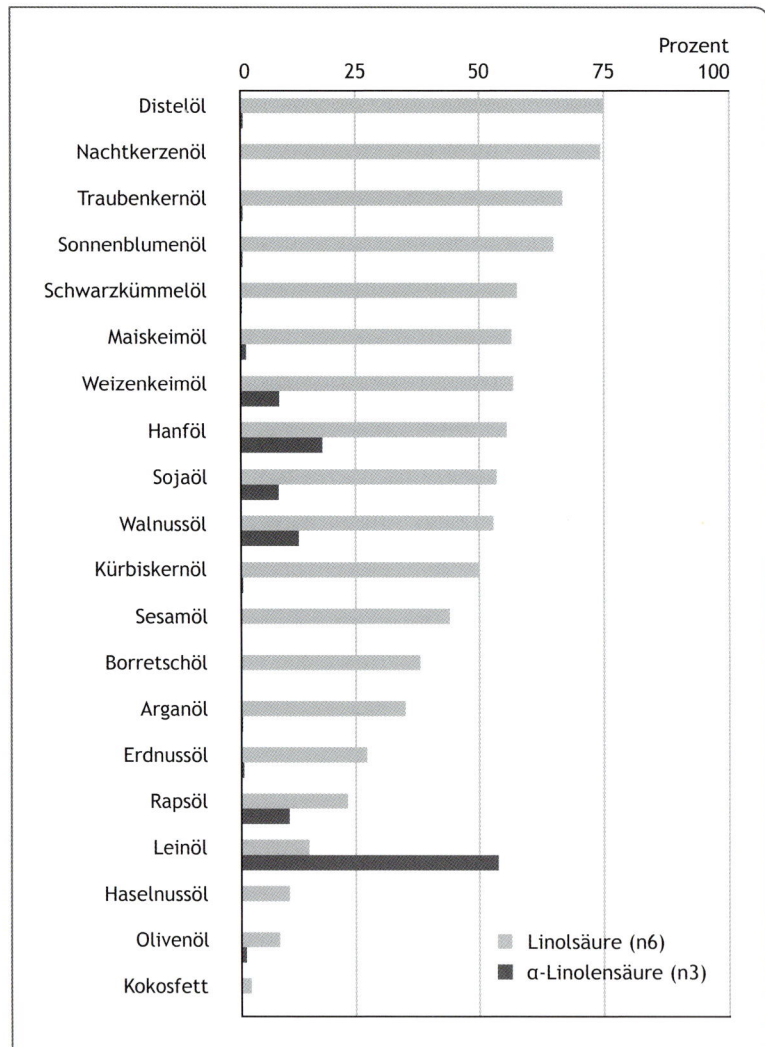

Abb. 11: Pflanzenöle und ihre Gehalte an essenziellen Fettsäuren im Überblick.

und Maiskeimöl enthalten außerdem sehr viel Vitamin E.
- **Nachtkerzenöl** enthält ebenfalls reichlich Linolsäure (fast 75 %), außerdem die entzündungshemmende Y-Dihomo-Linolensäure. Diese ist auch in **Borretschöl** enthalten. Bei Hautproblemen eignen sich diese Öle besonders gut (s. Seite 90).
- **Walnuss-, Hanf- und Sojaöl** sind ebenfalls reich an Linolsäure (50–55 %) und enthalten zudem größere Mengen α-Linolensäure (8–18 %).
- **Olivenöl** enthält v. a. nicht essenzielle Ölsäuren und hat weniger als 10 % Linol- und weniger als 1 % α-Linolensäure. Zur Ergänzung ist es daher wenig geeignet.
- **Kokosöl** besteht überwiegend aus mittelkettigen Fettsäuren und kann in großen Mengen zu Durchfall oder Erbrechen führen. Der Anteil an Linolsäure liegt unter 2 %, α-Linolensäure ist nicht enthalten.
- **Leinöl** enthält am meisten α-Linolensäure (> 50 %), dafür wenig Linolsäure (14 %). (Achtung: Leinöl wird schnell ranzig.)
- **Rapsöl** hat immerhin 10 % α-Linolensäure und etwas mehr als doppelt so viel Linolsäure.
- **Fischöl** ist besonders reich an EPA und DHA (Omega-3-Fettsäuren), welche entzündungshemmende Eigenschaften haben und sich bei chronischen Erkrankungen, insbesondere Arthrose, günstig auswirken.
- **Exotische Öle** (z. B. Argan- oder Schwarzkümmelöl) enthalten ätherisches Öl und sollten daher nur in geringen Mengen gefüttert werden. Diese Öle sind meist teuer, die Gehalte an essenziellen Fettsäuren vergleichsweise gering.

Einen Überblick über die genauen Omega-6- und Omega-3-Gehalte der Öle finden Sie in Abbildung 11 und im Tabellenanhang auf Seite 188.

Stärkereiche Futtermittel

Typische Barfrationen enthalten keine bis wenig stärkereiche Futtermittel. Dies liegt mit daran, dass stärkereiche Futtermittel meist gekocht werden müssen, was dem eigentlichen Konzept der *Roh*fütterung widerspricht. Eine Kombination aus gekochten Futtermitteln und rohem Fleisch wird daher auch als Teilbarf bezeichnet.

Am beliebtesten sind bei Barfern derzeit Kartoffeln, die auch zunehmend in Fertigfuttermitteln Verwendung finden. Hirse und Pseudogetreide werden gegenüber „normalem" Getreide allgemein bevorzugt.

Getreide

Typische Getreidesorten in der Hundeernährung sind Hafer, Reis, Mais, Weizen, Gerste und zunehmend Hirse. Nudeln werden auch gerne gefüttert.

Im Schnitt besitzt Getreide zwischen 60 und 80 % Stärke. Wie gut diese nutzbar ist, hängt davon ab, ob und wie das Getreide vor der Verfütterung bearbeitet wurde. Vor allem eine Hitzebehandlung verbessert die Verdaulichkeit (s. Tabelle 19). Dadurch wird die Struktur der Stärkekörner verändert, sodass

Tab. 19 Verdaulichkeit im Dünndarm verschiedener Stärken beim Hund in %

Futtermittel	Verdaulichkeit im Dünndarm	
	roh	gekocht
Hafer	94	96
Mais	94	98
Reis	0	100
Kartoffel	0	94
Banane	57	78
Brot	–	74–79

Quelle: nach Meyer und Zentek (2013)

die Verdauungsenzyme besser wirken können. Hafer und Mais haben auch im rohen Zustand eine hohe Verdaulichkeit, die durch Walzen zur Flockenherstellung noch verbessert werden kann.

Der Eiweißgehalt von Getreide liegt zwischen 7 und 12 %. Verglichen mit tierischem Eiweiß ist die Qualität aufgrund der Aminosäurenanteile schlechter. Der Fettgehalt ist sehr gering und der Wassergehalt beträgt im Schnitt 10–12 %.

> **Was ist Gluten?**
> Gluten ist das Klebereiweiß bestimmter Getreidearten und wichtig für die Backeigenschaften eines Mehls. Gluten ist durch die beim Menschen vorkommende Zöliakie (chronische Erkrankung des Dünndarms) bekannt. Beim Hund wurde eine vergleichbare Erkrankung mit erblichem Hintergrund nur beim Irish Setter sicher nachgewiesen.

Der Rohfasergehalt ist abhängig vom Anteil an Spelzen bzw. Schalen. Rohfaserreich sind Hafer und Gerste sowie allgemein Vollkornprodukte und Kleien. Kleie ist ein Mühlennachprodukt der Mehlherstellung. Es handelt sich hierbei um die Schalenanteile und die Keimlinge des Getreides.

Pseudogetreide

Botanisch gesehen handelt es sich bei Pseudogetreide um andere Pflanzengattungen als bei Getreide. Die Körner sind aber ähnlich zusammengesetzt wie die ihrer Verwandten und werden auch analog eingesetzt, daher der Name Pseudogetreide. Der wichtigste Unterschied ist, dass sie kein Klebereiweiß (Gluten) enthalten, weshalb sie gerne für Allergiker verwendet werden (s. Seite 135ff.). Typische Pseudogetreide sind Amaranth, Quinoa und Buchweizen.

> **Mythos: Getreide ist nur billiger Füllstoff und kann vom Hund nicht verwertet werden**
> Um kaum ein anderes Futtermittel wird so viel Aufhebens gemacht wie um Getreide. Aus ernährungsphysiologischer Sicht hat Getreide zu Unrecht einen derart schlechten Ruf. Es ist nicht nur ein sehr wichtiges Grundnahrungsmittel des Menschen, sondern auch im Futtermittelbereich ein wichtiger Energieträger. Die ausschließliche Nutzung von Fleisch als Energiequelle bietet keinen Vorteil und wäre für viele Hundehalter sicherlich auch nicht bezahlbar. Getreide als „billigen Füllstoff" zu bezeichnen ist daher nicht gerechtfertigt.
> Die Aussage, dass Getreide nicht verwertet werden könne, stimmt ebenfalls nicht, denn die darin enthaltene Stärke ist sehr gut verdaulich (s. Tabelle 19). Viele empfinden Getreide als unnatürliche Hundenahrung, oft mit der Begründung, dass Wölfe auch kein Getreide „jagen" würde. Dabei hat sich der Hund an eine stärkereiche Nahrung angepasst und besitzt mehr Gene zur Stärkeverdauung als der Wolf. In dem Zusammenhang muss die Frage erlaubt sein, warum dann Kartoffeln toleriert werden. Beides sind primär stärkereiche Futtermittel, von denen der Wolf weder das eine noch das andere frisst (s. auch Mythos Seite 140).
> Im Trockenfutterbereich ist Getreide zudem wichtig für den Herstellungsprozess: Trockenfutter ohne Stärke zu produzieren wäre in etwa, wie ein Brot ohne Mehl zu backen.

Kartoffeln und Co.

Die Knolle einer Pflanze ist ihr Speicherorgan. Hierin sind reichlich Kohlenhydrate gelagert. Die Gehalte an Eiweiß, Rohfaser, Calcium, Magnesium und Vitaminen dagegen sind gering.

Kartoffeln sind das bei Barfern beliebteste kohlenhydratreiche Futtermittel. Zunehmend werden Kartoffeln wie auch **Süßkartoffeln**

(Batate) in Fertigfuttermitteln eingesetzt. Im Rohzustand ist die Stärke unverdaulich (s. Tabelle 19), daher müssen Kartoffeln und Süßkartoffeln unbedingt weichgekocht werden. Trotz der Namensverwandtschaft haben beide Pflanzen wenige miteinander zu tun. Kartoffeln gehören zu den Nachtschattengewächsen, Süßkartoffeln zu den Windengewächsen. Bemerkenswert ist der besonders hohe Kaliumgehalt beider Knollen.

Topinambur ähnelt optisch der Kartoffelknolle, verwandt ist sie aber mit der Sonnenblume. Topinambur enthält keine Stärke, sondern Inulin und wird deshalb auch „Diabetikerkartoffel" genannt. Inulin ist, wie Stärke, ein Polysaccharid, welches aber nicht im Dünndarm, sondern im Dickdarm verdaut wird. Der Blutzuckerspiegel steigt daher nicht so stark an, allerdings kann Topinambur vermehrt zu Blähungen führen.

Tapioka (alias Maniok) ist ebenfalls eine stärkereiche Knolle, die überwiegend in den Tropen angebaut wird. Man findet sie hierzulande vorwiegend in Asialäden. Tapiokastärke hat gute verkleisternde Eigenschaften, weshalb sie gerne zur Herstellung von Trockenfuttern eingesetzt wird.

Hülsenfrüchte

Hülsenfrüchte (Leguminosen) sind wesentlich eiweißreicher und stärkeärmer als Getreide. Sie sind die einzigen pflanzlichen Futtermittel mit relativ hohen Gehalten an Eiweiß, dessen Qualität allerdings geringer ist als bei tierischen Futtermitteln.

Eine Ausnahme bildet Soja, das unter den pflanzlichen Futtermitteln die höchste Eiweißqualität besitzt und die wichtigste pflanzliche Eiweißquelle in Trockenfuttern ist. Getrocknete Bohnen enthalten knapp 35 % Eiweiß. Im Hundefutter finden in der Regel Sojaeiweißkonzentrate (70 % Eiweiß) oder Sojaeiweißisolate (> 85 % Eiweiß) Verwendung. Tofu ist, vereinfacht gesagt, ein Quark aus Sojabohnen. Erbsen, Bohnen und Linsen enthalten ca. 25 % Eiweiß und sind eine gute Alternative für Allergiker.

Manche Hülsenfrüchte enthalten einen Hemmstoff, der die Eiweißverdauung erschwert. Andere enthalten sogenannte antinutritive Stoffe (z. B. Tannine, Lektine, Glykoside, Alkaloide), die erst nach dem Kochen ungefährlich sind. In einigen Sorten findet man schwer verdauliche Kohlenhydrate (z. B. Stachyose, Raffinose), die zu Blähungen und weichem Kot führen können. Die Verwendung von Hülsenfrüchten als Futtermittel ist daher allgemein begrenzt.

> **Merke:** Hülsenfrüchte dürfen niemals roh verfüttert werden.

Nüsse und Samen

Nüsse, Sonnenblumenkerne, Kürbiskerne und andere Samen sind fettreich und enthalten viele Spurenelemente. Der Spurenelementbedarf vom Hund ist jedoch sehr hoch, sodass sie nur eine Ergänzung darstellen können. Um den kompletten Bedarf zu decken, reichen Nüsse und Samen bei Weitem nicht aus (s. Abbildung 12, Seite 96).

Mineralstoff- und vitaminreiche Ergänzungen

Nachfolgend finden Sie die wichtigsten Futterergänzungen, die in einer ausgewogenen Ration nicht fehlen sollten oder die häufig in Barffutterplänen empfohlen werden.

Salz

Salze bestehen zu über 90 % aus Natriumchlorid, davon sind 38 % Natrium und 60 % Chlorid. Steinsalze werden heute im großen Stil industriell abgebaut, wovon nur ein Anteil von 5 % zu Speisesalz verarbeitet wird, der Rest findet Einsatz in der chemischen Industrie. Steinsalz ist vor Jahrmillionen entstanden, als der Meeresspiegel sank. Es ist also ursprünglich Meersalz, das sich durch Verdunstung abgelagert hat und deshalb im Prinzip dasselbe. Neben dem herkömmlichen Speisesalz gibt es teure Spezialsorten wie handgeschöpftes Fleur de Sel („Salzblume"), Himalajasalz, Ursalz (= Steinsalz), Vulkansalz etc. Oft werden diese als naturbelassen, einzigartig oder besonders gesund beworben. Mit Ausnahme von Fleur de Sel ist der Unterschied zu normalen Steinsalzen lediglich der Grad der „Verunreinigung", durch die bestimmte Salzsorten beispielsweise rosa oder orange aussehen.

> **Merke:** Sie können gerne exotische Salze verwenden. Herkömmliches Speisesalz tut es aber auch.

Bierhefe

Bierhefe ist besonders reich an wasserlöslichen B-Vitaminen (ausgenommen B_{12}) und wird sehr gerne gefressen. Zur Ergänzung eignen sich getrocknetes Bierhefepulver ebenso wie Flocken.

> **Tipp:** Bierhefe regt den Appetit an. Wenn Ihr Hund nicht fressen mag, streuen Sie Bierhefeflocken über das Futter.

Hagebuttenpulver

Hagebutten sind die Früchte verschiedener wilder Rosenarten, insbesondere der Hundsrose (*Rosa canina*). Sie sind reich an Vitamin C und werden von vielen Hundebesitzern als Pulver gefüttert. Wenngleich eine Ergänzung im Normalfall nicht notwendig ist (s. Seite 37), hat etwas Hagebuttenpulver noch keinem Hund geschadet.

Grünlippmuschel

Die neuseeländische Grünlippmuschel (*Perna canaliculus*) ist sehr beliebt zur Unterstützung der Gelenke. Das Muschelfleisch hat einen sehr hohen Anteil Omega-3-Fettsäuren (v. a. EPA und DHA) und enthält außerdem enthält Chondroitin und Glukosamin (s. Seite 145) sowie antioxidativ wirkende Spurenelemente wie Zink, Kupfer und Selen. Zu beachten ist, dass die Gehalte an Wirksubstanzen – wie bei allen Naturprodukten – starken Schwankungen unterliegen. Es empfiehlt sich daher auf die Gehalte zu achten oder beim Hersteller nachzufragen.

Heilerde

Heilerde besteht aus verschiedenen Erdmaterialien: Silikat, Kalkspat, Dreischichttonminerale, Feldspat und Dolomit. Im Humanbereich wird Heilerde vorwiegend bei Durchfall und Sodbrennen eingesetzt. Im Tier-/Barfbereich wird sie auch häufig zur Ergänzung mit Spurenelementen eingesetzt. Ein Trugschluss, denn Heilerde enthält neben Eisen keine weiteren Spurenelemente, sondern lediglich Mineralstoffe.

In 5 g Heilerde sind 425 mg Calcium, 5 mg Phosphor, 40 mg Natrium, 70 mg Kalium, 45 mg Magnesium und lediglich 80 mg Eisen enthalten. Die Verfügbarkeit der enthaltenen Mineralstoffe und des Eisens ist außerdem fraglich. Zur Mineralstoff- oder Spurenelementergänzung ist Heilerde daher nicht geeignet. Sie kann aber therapeutisch bei Magenübersäuerung und Durchfall eingesetzt werden. Ein wissenschaftlicher Nachweis über die positive Wirkung bei Hunden fehlt zwar, aber erfahrungsgemäß hilft sie bei manchen Tieren.

Schindele's Mineralien®

Schindele's Mineralien® sind nach dem österreichischen „Erfinder" Robert Schindele benannt. Es handelt sich dabei um Gesteinsmehl vulkanischen Ursprungs mit verschiedenen Mineralstoffen und Spurenelementen. Es findet vielfach Verwendung in der Alternativmedizin. Knapp 60 % der Mineralien macht Kieselsäure aus, doch einen definierten Bedarf beim Hund gibt es hierfür nicht. An zweiter Stelle steht Magnesiumoxid (< 1 %), dann kommen Eisen, Aluminium und weitere Mineralstoffe und Spurenelemente. Wie auch bei Heilerde ist die Verfügbarkeit unklar. Zur Mineralstoffergänzung sind diese Mineralien weniger geeignet.

Kieselerde

Kieselerde (*Silicea terra*, alias Kieselgur) wird aus siliziumhaltigen fossilen Kieselalgen gewonnen und ist im Humanbereich bekannt zur Vorbeuge von brüchigen Findernägeln und Haaren sowie zur Festigung des Bindegewebes. Bei Hunden wird sie zuweilen zur Stärkung von Bändern und Sehnen sowie bei Erkrankungen des Bewegungsapparates und zur Unterstützung während des Fellwechsels empfohlen.

Silizium spielt in der Tat eine Rolle bei der Skelettentwicklung. Die notwendigen Mengen sind aber so gering, dass eine Ergänzung bei normaler Fütterung nicht nötig ist. Viel wichtiger hierbei ist eine ausreichende Zufuhr an Calcium, Phosphor, Kupfer und Vitamin D (s. Seite 50ff.).

Kommerzielle Mineralfutter und Barfergänzungen

Kommerzielle Mineralfutter enthalten neben Mineralstoffen wie Calcium, Phosphor, Magnesium und Natrium auch Spurenelemente sowie Vitamine, also quasi eine Komplettergänzung. Zahlreiche Produkte für die verschiedensten Anforderungen oder Fütterungsarten sind auf dem Markt. Die Zusammensetzungen reichen von Kombinationen aus klassischen Mineralstoffquellen wie Calciumcarbonat, Monocalciumphosphat oder Magnesiumoxid bis hin zu „natürlichen" Mischungen aus Algenkalk, Bierhefe, usw. Es ist also für jeden Geschmack etwas dabei.

Tab. 20 Übersicht über die Wirkung verschiedener Futterergänzungen

Futtermittel	Wirkung/Anwendungsbereich
Alfalafa (Luzerne)	Verdauungsfördernd, entgiftend
Apfelessig	Verdauungsfördernd, Unterstützung der Magensäure
Chlorella	Entgiftung, Unterstützung des Immunsystems
Fermentgetreide	Darmflora, Immunsystem, Hautekzeme, Parasitenprophylaxe
Heilerde	Magenübersäuerung/Durchfall
Honig, Propolis, Blütenpollen	Natürliches Antibiotikum
Kieselerde	Stärkung Bänder und Sehnen, Unterstützung von Fell, Haut und Krallen
Kokosfett/-flocken	Parasitenprophylaxe
Knoblauch	Parasitenprophylaxe (s. Mythenkasten Seite 75)
MSM (Methyl-Sulfonyl-Methan)	Unterstützung bei Allergien, Gelenkbeschwerden und Verdauungsproblemen, schmerzlindernd, entgiftend
Slippery Elm, Ulmenrinde	Magen-Darm-Schutz
Spirulina	Entgiftung, Unterstützung des Immunsystems, Verbesserung der Darmflora

Sonstige Ergänzungen

Nachfolgend finden Sie eine Übersicht weiterer häufig für Rohfütterer empfohlene Ergänzungen und deren Einsatzgebiete (s.Tabelle 20). Zu berücksichtigen ist hierbei, dass vieles nicht belegt ist, sondern auf individuellen Erfahrungswerten und Hörensagen beruht oder die Wirkung – wie bei den meisten Kräutern auch – vom Menschen auf den Hund übertragen wurde.

Bestätigen kann ich aus meiner Erfahrung, dass Heilerde oft bei Magenübersäuerung hilft. Anstelle von Ulmenrinde eignet sich auch gekochter Leinsamenschrot, der ebenfalls schützende Schleimstoffe enthält und gut vertragen wird. Alfalfa ist ein für pflanzenfressende Nutztiere hochwertiges Futtermittel, da es eiweißreicher ist als die klassischen Grünfuttersorten – darum wird es in Deutschland gerne in der Pferdefütterung eingesetzt. Für unsere Hunde dürfte der Eiweißgehalt jedoch verglichen mit dem in Fleisch vernachlässigbar sein.

Gegen Honig & Co., Fermentgetreide und Kokosflocken spricht an sich nichts. Eine Wirkung gegen Parasiten halte ich aber für unwahrscheinlich. Das gleiche gilt für die Wirkung von Apfelessig auf die Magensäure. Ich befürchte, dass hierbei der Eindruck entstehen könnte, dass Apfelessig einer vermeintlich schlechten Fleischhygiene entgegenwirken würde, wie eine Art Desinfektion. Bauen Sie lieber nicht darauf, sondern achten von vornherein auf eine gute Fleischqualität mit entsprechender Frische.

Kräuter

Kräuter liegen sehr im Trend und werden zunehmend nicht nur in Barfrationen und Barfergänzungen, sondern auch immer häufiger in Fertigfuttern eingesetzt, um den Produkten einen naturnahen Charakter zu verleihen. Der Einsatz von Kräutern bleibt dabei leider oft kritiklos.

Dem Käufer wird häufig suggeriert, dass Kräuter die Gesundheit fördern. Für unsere Hunde gibt es hierzu allerdings kaum wissenschaftliche Belege. Außerdem sollte man bedenken, dass der Hund kein kleiner Mensch ist. Sein Stoffwechsel verarbeitet manche Substanzen ganz anders als unserer. Denken Sie nur an Schokolade oder Weintrauben, die für die Vierbeiner tödlich sein können (s. nächstes Kapitel). Die Wirkungen beim Menschen sollten daher nicht „einfach so" auf den Hund übertragen werden.

Sehr häufig finden sich in vermeintlich harmlosen Kräuterpräparaten auch Heilkräuter oder sogar giftige Kräuter. Manche davon haben durchaus eine pharmakologische Wirkung und bergen daher nicht weniger Risiken und Nebenwirkungen als Arzneimittel. Solche Kräuter kritiklos anzunehmen und zu füttern ist meiner Meinung nach ein Fehler. Vor allem bei kontinuierlicher Gabe kann eine „natürliche Ergänzung" durchaus einer Dauermedikation gleichen. Nur weil etwas natürlich ist, ist es deswegen keinesfalls automatisch harmlos.

Bevor Sie sich für ein Kräuterprodukt oder ein Kräuter enthaltenes Futter entscheiden, erkundigen Sie sich bitte genau nach der Zusammensetzung und gegebenenfalls entsprechender Wirkung. Von Geheimrezepturen und „Wunderkräutern" rate ich ab. Bevor Sie das Produkt Ihrem Hund in den Napf geben, fragen Sie sich bitte, ob er dieses tatsächlich braucht. Vielleicht hilft es Ihnen bei der Überlegung, wenn Sie sich selbst fragen, ob Sie diese Kräuter auch täglich essen würden, wenn Sie doch kerngesund sind. Typische Küchenkräuter, wie Petersilie oder der Basilikum, können Sie jedoch gerne auch täglich füttern.

Kleines Kräuterlexikon

Aufgrund der zunehmenden Beliebtheit von Kräuterergänzungen, möchte ich Ihnen mit der Tabelle 21 Seite 71ff. eine Übersicht der

Tab. 21 Wirkung und Anwendung verschiedener häufig verwendeter Kräuter

Pflanze	Wirkung /Anwendung bei ...
Aloe vera	Äußerlich bei Wunden, Ekzemen und Brandverletzungen Achtung: Kann u. a. zu blutigem Durchfall, Kolik, Nierenreizung und Fehlgeburten führen.
Anis	Husten und Erkältung Wirkt blähungstreibend und krampflösend
Arnika	Akute Traumata Wirkt schmerzlindernd, abschwellend und entzündungshemmend
Aroniabeeren (Apfelbeere)	Wirkt antioxidativ
Artischocke	Fettstoffwechsel, Leberschutz Wirkt stoffwechselanregend
Basilikum	Wirkt verdauungsfördernd
Bärlauch	Achtung: Schleimhautreizend, kann Durchfall und Erbrechen hervorrufen und die roten Blutkörperchen zerstören. Mensch: ungiftig Hund: giftig + bis ++
Beinwell	Geweberegeneration, „Knochenheiler", Magengeschwür, Atemwegserkrankungen, Schwach giftige Pflanze, Vergiftung nur nach Aufnahme großer Mengen
Birkenblätter	Wirkt harntreibend, entschlackend und entgiftend
Bockshornkleesamen	Blähungen, Durchfall, Husten Wirkt verdauungsfördernd
Bohnenkraut	Durchfall, Blähungen, Darmparasiten
Brennnessel	Erkrankungen des Harnapparates und der Atmungsorgane, Magen-Darm-Entzündung, Rheuma/Arthrose Wirkt stoffwechselanregend und entzündungshemmend
Cranberry	Blasenentzündung (antimikrobielle Wirkung)
Eisenkraut	Wirkt verdauungsfördernd (v. a. Leber- und Gallestau) und nervenberuhigend
Enzianpulver	Stärkungsmittel Wirkt verdauungsfördernd
Fenchel	Verdauungsstörungen, Blähungen, Husten
Frauenmantel	Durchfall
Ginkgo	Wirkt durchblutungsfördend
Ginseng	Stressresistenz, Widerstandskraft
Goldrute	Nierenheilpflanze

Tab. 21 Wirkung und Anwendung verschiedener häufig verwendeter Kräuter (Fortsetzung)

Pflanze	Wirkung /Anwendung bei ...
Holunderblüten	Husten, Unterstützung des Immunsystems, Fiebersenkung Achtung: Blätter, unreife Früchte, Samen und unreife Rinde enthalten u. a. Blausäure, die Vergiftungen hervorrufen kann.
Ingwer	(Reise-)Übelkeit
Isländisches Moos	Husten Wirkt verdauungsfördernd und stoffwechselanregend
Johanniskraut	Verdauungsbeschwerden, Harnwegsentzündungen, Leber- und Galleleiden Wirkt stimmungsaufhellend und angstlösend Giftpflanze: Wirkt photosensibilisierend und kann Sonnenbrand an unbehaarten/unpigmentierten Stellen auslösen.
Kalmus	Verdauungsstörungen, Stoffwechselbeschwerden
Kamille	Durchfall, Blähungen, Magenbeschwerden Wirkt entzündungshemmend und krampflösend
Kapuzinerkresse	Antimikrobielle Wirkung
Klettenwurzel	Verdauungsstörungen, Stoffwechselfördernd; Hautausschläge (äußerlich)
Knoblauch	Erkältungen, Parasitenprophylaxe Wirkt blutreinigend
Königskerze	Husten, Rheuma Wirkt harntreibend
Koriander	Samen wirken verdauungsfördernd
Kümmel	Unterstützung der Verdauung, Appetitanreger, gegen Blähungen
Klettenlabkraut	Unterstützung des Immunsystems, regt den Lymphfluss an
Lavendel	Wirkt nervenberuhigend und ist blähungs-, wasser- und galletreibendes Mittel
Löwenzahn	Wirkt blutreinigend, harntreibend sowie leber- und gallereinigend
Lungenkraut	Verschleimung der Atemwege
Mädesüß (alias Ulmenspierkraut)	Wirkt schmerzlindernd, fiebersenkend, entzündungshemmend, harntreibend (enthält Salicylsäure –> Aspirin®)
Majoran	Erkältung
Mariendistel	Lebererkrankungen
Melisse	Atemwege, Fieber, Wirkt beruhigend, verdauungsfördernd, blähungsreibend, krampflösend und nervenstärkend
Mistel	Arterienverkalkung, Bluthochdruck, degenerativ-entzündliche Gelenkerkrankungen, „Krebsmittel" Giftpflanze: Speicheln, Erbrechen, Durchfall, Bauchschmerzen, Bewegungsstörungen, Pupillenerweiterung und Todesfälle sind möglich

Tab. 21 Wirkung und Anwendung verschiedener häufig verwendeter Kräuter (Fortsetzung)

Pflanze	Wirkung /Anwendung bei ...
Oregano	Erkältung Wirkt beruhigend
Pfefferminze	Verdauungsstörungen und Erkältung Wirkt krampflösend, schmerzlindernd und verdauungsfördernd
Ringelblume	Unterstützung der Verdauung; Galle- und Leberleiden, Wundheilung (äußerlich)
Rosmarin	Unterstützung der Fettverdauung Wirkt kreislaufanregend und durchblutungsfördernd
Salbei	Husten, Verdauungsstörungen (Blähungen, Durchfall) Wirkt verdauungsfördernd und antiseptisch
Schachtelhalm	Ackerschachtelhalm (Synonym Zinnkraut): wirkt stoffwechselanregend Giftpflanze: Sumpfschachtelhalm ist sehr giftig, v. a. für Pflanzenfresser. Auch Ackerschachtelhalm ist giftig, aber weniger stark.
Schafgarbe	Unterstützung der Verdauung, Hauterkrankungen, Leberprobleme Wirkt stoffwechselanregend, gallefördernd und entzündungshemmend
Spitzwegerich	Husten und Asthma, Entzündungen der Harnwege, Durchfall, Galle- und Leberleiden; Wunden (äußerlich)
Stiefmütterchenkraut	Hauterkrankungen Wirkt entzündungshemmend, stoffwechselfördernd und schmerzlindernd
Süßholzwurzel	Husten
Teufelskralle	Rheumatische Schmerzen, Entzündungen, Schwellungen, Wirkt stoffwechselanregend
Thymian	Husten Wirkt verdauungsfördernd
Ulmenspierkraut	s. Mädesüß
Weidenrinde	Enthält Wirkstoff ähnlich Aspirin® Wirkt fiebersenkend, entzündungshemmend, knorpelschützend und schmerzlindernd
Weidenröschen	Bei Prostatabeschwerden und dadurch bedingte Blasenprobleme Wirkt entzündungshemmend
Weißdorn	Herzerkrankungen
Yucca	Verbessert den Kotgeruch

Quellen: DeBairacacli Levi „Das Kräuterhandbuch für Hund und Katze"; Kupper und Demuth „Giftige Pflanzen für Klein- und Heimtiere"; Nadig „Heilpflanzen für Hunde"; Ratgeber „Die Ganze Welt der Heilkräuter", Giftdatenbank der Universität Zürich

häufig verwendeten Kräuter und deren Wirkungen geben. Bei meiner Recherche hierzu war ich selbst überrascht, dass es doch so viele Überschneidungen bei den Anwendungsgebieten und den – recht unspezifischen – Wirkungen gibt, ganz abgesehen von der Problematik, dass man sich oft mit Erfahrungen aus dem Humanbereich begnügen muss.

Zudem war auffallend, dass die Namensangaben vieler Hersteller zu den in ihren Produkten enthaltenen Kräutern oft ungenau sind. Beispielsweise gibt es zwei Arten von „Schachtelhalm", den Acker- und den Sumpfschachtelhalm. Während Ersterer Anwendung zur Stoffwechselanregung findet, ist Letzterer ziemlich giftig.

Tipp: In der Giftdatenbank der Universität Zürich können Sie nachsehen, welche Pflanzen giftig sind. Der Zugang ist kostenlos. www.giftpflanzen.ch

Mein persönliches Fazit zu Kräutern lautet: Man muss die Kräuter schon genauer kennen, um einzuschätzen, wann und in welchen Mengen man sie einsetzen sollte. Meiner Meinung nach gehören Heilkräuter daher nicht ins Futter, sondern sollten immer unter Anleitung eines erfahrenen Phytotherapeuten und nach genauer Indikation verabreicht werden.

Giftige Futtermittel

Nachfolgend finden Sie eine Übersicht der für Hunde wichtigsten giftigen Futtermittel sowie deren toxische Dosis und die typischen Vergiftungssymptome.

Weintrauben und Rosinen

Weintrauben sowie deren Produkte (Rosinen, Korinthen, Sultaninen, Traubentrester [= Schalenreste]) können innerhalb kurzer Zeit zu schweren Vergiftungen mit akutem Nierenversagen und sogar zum Tod führen. Warum das so ist und was genau die Vergiftung verursacht, ist bislang nicht bekannt. Es ist nicht jeder Hund betroffen und auch hier weiß man nicht warum.

Bereits 10–30 g Weintrauben/kg KG bzw. 3 g Rosinen/kg KG können ausreichen. Für einen 5 kg schweren Hund entspräche dies 10–30 Trauben und 40–120 Trauben für einen Hund mit 20 kg.

Trester sind die Schalenreste aus der Saftherstellung. Diese sind gelegentlich in Futtermitteln für Hunde zu finden. Zwar wurde bislang über keine Vergiftungsfälle nach der Aufnahme andere Traubenprodukte wie Säfte, Öle oder Extrakte berichtet, persönlich würde ich jedoch vorsichtshalber alle Produkte aus Trauben vermeiden.

Knoblauch und Zwiebelgewächse

Zu den Zwiebel- und Lauchgewächsen (*Allium* sp.) zählen auch Knoblauch, Bärlauch, Schnittlauch und Schalotten. Eine Aufnahme hiervon führt typischerweise zu einer Zerstörung der roten Blutkörperchen (hämolytische Anämie) und in dem Zusammenhang zu blassen Schleimhäuten, einer verstärkten Atmung und Herzrasen. Besonders empfindlich sind Akita Inus und Shiba Inus.
Als toxische Dosis gelten:
- für Knoblauch: 5 g/kg KG ganzer Knoblauch oder 1,25 ml/kg KG Knoblauchextrakt (während einer Woche)
- für Zwiebeln: > 5 g/kg KG/Tag

Eine ganze Knolle frischer Knoblauch und eine mittelgroße Zwiebel könnten bei einem 10°kg schweren bereits Hund ausreichen, um Vergiftungserscheinungen auszulösen. Es sei aber auch vor dauerhafter Aufnahme kleinerer Mengen gewarnt, die auf lange Sicht ebenso zu Veränderungen des Blutbildes führen können.

Vor allem Lauch und Knoblauch sind häufig in Gemüseflocken für Hunde und in „naturnahen" Fertigfuttern zu finden. Knoblauch wird oft zur Parasitenprophylaxe empfohlen bzw. verwendet.

> **Mythos: Knoblauch hilft gegen Parasiten**
> Seit Langem wird in der Kräutertherapie Knoblauch zur natürlichen Zeckenabwehr oder Entwurmung eingesetzt. Bei vielen Hundebesitzern ist diese Methode sehr beliebt – schließlich ist sie chemiefrei. Einen wissenschaftlichen Beweis dafür, dass diese tatsächlich und sicher funktioniert, gibt es allerdings nicht, Anekdoten hingegen viele. Man muss also auf Erfahrungswerte zurückgreifen. Dem einen Hund scheint es zu helfen, dem anderen nicht. Sicher ist aber, dass Knoblauch in größeren Mengen die roten Blutkörperchen des Hundes zerstört. Sie sollten es daher nicht übertreiben und genau zwischen Nutzen und einem möglicherweise durch die Fütterung verursachten Schaden abwägen. Im Zweifel lassen Sie sich von einem erfahrenen Phytotherapeuten beraten.

Schokolade

Das in Schokolade enthaltene Theobromin führt bei Hunden zu schweren Vergiftungen, die tödlich enden können. Die Tiere zeigen vorwiegend Unruhe, verstärkte Atmung, Herzrhythmusstörungen, Fieber, Durchfall, Erbrechen und Bauchschmerzen.

Symptome treten bereits bei einer Aufnahme von 20 mg/kg KG auf, lebensbedrohlich wird es bei 60 mg/kg KG. Die tödliche Dosis liegt zwischen 100–250 mg/kg KG.

Es gilt: Je dunkler die Schokolade, desto mehr Theobromin ist enthalten. 30 g Kochschokolade können für einen 5 kg schweren Hund bereits tödlich sein und eine halbe Tafel Zartbitterschokolade für einen 10 kg schweren Hund.

> **Theobromingehalte verschiedener Kakaoprodukte**
> - Kakaopulver 14–26 mg/g
> - Instant Kakao 4,8 mg/g
> - Kochschokolade 1380–1590 mg/Tafel*
> - Dunkle Schokolade 480 mg/Tafel*
> - Milchschokolade 160–210 mg/Tafel*
> - Weiße Schokolade 0,9 mg/Tafel*
>
> * (Tafel à 100 g)

Macadamianüsse

Die Aufnahme von Macadamianüssen führt neben Fieber und Erbrechen typischerweise zu Lähmungserscheinungen, die sich v. a. an den Hinterbeinen zeigt. Die Tiere erholen sich meist innerhalb von 24–48 Stunden spontan und vollständig.

Das auslösende Gift ist unbekannt, wie auch die genaue toxische Dosis. Die Spannbreite liegt zwischen 0,7 und 62 g/kg KG. 10 Macadamianüsse wiegen 30 g, d. h. bei einem 15 kg schweren Hund können nach der unteren Grenze bereits 4 Nüsse zu Vergiftungssymptomen führen. Die Spanne reicht allerdings von 4 Nüssen bis ca. 300 Nüssen.

Avocados

Das in Avocados enthaltene Persin verursacht bei vielen Tierarten, insbesondere bei Pflanzenfressern, Herzprobleme und Schäden am Herzmuskel. Beim Hund wird dies ebenso vermutet. Außerdem wurde bei Hunden über Verdauungsprobleme und akute Bauchspeicheldrüsenentzündungen berichtet. Letzteres steht vermutlich in Zusammenhang mit dem hohen Fettgehalt von Avocados.

Süßstoff (Xylit)

Xylit (= Xylitol) wird nicht nur als Zuckeraustauschstoff verwendet, sondern ist aufgrund seiner kariesvorbeugenden Wirkung und seines kühlenden Effekts auf der Zunge auch in Zahnpasta, Kaugummi und Bonbons zu finden. Ein zuckerfreier Kaugummi kann 0,3 g Xylit enthalten.

Die toxische Dosis liegt zwischen 0,15–16 g Xylit/kg KG. Es scheint keinen Zusammenhang zwischen der aufgenommen Menge und der Schwere der Symptome zu geben. Die Hunde zeigen Anzeichen einer Unterzuckerung (Hypoglykämie) und sind matt bis bewusstlos. Sie können krampfen, erbrechen, aus der Nase bluten und Blut im Stuhl haben. Die Leber wird stark angegriffen, Todesfälle durch Leberversagen sind keine Seltenheit.

Ab einer Aufnahme von 0,1 g Xylit/kg KG sollten die Tiere stationär aufgenommen und der Blutzuckerspiegel sowie die Leberenzyme streng überwacht werden.

Koffeingehalte verschiedener Lebensmittel
- Kaffeebohne 1–2 %
- Guarana 3–5 %
- Filterkaffee 40–150 mg/Tasse
- Instantkaffee 30–90 mg/Tasse
- Koffeinfreier Kaffee 2-4 mg/Tasse
- Espresso 40 mg/Tasse
- Schwarzer Tee 20–90 mg/Tasse
- Cola Soft Drinks 40–60 mg/Dose
- Kakaopulver 0,18–1,5 mg/g
- Instant Kakao 0,5 mg/g
- Koch-/Bitterschokolade 90–120 mg/Tafel*
- Milchschokolade 20 mg/Tafel*

* (Tafel à 100 g)

Koffein

Koffein ist enthalten in Kaffee, Tee, Kakaoprodukten (Schokolade), Guarana und vielen Energydrinks (z. B. Cola). Die Symptome sind ähnlich wie bei der Aufnahme von Schokolade, es kann zum Tod durch Herz- oder Atemstillstand kommen. Eine Aufnahme von 110 mg/kg KG gilt als tödlich, ab 60 mg/kg KG kann es bereits lebensbedrohlich sein.

Die Koffeingehalte schwanken je nach Kaffeesorte und Zubereitung. Im Schnitt enthält Kaffee zwischen 60 und 100 mg Koffein pro 100 ml, schwarzer Tee liegt in etwa bei der Hälfte (35 mg/100 ml).

Wichtiges vorab

Damit Sie für den Start in die Rohfütterung gut gewappnet sind, finden Sie im Folgenden wertvolle Tipps zur Futterumstellung, den Utensilien sowie zur grundlegenden Handhabung der Futtermittel.

Futterumstellung

Nicht jeder Hund stürzt sich sofort auf rohes Fleisch. Manch einer muss erst auf den Geschmack gebracht werden. In solchen Fällen hilft es, das Fleisch zunächst gekocht anzubieten und dann schrittweise immer weniger zu garen. Sie können anfänglich auch rohes mit gekochtem Fleisch mischen und den Anteil von Letzterem an der Ration Schritt für Schritt reduzieren.

Sollte Ihr Hund ein Komplettverweigerer von rohem Fleisch sein, können Sie das Fleisch gegart anbieten. Es handelt sich dann zwar nicht mehr um eine Barfration, aus ernährungsphysiologischer Sicht wäre es aber gleichermaßen gut.

Ein Futterwechsel sollte immer langsam erfolgen. Nicht nur die Verdauungsenzyme des Hundes müssen sich umstellen, auch die Darmflora passt sich an. Für die Futterumstellung erhöhen Sie am besten schrittweise die Mengen des neuen Futters und verringern die Mengen des alten Futters. Sie können damit beginnen, drei Viertel der gewohnten Ration mit einem Viertel der neuen Ration zu mischen. Nach ein paar Tagen bieten Sie die Futter im Verhältnis halb-halb an, nach ein paar weiteren Tagen steigern Sie den Anteil des neuen Futters auf drei Viertel, bevor Sie schließlich ganz auf die neue Ration umstellen.

> **Merke:** Ein langsamer Futterwechsel ist schonender und beugt weichem Kot sowie Durchfall vor.

Bitte beachten Sie auch, dass das Futter nicht zu kalt gefüttert werden darf, d. h. nicht im angetauten Zustand oder direkt aus dem Kühlschrank. Dies kann zu Durchfall oder Erbrechen führen.

Kotqualität

Nach einer Umstellung auf Barf werden Sie vermutlich beobachten, dass Ihr Hund weniger Kot absetzt als vorher. Häufig verbessert sich auch die Kotqualität. Beachten Sie aber, dass eine überwiegend fleischreiche Ernährung das Wachstum der eiweißspaltenden Bakterien im Dickdarm begünstigt. Es kann daher zu Fehlgärungen und zu übelriechendem, schmierigem Kot kommen. Wenn Sie dies bei Ihrem Hund beobachten, reduzieren Sie den Fleischanteil und ergänzen Sie die Ration mit stärkereichen Futtermitteln. Sollte der Kot sehr „sandig" sein, ist der Knochenanteil zu hoch.

> **Mythos: Wenn ein Hund kein rohes Fleisch mag, stimmt etwas nicht mit ihm**
>
> Das stimmt natürlich so nicht. Hunde haben durchaus ihren eigenen Geschmack und der ist bei jedem Hund verschieden. Wahlversuche haben gezeigt, dass die meisten Hunde gekochtes oder gebratenes Fleisch lieber mögen als rohes. Der Geruch spielt hierbei sicher eine entscheidende Rolle. Rohes Fleisch ist nicht so geruchsintensiv wie gekochtes und Hunde sind vor allem „Riechesser".

> **Mythos: Eine abwechslungsreiche Ernährung ist besser als eine einseitige**
> Viele Menschen neigen dazu, sich selbst ungesund und einseitig zu ernähren. Da wir unsere Mahlzeiten meist nicht bewusst nach ihren Komponenten zusammenstellen, wird uns Zweibeinern eine abwechslungsreiche Ernährung empfohlen, damit wir jeden Nährstoff „erwischen". Wildtiere hingegen ernähren sich sehr einseitig. Dem Wolf ist nicht daran gelegen, auf seinem Speiseplan einmal pro Woche mindestens ein Kaninchen zu finden. Der Zugewinn am Wohlergehen für das Tier durch eine abwechslungsreiche Ernährung ist weder untersucht, geschweige denn belegt. Die Annahme eines Mehrwerts aufgrund unterschiedlicher Geschmäcker und optischer Eindrücke ist daher zunächst eine menschliche Sichtweise. Diese ist aber durchaus nachvollziehbar und gefällt Ihrem Hund sicher auch.

Anzahl und Zeitpunkt der Mahlzeiten

Der Magen des Hundes ist außerordentlich dehnbar, sodass ein ausgewachsenes Tier durchaus nur einmal am Tag gefüttert werden kann. Die meisten Besitzer füttern jedoch zweimal täglich. Welpen, trächtige und säugende Hündinnen, Senioren und kranke Tiere sollten mehrmals am Tag gefüttert werden (s. Tabelle 22).

Wenn Sie Ihren Hund immer zu den gleichen Zeiten füttern, gewöhnt er sich an diesen Rhythmus und wird nicht ständig nach Futter betteln. Bei magenempfindlichen Tieren ist das Einhalten fester Zeiten besonders wichtig. In Vorfreude auf das Essen produzieren die Hunde bereits Magensäure. Wenn sie dann kein Futter bekommen, erbrechen empfindliche Hunde häufig Galle.

Kurz vor und v. a. nach der Fütterung sollten Sie Ihrem Hund Ruhe gönnen, damit er sein Futter verdauen kann. Zwei bis drei Stunden Ruhephase sind ideal. Anschließend sollten Sie mit ihm spazieren gehen, damit er sich lösen kann.

> **Merke:** Stress direkt nach dem Fressen wirkt sich negativ auf die Verdauung aus und kann zu Verdauungsproblemen führen.

> **Tipp:** Wenn Sie Ihrem Hund beibringen möchten, dass er seinen Napf leer frisst, sollten Sie ihm sein Futter nach einer bestimmten Zeit wegnehmen. Dadurch lernt er, dass er nicht ewig Zeit hat und konzentriert sich besser auf sein Fressen.

Tab. 22 Empfohlene Anzahl der täglichen Mahlzeiten in Abhängigkeit von Alter, Leistung und Erkrankung

	Mahlzeiten
Ausgewachsen	1–2
Ausgewachsen, erhöhte Aktivität/Leistung	2–3
Welpe	3–4
Trächtige Hündin	2–3
Säugende Hündin < 6 Welpen > 6 Welpen	 2–3 3–4
Senioren	2–3
Kranke Tiere	
Herzerkrankung	3–4
Lebererkrankung	2–3
Nierenerkrankung	2–3
Diabetes	3
Struvitsteine	1
Nach Magendrehung	2–3

> **Mythos: Hunde brauchen einen Fastentag**
> Das Einhalten eines Fastentages pro Woche wird vielfach propagiert, meist mit dem Argument, dass dies der Natur des Hundes entspräche, da seine Urväter, die Wölfe, zeitweise ohne Nahrung auskommen müssen. Es spricht nichts gegen einen Fastentag, allerdings sind aus ernährungsphysiologischer Sicht keine gesundheitlichen Vorteile zu erwarten. Ein Fastentag kann lediglich helfen, Ihren Hund schlank zu halten. Bitte beobachten Sie dabei immer sein Verhalten. Wenn Ihr Hund dadurch gereizt oder sogar aggressiv wirkt, sollten Sie den Fastentag lieber wieder abschaffen.

Näpfe

Der Napf sollte groß genug, rutschfest und leicht zu reinigen sein. Die Napfgröße sollte an die Mahlzeitengröße angepasst sein. Näpfe aus Edelstahl, Kunststoff oder Keramik sind ideal. Es empfiehlt sich, jeweils einen Napf für das Futter und einen für das Wasser zu verwenden. Beides sollte an einem ruhigen Ort platziert werden. Wasser sollte stets zur freien Verfügung stehen und täglich gewechselt werden. Wenn Sie mehrere Hunde haben, sollten Sie Ihre Tiere getrennt füttern, um Rangordnungskämpfe zu vermeiden.

Wichtige Hygieneregeln

Eine sorgfältige Hygiene im Umgang mit dem rohen Fleisch und beim Transport, der Lagerung und der Zubereitung ist entscheidend, um das Infektionsrisiko durch das Barfen zu minimieren. Viele potenzielle Krankheitserreger vermehren sich bei Raumtemperatur sehr schnell. Überlegen Sie sich daher gut, woher Sie Ihr Futter beziehen (z. B. örtliche Metzgerei vs. Internetversand).

Allerdings ist selbst lebensmitteltaugliches Fleisch von gesunden Tieren nicht steril. Kontaminationen mit Bakterien von Fell, Federn oder dem Magen-Darm-Inhalt sind während der Schlachtung, des Ausweidens, der Verarbeitung oder der Verpackung möglich. Maßnahmen zur Reduzierung des Keimgehalts helfen natürlich, dennoch können Keime auf dem Schlachtkörper bzw. dem Fleisch verbleiben. Manche davon sind Verderbniserreger, manche pathogene Krankheitserreger für Mensch und Tier (s. auch Seite 14ff.). Eine gewisse Vorsicht ist folglich immer geboten. Außerdem gelangen Schlachtprodukte in Hundefutter, die nicht für den menschlichen Verzehr vorgesehen sind (s. Seite 154).

> **Bitte immer der Nase nach**
> Egal, ob frisch gekauft, aufgetaut oder aus dem Versandhandel bestellt: Fleisch darf nicht komisch riechen. Ein saurer oder muffeliger Geruch ist ein Hinweis auf Verderb. Gerade Fleisch aus dem Versandhandel hat oft alles andere als Lebensmittelqualität. Setzen Sie daher zur Beurteilung der hygienischen Qualität immer Ihre eigenen Sinne ein. Wenn das Fleisch glitschig oder klebrig ist, eine grünliche Farbe hat und/oder unangenehm riecht, verfüttern Sie es besser nicht. Rotes Fleisch nimmt durch den Kontakt mit der Luft eine bräunlich graue Farbe an, was jedoch kein Qualitätsmangel ist.

Sie können die Risiken durch folgende Hygienemaßnahmen minimieren:
- Kaufen Sie nur beim Metzger/Futterhandel Ihres Vertrauens.
- Achten Sie beim Versandhandel im Sommer darauf, dass die Kühlkette nicht unterbrochen wird (vergewissern Sie sich, dass das Fleisch bei Anlieferung nicht aufgetaut ist).
- Lagern Sie das Futter nicht zusammen mit Ihren eigenen Lebensmitteln und verwenden Sie einen eigenen Gefrier-/Kühlschrank oder richten Sie ein separates

- Hundefach ein, das Sie regelmäßig reinigen und desinfizieren.
- Bewahren Sie das Fleisch in Boxen auf, die nur für Ihren Hund bestimmt sind.
- Bereiten Sie das Futter getrennt von den eigenen Lebensmitteln zu.
- Verwenden Sie zur Zubereitung eigens dafür vorgesehene Messer und Schneidbretter (aus Kunststoff).
- Tauen Sie das Futter portionsweise auf.
- Entsorgen Sie das Auftauwasser (besonders von Geflügel).
- Verfüttern Sie frisches Fleisch innerhalb von vier Tagen, wenn es gewolft ist möglichst am gleichen Tag. Vakuumieren verlängert die Haltbarkeit.
- Verwenden Sie aufgetautes Futter innerhalb von zwei Tagen und halten Sie es bis zum Verfüttern immer gekühlt.
- Entsorgen Sie übriggelassenes Futter bzw. Futter, das zu lange draußen stand. Vor allem im Sommer können Fliegen Ihre Eier in das Futter ablegen. Die daraus schlüpfenden Maden beschleunigen den Verderb immens.
- Wenn Ihr Hund nicht alles auf einmal frisst, nehmen Sie das Futter weg und stellen Sie es bis zur erneuten Verfütterung kühl.
- Reinigen Sie die Näpfe nach jeder Mahlzeit gründlich mit heißem Wasser und Seife. Auch der Wassernapf sollte täglich gereinigt werden.
- Waschen Sie die Näpfe und Zubereitungsutensilien nicht zusammen mit Ihrem Geschirr in der Geschirrspülmaschine.
- Desinfizieren bzw. sterilisieren Sie regelmäßig die verwendeten Messer, sonstige Utensilien für die Futterzubereitung und die Oberflächen.
- Wechseln Sie regelmäßig die Küchenschwämme.
- Waschen Sie sich immer gründlich die Hände, nachdem Sie das Futter zubereitet haben oder Ihr Hund Ihnen die Hände abgeschleckt hat.
- Füttern Sie Ihren Hund nicht in der Küche.
- Vermeiden Sie direkten Kontakt mit dem Kot Ihres Hundes und lassen Sie sich nicht das Gesicht ablecken.
- Halten Sie Kinder unter fünf Jahren vom Fressplatz fern.

Merke: Vertrauen ist gut, (Eigen-)Kontrolle ist besser. Wählen Sie Ihren Futterhändler mit Bedacht und gehen Sie immer sorgsam mit rohen Futtermitteln um.

Richtiges Auftauen

Am besten tauen Sie das Fleisch im Kühlschrank auf – getrennt von Ihren eigenen Lebensmitteln – oder an einem kühlen, dunklen Ort. Planen Sie fürs Auftauen 12–24 Stunden ein. Das Auftauwasser (v. a. von Geflügel) sollten Sie nach Entnahme des Fleisches unbedingt entfernen. Reinigen Sie die Behälter anschließend gründlich.

Aufgetautes Fleisch darf nicht wieder eingefroren werden und sollte innerhalb von maximal zwei Tagen verfüttert werden. Wenn das einmal nicht klappt und Sie es nicht wegwerfen wollen, können Sie das Fleisch gut durchkochen. So bleibt es länger haltbar (etwa weitere drei Tage) und kann noch verfüttert werden.

Übrigens: Bei −18 bis −20 °C ist Rindfleisch bis zu einem Jahr haltbar, Geflügel etwa 8–10 Monate.

Nützliche Utensilien

Bevor Sie loslegen, brauchen Sie, je nach den Zutaten, die Sie verwenden wollen, noch ein paar Utensilien für die Zubereitung. Nachfolgend ein paar Vorschläge:

- Zum Aufbewahren und gegebenenfalls zum Auftauen des Fleisches eignen sich Kunststoff- oder Metallbehälter.

- Für die Futterzubereitung sollten Sie Schneidebretter aus Kunststoff (kein Holz!) verwenden.
- Scharfe Messer zum Zerschneiden des Fleisches und der Innereien. Pansen lässt sich sehr gut mit einer Küchenschere zerschneiden.
- Zum Zerteilen der fleischigen Knochen eignen sich eine Geflügelschere und/oder ein Fleischwolf.
- Harte Knochen lassen Sie sich am besten direkt beim Metzger zerteilen oder Sie benutzen ein Hackmesser (Hackbeil oder Spalter).
- Einen Pürierstab und/oder eine feinere Raspel für das Zerkleinern von Gemüse und Obst.

Tipp: Für die Ergänzungen können Sie sich eigene Messlöffel oder Messbehälter schaffen. Probieren Sie aus, welche Löffel oder kleinen Behältnisse die passende Menge der jeweiligen Präparate aufnehmen. Dann brauchen Sie nicht täglich aufs Neue abzuwiegen. Wenn Sie zusätzlich Trockenfutter füttern, können Sie hierfür den Messbecher an der passenden Skalierung abschneiden. So vermeiden Sie Ungenauigkeiten am besten.

- Eine Digital- oder Briefwaage, mit der Sie auch kleine Mengen genau abwiegen können (für die Ergänzungspräparate). Zur Orientierung können Sie die Mengenangaben der Tabelle auf Seite 189 entnehmen.

Zutaten: „Man nehme"

Die Grundlage für klassische Barfrationen sind Fleisch, fleischige Knochen und verschiedene Innereien. Ob, wie viel und welche Art von Knochen und Innereien Sie füttern möchten, bleibt dabei ganz Ihnen überlassen. Manche Innereien (z. B. Herz) können täglich, andere wiederum (z. B. Leber) sollten nur gelegentlich gegeben werden. Hinzu kommen Gemüse, Obst und verschiedene pflanzliche und tierische Öle, die Sie nach den Vorlieben Ihres Hundes wählen können.

Typischerweise enthalten Barfrationen zwischen 45 und 80 % Fleisch und Innereien, 10–30 % fleischige Knochen und 10–25 % Gemüse. Viele Besitzer füttern dazu gelegentlich Fisch, Eier oder geringe Mengen Milchprodukte. Stärkereiche Futtermittel werden eher gemieden, finden aber zunehmend auch ihren Platz in Barfrationen. Zur Ergänzung eignen sich verschiedene natürliche Produkte, klassische Mineralfutter oder spezielle Barfergänzung. Entscheiden Sie daher selbst, wie Sie die Ration für Ihren Hund gestalten möchten, den Möglichkeiten beim Barfen sind nahezu keine Grenzen gesetzt.

Bereits ausgearbeitete Rationsvorschläge finden Sie in den tabellarischen Futterplänen ab Seite 102. Möchten Sie sich Rationspläne selbst erstellen, lesen Sie ab Seite 111, wie das genau geht.

Fleisch

Schieres Muskelfleisch ist besonders wertvoll und schmeckt auch uns Menschen am besten. Für Ihren Hund brauchen Sie aber kein Filet zu kaufen. Sie können beim Metzger oder im Schlachthof nach Fleischabschnitten, Suppenfleisch, Zwerchfell („Kronfleisch"), Lefzen und Kopffleisch fragen. Diese Produkte gehen normalerweise nicht über die Ladentheke, werden aber von Hunden sehr gerne gefressen und schonen Ihren Geldbeutel. Nicht entbeintes Fleisch, d. h. Fleischstücke mit dem dazugehörigen Knochen (z. B. Beinscheibe, Ochsenschwanz, Spannrippe etc.), ist ebenfalls günstig. Es eignet sich besonders, wenn Sie den Knochen mit verfüttern möchten.

Grundsätzlich sollten Sie auf den Fettgehalt des Fleisches achten, denn dieser bestimmt den Energiegehalt und damit die Futtermenge. Muskelfleisch ist fettarm (< 5 % Fett). Fettreicher sind Hackfleisch (ca. 15 % Fett), Rinderbrust, Kopffleisch, Lammschulter, (Schweinebauch) und Ente.

Geeignete Fleischsorten

Mit Ausnahme von Schwein (s. Kasten) können Sie für die Rohfütterung jede beliebige Fleischsorte einsetzen. Dies können Fleischstücke von Rind (inklusive Kalb), Geflügel (Huhn, Pute), Lamm und Pferd sein, oder auch exotischere Sorten wie beispielsweise Kaninchen, Wild, Ziege, Schaf, Strauß, Ente usw. Dies ist vorwiegend eine Frage des Preises und des Geschmacks. Achten Sie bei Wildfleisch bitte unbedingt darauf, dass es auf Parasiten untersucht wurde.

Sollte man die Fleischsorten ab und zu wechseln?

Ob Sie die Fleischsorten wechseln, ist mehr eine Frage des Geschmacks. Ein Wechsel muss nicht sein, Hunde leben durchaus gut mit einer oder wenigen Fleischsorten.

Empfehlen würde ich Ihnen, eine bestimmte Fleischsorte bewusst nie zu füttern.

> **Mythos: Hunde dürfen kein Schweinefleisch fressen**
> Dies ist richtig *und* falsch. Rohes Schweinefleisch kann das für den Hund tödliche Aujezky-Virus enthalten. Aujezky ist eine anzeigepflichtige Tierseuche, die seit 2006 in Deutschland nicht mehr gemeldet wurde. In den Ostblockländern kommt das Virus aber durchaus noch vor. Daher lautet die Empfehlung, Schweinefleisch nicht roh zu verfüttern. Gekochtes Schweinefleisch ist dagegen unbedenklich, da Kochen das Virus zuverlässig abtötet.

> **Mythos: Geflügelfleisch ist mit Antibiotika verseucht**
> Antibiotika sind seit 2006 europaweit als Wachstumsförderer verboten. Rückstände lagern sich, *wenn überhaupt*, vorwiegend in den Innereien und nicht in der Muskulatur, d. h. dem Fleisch, an. Lebensmittelliefernde Nutztiere dürfen zudem nach einer Medikamentengabe erst nach einer bestimmten Wartezeit geschlachtet werden. Um sicherzustellen, dass sich die Produzenten daran halten, wird bei der Fleischuntersuchung routinemäßig auf Rückstände kontrolliert. Auch wenn es immer mal wieder schwarze Schafe geben mag, ist die Sorge über belastetes Geflügelfleisch unbegründet.

Falls sich jemals der Verdacht einer Futtermittelallergie ergeben sollte, können Sie in dem Fall darauf zurückgreifen (s. auch Seite 135).

Die Nährstoffgehalte verschiedener Fleischsorten (inklusive Herz und Geflügelmägen) unterscheiden sich nicht wesentlich, vorausgesetzt der Fettgehalt ist vergleichbar (s. Tabelle Seite 166ff.). Wenn Sie diese im Wechsel füttern, müssen Sie also nicht jedes Mal eine neue Rationsberechung durchführen.

Hinweis für Selbstkocher

Der Wasseranteil im Fleisch liegt im Durchschnitt bei 70 %. Bei Erhitzung geht ein Teil dieses Wassers verloren. Je nach Qualität des Fleisches können die Kochverluste bis zu 50 % betragen. Für Rationsberechnungen sollte man daher immer das Rohgewicht zugrunde legen, d. h. das rohe Fleisch abwiegen, auch wenn es gegart verfüttert wird. Dies ist besonders bei kranken Tieren wichtig, die nur eine bestimmte Menge an Fleisch bekommen dürfen.

Als grober Richtwert gilt: Ein Teil gekochtes Fleisch entspricht etwa anderthalb Teilen im rohen Zustand.

Fleisch als Leckerli

Wenn Sie getrocknetes Fleisch als Belohnung geben, beachten Sie bitte, dass 30 g getrocknetes Fleisch in etwa 100 g Frischfleisch entsprechen.

Sie können leckere Fleischleckerli auch ganz einfach selber machen, in dem Sie die Fleischstücke bei ca. 80 °C im Backofen oder Dörrautomaten trocknen.

Innereien

Welche Innereien Sie Ihrem Hund füttern, ist primär eine Frage des Geschmacks und der Verträglichkeit. Achten Sie darauf, dass Ihr Hund keine vermehrten Blähungen bekommt und die Kotkonsistenz normal ist.

Herz und Geflügelmägen sind reines Muskelfleisch und zählen daher mehr zum Fleisch als zu den Innereien. Sie sind besonders hochwertig und gut verdaulich und können gerne täglich gefüttert werden.

Auf **Pansen und Blättermagen** fahren viele Hunde regelrecht ab. Auch von Nichtbarfern werden diese gelegentlich und vorzugsweise roh gefüttert. Wer einmal Pansen gekocht hat, weiß weshalb: Es stinkt höllisch und der Geruch hält sich tagelang. Zwei- bis dreimal pro Woche können Sie Pansen verfüttern – worüber sich Ihr Hund sicherlich freut. In getrocknetem Zustand ist Pansen auch ein gern genommenes Leckerli.

Kehlkopf und besser auch **Schlund** sollten Sie aufgrund der oft anhaftenden Schilddrüsenanteile nicht verfüttern (s. Seite 59). Manche Barffleischhersteller versprechen bei Kehlkopf Schilddrüsenfreiheit. Inwieweit das aber in der Praxis tatsächlich eingehalten werden kann, ist fraglich. **Luftröhre (Strossen)** bitte nie als Ganzes geben, sondern vor dem Verfüttern der Länge nach aufschneiden. So beugen Sie Verletzungen vor.

Weitere Innereien wie **Nieren, Lunge, Milz** oder **Euter** können Sie zwei- bis dreimal in der Woche anstelle von Fleisch füttern, Sie müssen aber nicht.

Leber und Lebertran

Leber wird nicht nur wegen ihrer hohen Nährstoffgehalte, sondern auch wegen ihrer besonders hohen Schmackhaftigkeit gerne gefüttert. Nicht jeder Hund frisst sie allerdings gerne im Rohzustand.

Leber von Rind, Kalb, Lamm und Geflügel sind gleichermaßen geeignet.

Als natürliche Vitamin-A-Quelle eignet sich Leber sehr gut. Zur Deckung des Vitamin-A-Bedarfs sind allerdings nur sehr geringe Mengen nötig: 0,5–1 g Leber/kg KG/Tag reichen vollkommen aus.

> **Tipp:** Sie können kleine Stückchen Leber in Eiswürfelbehältern einfrieren. Die Vitamine gehen dabei nicht verloren.

Da Vitamin A gespeichert wird, können Sie Ihrem Hund anstelle von täglich winzigen Leberportionen auch ein- bis zweimal pro Woche etwas größere Mengen füttern. Beachten Sie aber, dass Vitamin A ist in hohen Dosen toxisch ist. Leber sollte daher nicht zu häufig und nicht in zu großen Mengen gefüttert werden. Zur Orientierung können

> **Achtung: Lebergehalte in Tiefkühlware**
> Viele Fleischwaren enthalten viel zu hohe Lebermengen. Die Vitamin-A-Versorgung ist dabei nicht selten um mehr als das Zehnfache überschritten. Achten Sie bitte bei Barfmischungen (und Dosenfutter) immer darauf, wie viel Leber in dem Futtermittel enthalten ist. Fragen Sie im Zweifelsfall beim Hersteller nach. Um auf der sicheren Seite zu sein, sollten die Gehalte nicht mehr als 10 % betragen, wenn das Futtermittel täglich gefüttert werden soll.

Sie die empfohlenen Mengen aus den Futterplänen entnehmen (s. Seite 102ff.).

Lebertran enthält wie auch Leber reichlich Vitamin A. Darüber hinaus sind die Gehalte an Vitamin D beachtlich. Lebertran ist so ziemlich das einzige Futtermittel, mit dem Sie auf natürliche Weise eine ausreichende Vitamin-D-Versorgung gewährleisten können. Ich empfehle es daher besonders gerne.

Zu beachten ist, dass die Gehalte – wie bei allen Naturprodukten – schwanken. Eine pauschale Mengenempfehlung ist daher schwierig. Standardisierte Gehalte sind aber in Präparaten aus der Apotheke zu finden. Sie können sowohl Kapseln als auch flüssigen Lebertran verwenden.

Hier reicht es ebenfalls, wenn Sie Ihrem Hund ein- bis zweimal pro Woche etwas Lebertran geben – auch Vitamin D wird gespeichert. Bei Vitamin-D-Gehalten zwischen 85–120 IE/g (z. B. Produkte von Revomed, Caelo, Lunderland, Trixie) brauchen Sie pro Woche insgesamt etwa ½–1 TL/5 kg KG. Genauere Mengen können Sie den nachfolgenden Futterplänen entnehmen.

Berücksichtigen Sie bitte, dass Lebertran nicht nur Vitamin D, sondern auch reichlich Vitamin A enthält. Um eine Vitamin-A-Überversorgung zu vermeiden, sollten Sie daher keine zusätzliche Leber füttern bzw. wenn doch, dann nur selten oder in geringen Mengen. Wenn Ihr Hund aber nicht auf Leber verzichten soll, eignen sich dann anstelle von Lebertran reine Vitamin-D-Tabletten oder -Tropfen aus der Apotheke (z. B. Vigantoletten®, Vigantol®) zur Vitamin-D-Ergänzung.

Demnach gilt: Um Ihren Hund ausreichend mit Vitamin A und D zu versorgen, geben Sie ihm entweder Leber plus Vitamin D-Tabletten oder nur Lebertran.

Knochen und fleischige Knochen

Knochen versorgen Ihren Hund mit Calcium, dienen der Zahnreinigung und sind das Kauvergnügen schlechthin. Sie können täglich und sollten mindestens jeden zweiten bis dritten Tag gegeben werden.

Am besten verwenden Sie rohe (fleischige) Knochen von Jungtieren. Geflügel-, Lamm-, Kalbs- oder Mastrinderknochen bieten sich an sowie allgemein Rippen und Brustbein. Knochen von älteren Tieren sind kalzifizierter und splittern leichter. Füttern Sie auch keine Knochen von Wildtieren oder Suppenhühnern. Fleischige Knochen wie Ochsenschwanz, Geflügelhälse und Lammrippchen sind meist gut verträglich. Für Welpen und Senioren nehmen Sie am besten Geflügelhälse, da diese weicher sind.

Zur Kaubeschäftigung eignen sich große und harte Knochen aus Oberschenkel oder Oberarm. Bitte beachten Sie hierbei, dass es zu Zahnfrakturen kommen kann. Markknochen sind sehr beliebt, v. a. die gehaltvolle „Füllung" wird gerne gefressen. Ungeübte oder ungeschickte Hunde stülpen sich im Eifer des Gefechts manchmal den Knochen über die Zunge oder den Unterkiefer. Dies kann schnell in der Tierklinik enden. Behalten Sie Ihren Hund also im Auge.

Merke: Zur Zahnreinigung müssen Sie ganze Knochen füttern, die Ihr Hund richtig kaut. Gewolfte Knochen bringen hierfür nichts.

Gewöhnung

Um Ihren Hund an Knochen zu gewöhnen bzw. zu testen, ob er diese überhaupt verträgt, beginnen Sie am besten mit knorpeligen Stücken oder gewolften Hühnerhälsen. Anschließend können Sie ganze Hühner- oder Putenhälse probieren und sich dann immer weiter zu härteren Knochen vortasten.

Der Kot sollte dabei immer normal aussehen. Ist der Kot sehr hell bzw. gräulich oder erscheint wie nasser Sand, ist die Menge zu hoch. Ist der Kot sehr hart oder hat Ihr Hund Probleme mit dem Kotabsatz, sollten Sie auf die Knochengabe besser ganz verzichten.

Merke: Knochen sind keine Notwendigkeit. Füttern Sie Knochen nur, wenn Ihr Hund diese auch wirklich gut verträgt.

Richtige Menge

Die Calciumgehalte sind je nach Knochen sehr unterschiedlich (s. Tabelle 6 Seite 60), pauschale Mengenempfehlungen daher nicht möglich. Es gilt aber der Grundsatz: Je älter das Tier, von dem der Knochen stammt, desto höher ist der Calciumgehalt.

Zur Deckung des Calciumbedarfs sind meist nur geringe Mengen erforderlich. Zur groben Orientierung: Bei reinen Knochen reichen bereits 1 g/kg KG. Mehr als 10 g/kg KG am Tag sollten es aber nicht sein, um Knochenkot zu vermeiden. An fleischigen Knochen können Sie täglich 2–4 g/kg KG (bei ca. 50 % Fleischanteil) geben.

Die tatsächliche Calciumaufnahme ist abhängig von der Art der Knochen, den Fleischanteilen, dem Zerkleinerungsgrad und davon, ob Ihr Hund den Knochen tatsächlich frisst oder lieber im Garten vergräbt. Dies sollten Sie bei der Rationsgestaltung berücksichtigen. Bei gewolften Knochen (und Knochenmehlen) ist die Calciumaufnahme höher als bei ganzen Knochen.

Für Rationsberechnungen bringen Knochen immer einen gewissen Unsicherheitsfaktor. Leider gibt es für viele Knochen keine genauen Daten zu den Nährstoffgehalten. Oft hilft dann nur schätzen. Hühner- und Putenhälse haben den Vorteil, dass sie relativ genau zugeteilt werden können und die Calciumgehalte vergleichsweise niedrig sind. Sie können Ihrem Hund hiermit also ein tolles Kauvergnügen bereiten, ohne ihn gleichzeitig mit Calcium überzuversorgen.

Alternativen
Wenn Ihr Hund keine Knochen verträgt, verwenden Sie stattdessen (Fleisch-)Knochenmehl oder Eierschalen. Auch in Fällen, in denen eine genaue und bestimmte Calciumaufnahme erforderlich ist (Welpen, trächtige/laktierende Hündinnen, Harnsteine), ist es sinnvoll, auf solche Alternativen auszuweichen. Diese lassen sich gut dosieren und unters Futter mischen.

Für Knochenmehle gilt dasselbe wie für frische Knochen: Ihre Calcium- und Phosphorgehalte schwanken je nach Art der hierfür verwendeten Knochen. Eine Übersicht über die Gehalte verschiedener im Handel erhältlicher Produkte finden Sie im Tabellenanhang auf Seite 182.

Eierschalen sind ideal, wenn Sie für Ihren Hund lediglich eine Calciumergänzung (und kein Phosphor) benötigen. So entspricht 1 TL Eierschalen ca. 5 g, das sind knapp 2 g Calcium (1,85 g), 1 Msp. entspricht etwa 0,3 g und damit ca. 100 mg Calcium. Pro 100 g Fleisch, Herz oder Geflügelmägen verwenden Sie am besten 2–3 Msp. Eierschalen, um ein ausgewogenes Calcium-Phosphor-Verhältnis zu erreichen. Alternativ können Sie Calciumcarbonat verwenden. Dessen Calciumgehalt ist vergleichbar mit dem von Eierschalen.

Fisch

Fisch ist ebenso hochwertig wie Fleisch, aber nicht ganz so beliebt. Viele praktizieren eine einmalige Fütterung pro Woche. Man kann aber auch ganz auf Fisch verzichten, zumal manche Hunde selbst nach Fisch riechen, wenn sie diesen gefressen haben.

Je nach Sorte und Herkunft liefern Fische wichtige Nährstoffe, die Fleisch nicht in dem Maß enthalten, genauer Jod, Omega-3-Fettsäuren (DHA, EPA) und Vitamin D. Zu beachten ist, dass Süßwasserfische geringere Jodgehalte haben als Meerwasserfische (s. Tabelle 23) und eine zusätzliche Jodergänzung trotzdem nötig ist. Hochwertige Omega-3-Fettsäuren sind nur in fetten Fischsorten wie Makrelen, Lachs, Thunfisch und Sardinen enthalten. Außerdem haben sie nennenswerte Vitamin-D-Gehalte – im

Tab. 23 Jodgehalte verschiedener Fischsorten

Fischsorte	µg Jod pro 100 g
Süßwasser	
Aal	4
Barsch	4
Forelle	3
Karpfen	2
Lachs	34
Salzwasser	
Hering	40–50
Kabeljau	170–230
Makrele	50
Rot-/Goldbarsch	35–99
Sardine	32
Schellfisch	135–243
Scholle	52
Seelachs (Alaska)	88–103
Seelachs (Köhler)	119–200
Thunfisch	50

Gegensatz zu mageren Fischsorten wie Seelachs und Kabeljau.

Nicht jeder Fisch sollte roh gefüttert werden, denn manche enthalten ein Enzym (Thiaminase), welches das Vitamin B_1 spaltet und zerstört. Dieses wird nur durch Erhitzung inaktiviert. Barsch, Lachs, Seelachs, Forelle, Scholle, Heilbutt, Kabeljau, Makrele, Schellfisch und Thunfisch enthalten *keine* Thiaminase und können somit auch roh gefüttert werden.

Unbedingt entfernen sollten Sie große Gräten, um Verletzungen zu vermeiden. Sie können den Fisch auch wolfen oder gar pürieren. Auf diese Weise werden die Gräten fein zerkleinert. Wenn Sie selbst Angler sind oder den Fisch von einem Angler bekommen, achten Sie bitte vor der Verfütterung darauf, dass der Angelhaken entfernt ist.

Eier

Eier sind sehr gesund und viele Hunde lieben sie. Roh sind sie allerdings nur in Maßen gut verträglich (s. Seite 60). Wenn Sie daher mehr als zweimal die Woche ein Ei geben, ist es ratsam diese vorher zu kochen. Dies gilt nicht, wenn Sie nur das Eigelb verfüttern. Es ist altbekannt, dass ein bis zwei rohe Eigelbe pro Woche den Fellglanz verbessern. Kein Wunder, denn Eigelb enthält viel Linolsäure und Biotin.

Ein mittelgroßes Ei (Klasse M) wiegt um die 60 g, der Schalenanteil liegt bei 6–7 g, das Eigelb wiegt ca. 20 g. Ein großes Ei (Klasse L) wiegt um die 70 g.

Wenn Sie die Eierschale mit verfüttern, waschen Sie die Eier bitte vorher gründlich

Tipp: Bieten Sie Ihrem Hund zum Spiel gelegentlich ein gekochtes Ei mit Schale an. Das Knacken erfordert Geschick, macht Spaß und das „Spielzeug" versorgt Ihren Hund zudem mit wertvollen Nährstoffen.

mit heißem Wasser ab, um anhaftende Bakterien zu entfernen. Sie können die Eierschalen auch im Backofen trocknen und anschließend zermahlen. Dadurch werden Keime abgetötet und das Pulver ist länger haltbar.

Milchprodukte

Fast jeder Hund mag Milchprodukte. Besonders beliebt sind Quark, Hüttenkäse und Joghurt. Auch Käse nehmen Hunde sehr gerne. Die Laktosegehalte sind hierbei gering (s. Tabelle 17 Seite 61) und die Verträglichkeit daher sehr gut. Sollte Ihr Hund dennoch auf Milchprodukte mit Durchfall reagieren, reduzieren Sie einfach die Menge.

Käsestückchen können Sie zudem gut als Belohnungshappen einsetzen. Sollte Ihr Hund allerdings zu Übergewicht neigen, nehmen Sie unbedingt magere Sorten (z. B. Limburger oder Harzer Rolle).

Aufpassen sollten Sie in jedem Fall bei Milch, denn diese hat die höchsten Laktosegehalte. Das gilt natürlich nicht, wenn Sie laktosefreie Milch verwenden.

Die durchschnittlichen maximal verträglichen Mengen am Tag sind:
- Milch: 20 ml/kg KG
- Kondensmilch: 10 ml/kg KG
- Dickmilch/Quark: 40 g/kg KG

Tipp: Milchprodukte haben je nach Fettstufe ungefähr die gleichen Nährstoffgehalte wie Fleisch und vergleichbar viele Kalorien. Wenn Sie daher gelegentlich Milchprodukte füttern möchten, können Sie einen Teil der Fleischmenge in Ihren Rationsplan einfach eins zu eins durch Milchprodukte ersetzen. Der etwas höhere Calciumgehalt ist in dem Fall vernachlässigbar.

Gemüse und Obst

Mit frischem Gemüse und Obst können Sie die Ration jeden Tag neu gestalten und Ihrem Hund große Abwechslung bieten. Da Obst und Gemüse mit Ausnahme von Bananen (und Kartoffeln) kaum Kalorien enthalten, darf es gerne mal etwas mehr sein. Das schlägt nicht gleich auf die Hüfte.

Verträgliche Sorten

Bei Gemüse gilt der Grundsatz: *Alles was Sie selbst roh essen können, dürfen Sie auch Ihrem Hund roh füttern.* Nur von Zwiebelgewächsen (inklusive Lauch und Knoblauch), Avocado und Weintrauben sollten Sie gänzlich Abstand nehmen, denn diese sind für Hunde giftig (s. Seite 74). Die Verträglichkeit von Gemüse und Obst ist von Hund zu Hund verschieden. Probieren Sie einfach aus, was Ihrem Liebling schmeckt und was ihm guttut.

> **Mythos: Hunde dürfen keine Tomaten und Paprika fressen**
> Tomaten und Paprika gehören ebenso wie Kartoffeln zu den Nachtschattengewächsen, welche in der Tat giftig sind. Hierbei muss aber berücksichtigt werden, welche Teile der Pflanze giftig sind – meistens handelt es sich dabei um die Blätter oder unreife Früchte. Reife Tomaten und Paprika dürfen ohne Bedenken gefüttert werden. Dasselbe gilt für Kartoffeln und Auberginen, allerdings beide nur gekocht.

Rohes Gemüse und Obst sollte natürlich frei von Schadstoffen sein. Das gleiche gilt, wenn Sie die Schale mit verfüttern (beispielsweise bei Gurken oder Äpfeln). Wer auf Nummer sicher gehen möchte, kann Bio-Ware verwenden. Kernobst vor dem Verfüttern bitte immer entkernen, denn Obstkerne enthalten nicht nur giftige Bläusäure sondern können zu Verstopfungen führen.

Blattreiche Gemüsesorten wie Salate und Spinat eignen sich sehr gut als Ballaststoffquelle. Kohlgemüse kann bei manchen Hunden, v. a. wenn sie es nicht gewöhnt sind, zu Blähungen führen und sollte daher in geringeren Mengen und besser gekocht verfüttert werden. Blähungen sind in diesem Fall eine völlig normale Körperreaktion und keine Unverträglichkeit.

Zubereitung

Ob Sie das Gemüse einfach nur klein schneiden, roh pürieren oder gekochte Stückchen servieren, hängt ganz von Ihren „Arbeitseinsatz" und den Vorlieben Ihres Hundes ab.

Roh und grob zerkleinert, z. B. geraspelt, dient Gemüse Ihrem Hund als gesunder Ballaststoff. Sollte Ihr Hund jedoch kein Grünzeugfan sein, beginnen Sie mit fein geraspeltem Gemüse wie etwa Möhren – sie werden von den meisten Hunden gerne gefressen. Kochen Sie das Gemüse zunächst oder übergießen Sie es mit kochendem Wasser und lassen es für 10–15 Minuten stehen. Das schmeckt oft (erst mal) besser.

Gekochtes sowie zerkleinertes Gemüse ist zudem generell besser verdaulich. Sie können es kurz blanchieren oder dampfgaren und gegebenenfalls zusätzlich pürieren. Durch die schonende und kurze Erhitzung bleiben die Vitamine besser enthalten (s. Tabelle 1 Seite 11) und durch die Zerkleinerung gelangt Ihr Hund besser an die Nährstoffe. Da die meisten Vitamine wasserlöslich sind, können Sie zusätzlich etwas von dem (abgekühlten) Kochwasser mit verfüttern. Wenn Sie noch ein kleines bisschen Öl hinzugeben, werden die fettlöslichen Vitamine besser aufgenommen.

Als Leckerli können Sie Ihrem Hund größere Stückchen oder ganzes Gemüse (z. B. Möhren, Zucchini) anbieten. Dies ist besonders bei übergewichtigen Tieren von Vorteil. Zwei große Salatgurken oder 400 g Heidelbeeren enthalten gerade mal 100 Kalorien

(s. Tabelle 46 Seite 145). Um den Napf und den Hund, aber nicht dessen Hüfte zu füllen, ist Gemüse also hervorragend geeignet.

Für Eilige
Die Futtermittelindustrie ist sehr bemüht, Produkte zu liefern, die uns den Aufwand der Futterzubereitung verringern.

Eine bequeme Alternative zur Fütterung von frischem Obst und Gemüse ist die Gabe von Flocken. Zahlreiche Produkte in unterschiedlichsten Variationen sind im Handel erhältlich. Bitte achten Sie immer darauf, dass kein Lauch und auch kein Knoblauch enthalten sind. Das findet man relativ häufig. Verglichen mit frischem Gemüse ist der Vitamingehalt aber etwas geringer, da durch die (Heiß-)Trocknung ein Teil der Vitamine verlorengeht. Besonders schonend ist daher die Gefriertrocknung.

Merke: 10 g Gemüseflocken entsprechen ungefähr 100 g Frischware.
Flocken sollten in etwa der dreifachen Menge an Wasser eingeweicht werden.

Mittlerweile gibt es für Hunde sogar Gemüse in Dosen. Diese Dosen sind jedoch verhältnismäßig teuer. Günstiger und ebenfalls einfach zu handhaben sind Tiefkühlgemüse oder Babygläschen. Tiefkühlgemüse ist, entgegen vieler Annahmen, nicht unbedingt schlechter als frisches Gemüse. Da es schockgefrostet wird, bleiben die Vitamine sehr gut erhalten, teilweise sogar besser als in lange gelagerten Frischwaren.

Öle

Gutes Öl sollte in keiner Ration fehlen, denn Öle sind wichtig für die Versorgung mit essenziellen Fettsäuren. Zudem können Sie über Öl den Energiegehalt Ihrer Futterration erhöhen, ohne dass sich das auf die Nährstoffgehalte auswirkt. Als Faustregel gilt: bis zu 1 g Öl/kg KG am Tag.

Mythos: Kokosöl und Kokosflocken helfen gegen Würmer
Die „natürliche Entwurmung" mittels Kokosöl oder Kokosflocken wird häufig propagiert und gerade für Barfer empfohlen. Ein Nachweis darüber, dass diese Methode tatsächlich funktioniert, steht nach wie vor aus. Manche Autoren beschränken sich bei ihrer Empfehlung auf einen „leichten" Befall mit Darmparasiten oder beschreiben, dass der darauffolgende Durchfall für die nötige Reinigung sorge. Über Sinn und Zweck dieser Maßnahmen lässt sich diskutieren. Persönlich bin ich der Meinung, dass weder Kokosöl noch Kokosflocken Ihren Hund von ungewünschten Mitbewohnern befreien. Wenn Sie Ihrem Hund verständlicherweise nicht dauernd prophylaktisch eine Wurmtablette verabreichen möchten, ist es sinn- und wirkungsvoller, wenn Sie den Kot regelmäßig auf Darmparasiten untersuchen lassen und nur gezielt entwurmen.

Geeignete Sorten
Sie können nahezu alle Öle verwenden, die Sie in Ihrer Haushaltsküche finden. Angefangen von „normalen" Küchenölen bis hin zu exotischeren Ölen (s. auch Seite 64). Für einen schönen Fellglanz sorgen Öle mit hohen Linolsäuregehalte (s. Abbildung 11 Seite 64). In meiner Praxis sehe ich oft Hunde mit stumpfem Fell und Hautproblemen. Häufig wurden dann zuvor Öle mit zu geringen Gehalten empfohlen (z. B. Oliven-, Lein-, Fisch- und Kokosöl).

Persönlich bevorzuge ich eine Kombination aus Distel- oder Sonnenblumenöl, Keimöle, Rapsöl sowie gelegentlich etwas Lein-, Nachtkerzen- oder Fischöl. Sorten, die ätherische Öle enthalten (z. B. Argan- und Schwarzkümmelöl) sowie Kokos- und Olivenöl würde ich eher nicht verwenden –

Letzteres allenfalls für den Geschmack. Weder Kokos- noch Olivenöl enthalten nennenswerte Mengen essenzieller Fettsäuren. Größere Mengen Kokosfett können zudem Durchfall oder Erbrechen verursachen.

Fisch- und Leinöl sind besonders reich an Omega-3-Fettsäuren, weshalb eine regelmäßige Gabe v. a. für Hunde mit chronischen Erkrankungen sehr zu empfehlen ist. Für gesunde Hunde genügt es, wenn sie ein- bis zweimal pro Woche eine Fischölkapsel oder etwas Leinöl erhalten. Für Hunde mit Hautproblemen empfehle ich sehr gerne Nachtkerzen- oder Borretschöl.

> **Das Besondere an Nachtkerzenöl**
> Normalerweise bilden nur Omega-3-Fettsäuren entzündungshemmende Botenstoffe. Es gibt jedoch eine einzige Ausnahme, nämlich die Dihomo-γ-Linolensäure, die zu den Omega-6-Fettsäuren gehört. Diese Fettsäure ist in Nachtkerzenöl enthalten (ca. 10 %) und macht es daher so besonders. Da Nachtkerzenöl außerdem über 70 % Linolsäure enthält, ist dieses Öl vor allem für Hunde mit Hautproblemen zu empfehlen.
> Borretschöl enthält ebenfalls ca. 22 % Dihomo-γ-Linolensäure, aber dafür nur 37 % Linolsäure.

Allgemeines zur Haltbarkeit

Je höher der Gehalt an mehrfach ungesättigten Fettsäuren, sprich, je hochwertiger das Öl ist, desto leichter wird es ranzig (oxidiert). Ranziges Fett kann Durchfall oder Erbrechen verursachen. Lagern Sie hochwertige Öle daher im Kühlschrank und achten Sie auf dunkle (lichtundurchlässige) Flaschen. Kaufen Sie zudem lieber öfter kleine Fläschchen als große, um die Haltbarkeit zu gewährleisten.

Besonders schnell verderben Lein- und v. a. Fischöl, wenn sie mit Sauerstoff (oder Licht) in Kontakt kommen. Fischöl wird aus diesem Grund gerne in Kapseln angeboten und Vitamin E als Oxidationsschutz zugesetzt. Bei Fischölen in Flaschen achten Sie bitte unbedingt auf einen Vitamin-E-Zusatz (bei Kapseln ist das nicht zwingend erforderlich, aber durchaus sinnvoll). Pflanzliche Öle besitzen im Gegensatz zu Fischöl von Natur aus ihren eigenen Oxidationsschutz: Sie enthalten bereits Vitamin E – in Keimölen ist der Gehalt besonders hoch.

Tipps für den Kauf von Fischöl

Bei Fischölprodukten sollten Sie Folgendes beachten:

Natürlicherweise enthält Lachsöl 30–35 % Omega-3, also pro Gramm 300–350 mg. Öle mit höheren Gehalten findet man selten, denn hier muss die Konzentration durch ein entsprechendes Verfahren erhöht werden (so z. B. bei RX Omega-3® von Dr. Murray). Produkte mit geringeren Gehalten sind dafür häufiger (s. Tabelle 24) erhältlich.

Entscheidend für den Nutzen des Öls ist der Gehalt an Omega-3 (nicht der Preis). Daher sollten Sie immer darauf achten, dass Sie ein Produkt kaufen, das mindestens 300 mg/g Omega-3 enthält. Alles andere wäre Geldverschwendung. Ob Sie dabei ein human- oder tiermedizinisches Produkt verwenden, ist egal (manche Humanprodukte sind jedoch mit Aromastoffen versehen).

Sie können entweder flüssiges Öl in Flaschen kaufen oder Kapseln verwenden. Kapseln haben den Vorteil, dass das Öl durch den Luftabschluss besser gegen Oxidation geschützt ist, weshalb kein zusätzliches Vitamin E enthalten sein muss (aber empfehlenswert ist). Der Nachteil von Kapseln ist, dass diese aufgrund der Gelatine für Allergiker nicht immer geeignet sind. Sie könnten die Kapseln dann allerdings aufstechen und das Öl übers Futter träufeln.

Bei Kapseln aus dem Humanbereich ist des Weiteren zu beachten, dass vorne auf der Packung oft lediglich die Kapselgröße angegeben ist, also z. B. „Lachsölkapseln

Tab. 24 Gehalt an Omega-3-Fettsäuren von Herings- und Lachsöl sowie verschiedenen Fischölen unterschiedlicher Hersteller

Fischöl	Gehalt in g pro 100 ml	
	EPA	DHA
Heringsöl, Durchschnitt	6,2	5,7
Lachsöl, Durchschnitt	18	12
Öle in Flaschen		
RX-Omega-3-flüssig (Dr. Murray)	30	15
Lachsöl Petmedica (Fressnapf)	18	12
Omega-3 Fischöl Now	14,8	9,5
Lachsöl Lunderland	10,7	8,3
Lachsöl Kronch	8,75	11,25
Lachsöl Hunter	7,3	4,7
Lachs-Hanf-Öl, Vetconcept[1]	7,2	9,2
Salmopet Lachsöl, flüssig	6,5	8,5
Lachsöl Luposan[2]	4–5	5–6
Lachsöl Trixie[3]	Gesamt Omega-3: 16,3	
Öle als Kapseln	**Gehalt in mg pro Kapsel**	
	EPA	DHA
RX-Omega-3 (Dr. Murray)	400	200
Omega-3 Fischöl (Viptamin)	400	200
Super Marine Omega 3	330	220
Lachsöl 1300 (Abtei)	230	160
Lachsölkapseln (Anibio)[4]	200	100
Omega-3-Lachsöl 1000 (tetesept)	180	120
Lachsölkapseln (Revomed)[4]	90	60

Herstellerangaben aus dem Internet und telefonisch erfragt. Angaben ohne Gewähr.
1 enthält auch 4,2 % α-Linolensäure und 10–14 % Omega-6
2 enthält auch 10–14 % Omega-6
3 enthält auch 12,3 % Omega-6
4 Kapseln enthalten nur 0,5 g Lachsöl und haben eine kleinere Größe.

1000 mg". Dies sagt nur aus, wie viel Öl eine Kapsel enthält, nicht aber wie hoch der Anteil an Omega-3-Fettsäuren pro Kapsel ist. Schauen Sie sich also bitte immer die genauen Gehalte auf der Packungsrückseite an.

Strengere Qualitätskontrollen gelten für Produkte aus der Apotheke. Wenn Sie ganz sicher gehen wollen, kaufen Sie Ihr Fischöl dort.

Kartoffeln, Reis und Co.

Kartoffeln sind derzeit von allen stärkereichsten Futtermitteln das Beliebteste. An zweiter Stelle stehen Hirse, Amaranth, Quinoa und Buchweizen. Reis wird auch verhältnismäßig oft gefüttert. Selbstverständlich können Sie aber auch Nudeln oder jegliche andere Getreidesorten füttern, sofern es Ihrem Hund schmeckt und er es gut verträgt.

Wann sind Kohlenhydrate zu empfehlen?

Eine Zufütterung von kohlenhydratreichen Futtermitteln ist durchaus sinnvoll, auch wenn sie streng genommen nicht in einen Barfplan gehören. Kohlenhydrate liefern Energie für Ihren Hund und wichtige Nährstoffe für die Darmflora. Außerdem tragen sie zur Entlastung von Leber und Nieren bei. Machen Sie sich keine Sorgen, sollte Ihrem Hund (zu) viel Fleisch nicht gut bekommen, das ist gar nicht so selten.

Verdauungsprobleme durch zu viel Fleisch

Eine fleischreiche Ration kann zu Dysbiosen im Darm, also zu einer krankhaften Veränderung der Darmflora führen (s. Seite 25). Damit einhergehend ist der Kot meist übelriechend (faulig), schmierig und der Hund hat vermehrt Blähungen. In solchen Fällen ist eine Ergänzung mit kohlenhydratreichen Futtermitteln unbedingt zu empfehlen.

> **Mythos: Kohlenhydrate dürfen nicht zusammen mit Fleisch gefüttert werden**
> Man hört des Öfteren, dass Kohlenhydrate und Fleisch unbedingt getrennt voneinander gefüttert werden müssen. Die gleiche Behauptung gibt es auch mit Trocken- und Dosenfutter. Der Hintergrund ist, dass man sagt, die Verdaulichkeiten bzw. die Verweildauer im Magen und Darm seien unterschiedlich. Dies ist auch nicht ganz verkehrt, hat aber in der Praxis keinerlei Auswirkungen für Ihren Hund. Es ist also nicht notwendig, verschiedene Futtermittel getrennt voneinander zu füttern. Ganz im Gegenteil: Am bekömmlichsten sind immer noch Rationen, die gleichmäßig zusammengesetzt sind, also nicht einmal eiweißreich und das andere Mal stärkereich. Manche Barfer legen einen fleischlosen Tag ein, der aus genau diesem Grund, von manchen Hunden nicht gut vertragen wird. Achten Sie daher nicht nur darauf, was Ihrem Hund schmeckt, sondern auch, was ihm gut bekommt. Die Unterschiede sind sehr individuell.

Gewichtsverlust und Insulinresistenz durch Kohlenhydratmangel

Sollt Ihr (gesunder) Hund ohne Veränderung der Aktivität oder der Futtermenge plötzlich abnehmen oder sich generell schwertun, Gewicht zuzunehmen, sind Kohlenhydrate ebenfalls sinnvoll.

Der Körper nutzt zur Energieversorgung überwiegend Kohlenhydrate in Form von Stärke bzw. Glukose. Wird hiervon nichts oder nur sehr wenig aufgenommen, muss der Körper Glukose über andere Wege beschaffen. Dies geht über bestimmte Aminosäuren (Eiweißbestandteile), deren Gerüst zum Aufbau von Glukose verwendet werden kann. Zusätzlich schaltet der Körper auf die Bildung von Ketonkörpern aus Fettsäuren zur Energieversorgung um, das passiert übrigens auch im Hungerzustand. Mit einer kohlenhydratarmen Ration (vorwiegend Eiweiß und Fett, ganz wenig Kohlenhydrate) lässt sich also schwer zunehmen. Sie ist vergleichbar mit der sogenannten Atkinsdiät, die in den USA zum Abnehmen sehr beliebt ist. Hierbei kann man quasi so viel essen, wie man möchte und nimmt trotzdem ab, vorausgesetzt man isst keinerlei Kohlenhydrate. Ob eine solche Diät gesund ist, vermag ich nicht zu beurteilen.

Wenn wenig Glukose im Blut zirkuliert, der Blutzuckerspiegel also niedrig ist, wird entsprechend wenig Insulin produziert. Das sorgt normalerweise dafür, dass die Glukose aus dem Blut in die Zellen transportiert wird. Langfristig kann sich daraus eine Insulinresistenz bilden oder sich erniedrigte Fruktosaminspiegel zeigen. Fruktosamin ist vereinfacht gesagt ein Langzeitindikator für den Blutzuckerspiegel.

Kartoffeln und Süßkartoffeln

Es spielt es keine Rolle, ob Sie festkochende, vorwiegend festkochende oder mehligkochende Sorten verwenden. Wichtig ist, dass Sie diese immer sehr weich und mit ausreichend Wasser kochen, damit die enthaltene Stärke aufgeschlossen und somit für Ihren Hund verwertbar wird (s. auch Seite 66). Für empfindlichere Hunde und zum austesten, beginnen Sie am besten mit mehligkochenden Kartoffeln.

Sie können Kartoffeln mit Schale verfüttert. Süßkartoffeln sollten jedoch geschält werden, können ansonsten aber genauso wie Kartoffeln zubereitet und verfüttert werden.

Achtung: Grüne Kartoffeln haben hohe Solaningehalte und sollten daher nicht an Hunde verfüttert werden. Wenn Sie grüne Stellen entdecken, schneiden Sie diese weg, ebenso die Keime. Solanin ist wasserlöslich und geht ins Kochwasser über, weshalb Sie dieses nach dem Kochen entfernen sollten.

Reis und Nudeln

Reis ist bekannt für seine gute Verträglichkeit und wird daher u. a. als Schonkost bei Magen-Darm-Erkrankungen empfohlen. Gekochter weißer Reis ist besonders bekömmlich, sehr leicht zu verdauen und stopft sogar ein wenig. Günstigen Reis finden Sie in Asialäden, z. B. Bruchreis, der sich für Hunde hervorragend eignet.

Sollte Ihr Hund Weizen oder Eier nicht vertragen, müss(t)en Sie dennoch nicht auf Nudeln verzichten. Es gibt mittlerweile eine Reihe anderer Nudelsorten wie Dinkelnudeln oder Nudeln aus Mais. Diese finden Sie haupstächlich in Bio-Läden und gut sortierten Supermärkten, sind aber oft relativ teuer.

Getreide und Pseudogetreide

Generell können Sie alle Getreidesorten füttern, die der Markt bietet. Wenn Sie viel Wert auf hohe Nähr- und Ballaststoffgehalte legen, verwenden Sie Vollkornprodukte. Ideal geeignet sind für Hunde Flocken oder gepopptes Getreide. Sollte Ihr Hund empfindlich oder gar allergisch auf Getreide reagieren, verwenden Sie glutenfreie Sorten (s. Tabelle 25).

Achten Sie bei Amaranth und Quinoa bzw. allgemein bei Getreide mit höheren Fettge-

Tab. 25 Glutengehalt verschiedener Futtermittel

enthält Gluten	glutenfrei
Weizen	Reis
Hartweizen	Mais
Hafer[1]	Hirse
Gerste[1]	Amaranth
Dinkel	Quinoa
Roggen	Buchweizen
Kamut	Kartoffeln
Emmer	Süßkartoffeln
Einkorn	Tapioka

1 wenig Gluten

halten darauf, dass diese leichter ranzig werden. Sie erkennen ranziges Getreide leicht am Geruch. Es sollte dann nicht mehr verfüttert werden, ebenso wie ausgekeimtes Getreide. Letzteres weist auf einen höheren Wassergehalt und deshalb auf einen beginnenden Verderb hin. Die Wahrscheinlichkeit, dass dieses Futter mit Pilzen (die gesundheitsschädliche Toxine bilden können), Bakterien oder Milben befallen ist, ist erhöht.

Getreide selber verarbeiten

Getreide in naturbelassenem Zustand ist zwar sehr wertvoll, für den Hund aber schwer zu verdauen. Ganze Getreidekörner sollten Sie daher vor dem Füttern mahlen oder schroten. Die Anschaffung einer richtigen Getreidemühle lohnt sich, wenn Sie diese auch für sich selbst nutzen. Eine günstige und brauchbare Alternative sind elektrische Kaffeemühlen. Für manche Küchenmaschinen können spezielle Mahlaufsätze nachgekauft werden. Um das Korn zu schroten reicht meist ein Mixer oder Pürierstab.

Allgemeine Hinweise zur Zubereitung

Kartoffeln, Reis, Nudeln und Getreide im Urzustand müssen vor dem Füttern gekocht werden. Am besten kochen Sie diese 10 Minuten länger, als Sie es für sich tun würden. Nehmen Sie außerdem mindestens die dreifache Menge an Wasser.

Alternativ können Sie Flocken oder gepoppte Produkte (z. B. Puffreis) verwenden. Die Zubereitung ist weniger aufwendig, denn diese müssen Sie nur mit heißem Wasser überbrühen und etwas quellen lassen. Haferflocken (und Ähnliches) können pur gefüttert werden. Hirse-, Amaranth- und Buchweizenflocken hingegen sollten Sie kochen oder einweichen.

> **Merke**: Bei Reis, Nudeln und andere Getreidesorten (z. B. Hirse) beträgt das Verhältnis von roh zu gegart 1:4 – 25 g roher Reis (bzw. Reisflocken) entsprechen also ungefähr 100 g gekochtem Reis. Bei Kartoffelflocken ist das Verhältnis zu frischer Kartoffel 1:5 – 20 g Flocken entsprechen also ca. 100 g Kartoffeln.

Nüsse und Samen

Nüsse und Samen sollten nicht im Ganzen gefüttert werden, da sie sonst unverdaut wieder ausgeschieden werden. Am besten zerkleinern Sie sie, indem Sie sie mit einem Mörser zerstoßen oder zermahlen.

Bitte beachten Sie, dass Macadamianüsse nicht gefüttert werden dürfen (s. Seite 75), ebenso wie Bittermandeln, die giftige Blausäure enthalten.

Unbehandelter Leinsamen enthält ebenfalls Blausäure und muss daher unbedingt gekocht werden. Dann ist er aber sehr gesund, denn er hat hohe Anteile wertvoller Omega-3-Fettsäuren und ist außerdem selenreich. Die enthaltenen Schleimstoffe haben eine schützende Wirkung auf die Magen-Darm-Schleimhaut, weshalb Leinsamen bei Magen-Darm-Erkrankungen besonders zu empfehlen ist. Wegen der harten Schale sollte Leinsamen geschält, besser noch geschrotet und zudem zeitnah gefüttert werden, da er schnell ranzig wird.

Weitere Ergänzungen

Mit den bisher genannten Futtermitteln haben Sie schon fast alles für eine bedarfsgerechte Ration zusammen. Was Sie jetzt noch brauchen, sind ein paar Ergänzungen, um die restlichen benötigten Nährstoffe abzudecken. Welche Ergänzung(en) Sie in Einzelfall verwenden sollten, hängt von Ihrer Rationsgestaltung und Ihren Vorlieben ab. Wenn Sie es möglichst einfach haben möchten, sind klassische Mineralfutter oder spezielle Barfergänzungen zu empfehlen. Wenn Sie viel Wert auf möglichst natürliche Ergänzungen legen, benötigen Sie meist mehr als ein Produkt. Beides ist gleichermaßen gut und tatsächlich in erster Linie eine Frage des persönlichen Geschmacks.

Welche Nährstoffe sollten ergänzt werden?

Eine Übersicht darüber, welches Futtermittel vorwiegend welchen Nährstoff liefert, finden Sie in der Tabelle 26.

Natrium

Erfahrungsgemäß ist zusätzliches Salzen selten notwendig, da über Fleisch und Gemüse meist ausreichend Natrium zugeführt wird.

Sollte Ihr Hund ein Hochleistungssportler sein, benötigt er hierfür kein extra Salz, denn Hunde regulieren ihre Körpertemperatur über das Hecheln und nicht wie Menschen oder Pferde über das Schwitzen, durch das dem Körper viel Salz verloren geht.

Eisen, Kupfer, Zink und Mangan

Die Versorgung mit Eisen ist fast immer über den hohen Fleischanteil gedeckt. Einzig bei ausschließlicher Verwendung von Geflügelfleisch kann es knapp werden.

Die Versorgung mit Kupfer und/oder Zink hingegen ist fast nie ausreichend. Da diese Nährstoffe besonders wichtig sind (u. a. für Haut und Fell, Blutbildung und Immunabwehr), rate ich immer zu einer Ergänzung, auch wenn das bedeutet, dass man auf „künstliche" Ergänzungen zurückgreifen muss. Mit Ausnahme von Austern gibt es leider keine wirklich reichhaltige und natürliche Zinkquelle. Die Gehalte in Nüssen und Samen sind zwar vergleichsweise hoch, aber dennoch nicht ausreichend (s. Abbildung 12, Seite 96). Knochen sind theoretisch zinkhaltig, die genauen Gehalte aber selten bekannt. Zu berücksichtigen ist außerdem, dass die Verfügbarkeit von Kupfer und Zink reduziert

Tab. 26 Welches Futtermittel liefert vor allem welchen Nährstoff?

Nährstoff	Futtermittel
Eiweiß	Fleisch, Innereien
Essenzielle Fettsäuren	Fett, Öle
Calcium	Knochen Eierschalen, Algenkalk
Phosphor	Fleisch, Innereien, Getreide
Magnesium	Fleisch, Innereien, Knochen, Getreide, Gemüse, Obst
Kalium	Fleisch, Gemüse
Natrium	Fleisch, Knochen, Gemüse
Eisen	Fleisch, Innereien
Kupfer	Fleisch, Innereien (Leber)
Zink	Fleisch, Innereien, Knochen
Mangan	Getreide
Jod	Seealgen, Seefisch
Vitamin A	Leber, Lebertran, Eigelb (Gemüse → über Betacarotin)
Vitamin D	Lebertran, Eigelb
Vitamin E	Keimöle
Vitamin B_{12}	Leber
B-Vitamine	Gemüse, Obst, Bierhefe
Ballaststoffe	Pansen/Blättermagen, Gemüse, Obst, Kleie

sein kann, wenn die Calciumgehalte (wie bei Knochenfütterung) hoch sind.

Die Versorgung mit Mangan ist häufig zu niedrig, insbesondere wenn keinerlei Kohlenhydrate gefüttert werden. Mangelerscheinungen habe ich trotzdem bislang nicht gesehen, und auch in der Literatur wurden noch keine Fälle beschrieben. Mangan wäre daher noch am ehesten zu „verschmerzen", eine Ergänzung ist aber dennoch sinnvoll.

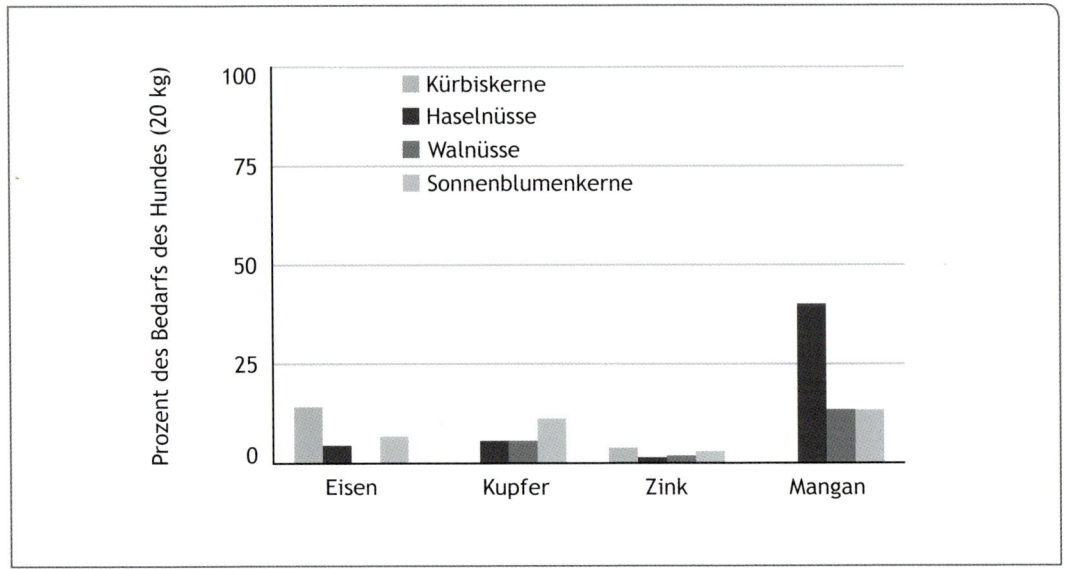

Abb. 12: Versorgung mit Spurenelementen in % des Bedarfs bei Fütterung verschiedener Nusssorten (jeweils 10 g = 1 EL).

Jod

Ohne (Meeres-)Fisch auf dem Speiseplan reicht die Jodversorgung Ihres Hundes nicht aus. Sie sollten dann Seealgenmehl oder eine jodhaltige Mineralergänzung füttern.

Die Verwendung von jodiertem Speisesalz oder Meersalz genügt beim Hund nicht, um seinen Bedarf zu decken, denn dieser ist bei ihm ungefähr dreimal so hoch wie beim Menschen. Ein Gramm jodiertes Speisesalz enthält 20 µg Jod, ein Gramm Meersalz sogar nur ein Hundertstel davon, nämlich 0,2 µg. Für eine ausreichende Jodversorgung wäre demnach die entsprechende Salzaufnahme viel zu hoch. Ein 20 kg schwerer Hund müsste beispielsweise fast 15 g Salz am Tag zu sich nehmen, das wäre das 23-fache seines Natriumbedarfs.

Wenn Sie Seealgenmehl verwenden, nehmen Sie bitte nur Produkte mit bekanntem Jodgehalt. Ist dieser nicht angegeben, fragen Sie beim Hersteller nach und sollte der Ihnen keine Antwort geben können, verwenden Sie das Produkt besser nicht. Eine Dosierung ist ansonsten schwierig, denn die natürlichen Jodgehalte von Seealgen schwanken um den Faktor 100. Die benötigte Menge zur Deckung der Jodversorgung ist sehr gering, ungewollte Überversorgungen daher keine Seltenheit.

Eine tägliche Jodergänzung ist nicht zwingend erforderlich. Es genügt, wenn die wöchentliche Versorgung stimmt. Wenn Sie also gerne Seefisch füttern, reicht eine ein- oder zweimalige Fütterung pro Woche aus, vorausgesetzt der Fisch enthält genug Jod. Bei Verwendung von Seealgenmehl rate ich zu einer täglichen Gabe, dies lässt sich in der Praxis auch leicht umsetzen.

Vitamin A, D und E

Sofern Sie keine Leber oder betacarotinreiches Gemüse füttern, sollten Sie Vitamin A ergänzen. Vitamin D fehlt eigentlich immer (s. Seite 84), während die Versorgung mit Vitamin E bei Verwendung guter Pflanzenöle

(s. Seite 64/65 und Tabelle Seite 188) meist ausreicht. Ein erhöhter Bedarf besteht allerdings, wenn die Ration insgesamt reichlich mehrfach ungesättigte Fettsäuren enthält.

B-Vitamine

Die Einschätzung der B-Vitamin-Versorgung ist nicht immer einfach. Zum einen verlieren Futtermittel ihre Gehalte je nach Zubereitung und Lagerung. Zum anderen stellt die Darmflora auch gewisse Mengen B-Vitamine selbst her, die der Hund nutzen kann. Eine Überversorgung mit B-Vitaminen ist allerdings ungefährlich, eine zusätzliche Ergänzung schadet daher im Zweifelsfall nie.

Bierhefe ist besonders reich an wasserlöslichen B-Vitaminen (ausgenommen B_{12}) und wird gerne gefressen. Zur Ergänzung eignet sich getrocknetes Bierhefepulver oder Flocken. Geben Sie pro Tag etwa 5–10 g für einen 20 kg schweren Hund.

Alternativ können Sie einen Vitamin-B-Komplex oder eine spezielle Barfergänzung verwenden, die mit B-Vitaminen angereichert ist.

> **Tipp:** Bierhefe regt den Appetit an. Wenn Ihr Hund nicht fressen mag, streuen Sie Bierhefeflocken über das Futter.

Kommerzielle Mineralfutter und Barfergänzungen

Der Markt bietet eine fast unüberschaubare Palette an Mineral- und Vitaminergänzungen für nahezu jede Lebenssituation von Hunden an. Ständig erscheinen neue Produkte speziell für Barfrationen. So praktisch und einfach solche Ergänzungen sind, so schwierig ist leider die Wahl des richtigen Produktes. Die Zusammensetzungen und v. a. die Nährstoffgehalte unterscheiden sich deutlich je nach Produkt und Hersteller (s. Tabelle Seite 186).

Allgemeine Hinweise

Achten Sie grundsätzlich auf die enthaltenen Zutaten und auf die angegebenen Nährstoffgehalte. Hierbei ist gut zu wissen, dass auf der Verpackung nicht alles deklariert werden muss: Gesetzlich vorgeschrieben ist bei Mineralfutter immer eine Angabe der Calcium-, Phosphor- und Natriumgehalte, sofern enthalten. Des Weiteren müssen *ernährungsphysiologische* Zusatzstoffe angegeben werden, also Spurenelemente und Vitamine, wenn diese zugesetzt sind. Nährstoffe, die natürlicherweise in den Zutaten enthalten sind, sind nicht deklarierungspflichtig. Daher findet man häufig Produkte – speziell solche für Barfrationen –, die Algenkalk oder Seealgenmehl enthalten, ohne dass die entsprechenden Jodgehalte angegeben sind. In solchen Fällen sollten Sie dann beim Hersteller nach den Analysedaten fragen.

In vielen Barfprodukten sind auch Kräuter zu finden. Dass diese immer dem Wohl des Tieres (und nicht vielmehr dem Verkaufszweck) dienen, wage ich zu bezweifeln. Oft sind ungeeignete Kräuter dabei, zumindest was die tägliche Gabe und die Fütterung an prinzipiell gesunde Hunde betrifft (s. Seite 70ff.). Es lohnt sich also immer, genauer hinzuschauen und im Idealfall nachzurechnen.

> **Merke:** Nicht jedes Mineralfutter ist gleichermaßen für jede Ration geeignet. Es kommt immer auf die Zusammensetzung der jeweiligen Futterration an.
> Im Zweifelsfall erkundigen Sie sich bei einem Fachmann, ob das Produkt Ihrer Wahl für Ihre Ration und Ihren Hund geeignet ist (oder Sie rechnen selbst nach).

Richtige Produktwahl

Wenn Sie Knochen oder Eierschalen füttern, bekommt Ihr Hund bereits ausreichend Calcium. Sie sollten dann ein calciumfreies Ergänzungspräparat wählen. Füttern Sie regelmäßig

Seefisch oder Seealgenmehl, sollten Sie in jedem Fall ein jodfreies Produkt verwenden.

Das gleiche gilt, wenn Sie Leber oder Lebertran geben. In dem Fall benötigt Ihr Hund entweder eine Ergänzung ohne Vitamin A und D oder Sie müssen darauf achten, dass die Versorgung insgesamt nicht zu hoch wird.

Wenn Sie nichts von alldem füttern und am liebsten nur eine Ergänzung am Tag geben möchten, empfehle ich Ihnen ein klassisches Mineralfutter. Als grober Richtwert gilt 0,5 g Mineralfutter/kg KG bei einem Calciumgehalt von über 20 %. Besser ist es aber, die tatsächlich notwendige Menge auszurechnen und dabei zu prüfen, ob das Produkt auch wirklich zu Ihrer Futterration passt.

Fertigbarf und seine Tücken

Da sich Barfen einer immer größeren Beliebtheit erfreut, werden zunehmend Fertig-Barfmischungen im Handel angeboten, die die Rohfütterung ebenso einfach machen (sollen) wie das Füttern von kommerziellem Trocken- oder Dosenfutter.

Enthalten sind meist unterschiedliche Fleischsorten, verschiedene Innereien (Leber, Lunge, Schlund, Pansen, etc.), gewolfte fleischige Knochen (z. B. Hühnerhälse, Karkassen, Brustbein) bzw. Eierschalen sowie Gemüse und Obst. Zusätzlich enthält Fertigbarf verschiedene Öle (v. a. Leinöl) und häufig Seealgenmehl, Salz, Kräuter oder Bierhefe.

Sehr oft werden diese Barfmenüs als „Komplettfutter" oder „Vollwertkost" bezeichnet – dies vermittelt den Eindruck, dass die alleinige Fütterung genüge (ähnlich wie bei einem Alleinfutter, s. Seite 147). Nicht selten weisen die Hersteller sogar darauf hin, dass keine Ergänzung notwendig sei.

Nimmt man diese Mischungen genauer unter die Lupe, stellt sich heraus, dass es oft an Spurenelementen und Vitamin D fehlt. Der Jodgehalt ist meist schwer einschätzbar. Die Calcium- und Phosphorgehalte sind nicht selten viel zu hoch, besonders dann, wenn Knochen enthalten sind. Einem ausgewachsenen Hund mag dies nicht so schnell schaden, einem Welpen oder einer Zuchthündin hingegen schon.

Bei Fertigbarfprodukten für Welpen sollten Sie daher besonders kritisch sein und auch für erwachsene Hunde ist eine Überprüfung des Futters durch eine Rationsberechnung unbedingt zu empfehlen. Manchmal fehlen nur bestimmte Ergänzungen. Wenn durch diese eine ausgewogene Ration entsteht, ist Fertigbarf eine wunderbare und einfache Alternative für Besitzer, die zeitlich eingespannt sind, aber trotzdem gerne barfen möchten.

Achtung: Fettgehalte

Viele der im Handel erhältlichen Barffutter (reines Fleisch, Fleischmischungen sowie Komplettmenüs) haben sehr hohe Fettgehalte. Achten Sie daher unbedingt auf die Deklaration. Selbst bei eigentlich magerem Fleisch wie beispielsweise Hühnermägen (mit natürlicherweise weniger als 5 % Fett) sind 15 % Fett und mehr laut Verpackung keine Seltenheit. Es wurden dann Fettabschnitte mitverarbeitet, die aus der Humanernährung übrig geblieben sind.

Berücksichtigt man, dass frisches Fleisch einen hohen Wasseranteil hat (75 %), so bedeuten 15 % Fett im Produkt 60 % Fett in der Trockensubstanz. Wenn das dann Hauptbestandteil der Ration ist, kommt man leicht auf Fettgehalte von über 40 % der Gesamtration (bezogen auf die Trockenmasse). Das ist viel zu hoch und nicht zu empfehlen, denn hohe Fettgehalte können die Bauchspeicheldrüse belasten und eine Entzündung hervorrufen. Meiner Erfahrung nach werden Fettanteile zwischen 20 und 30 % (bezogen auf die Trockenmasse) gut vertragen. Achten Sie bei den Produkten daher immer auf einen Fettgehalt von unter 10 %.

Futterpläne

Nachfolgend finden Sie verschiedene tabellarische Futterpläne. Sie sind nach Gewichtsklassen und unterschiedlichen Aktivitätsgraden sowohl für klassische Barfrationen als auch für Teilbarfrationen (mit Kohlenhydraten) aufgeteilt. Für Hunde, die Knochen nicht gut vertragen, gibt es darüber hinaus auch Pläne ohne Knochen. So sollte für jeden das Passende dabei sein.

Die Futterpläne sind so konzipiert, dass alle notwendigen Nährstoffe ausreichend enthalten sind und Ihr Hund eine ausgewogene und bedarfsgerechte Ration erhält. Aufgrund der besonderen Ansprüche für wachsende, trächtige, säugende und kranke Tiere gelten die nachfolgenden Rationsvorschläge nur für *gesunde und ausgewachsene Hunde*.

Welche Futtermenge gilt für meinen Hund?

Um die richtige Tabelle für Ihren Hund zu finden, brauchen Sie zunächst dessen Körpergewicht. Jede Tabelle umfasst eine bestimmte Körpergewichtsklasse, z. B. 15–20 kg. Darauf beziehen sich die angegebenen Spannen der Futtermengen: Die niedrigeren Mengen beziehen sich auf das geringere Körpergewicht, die höheren Mengen auf das höhere Körpergewicht.

Für die richtige Fütterungsempfehlung nehmen Sie immer die Mengen bezogen auf das Idealgewicht Ihres Hundes. Sollte Ihr Hund übergewichtig sein, beispielsweise 20 kg anstatt 15 kg wiegen, gelten die Futtermengen für 15 kg.

Des Weiteren wählen Sie die Mengen nach den verschiedenen Aktivitätsniveaus, also je nachdem wie aktiv Ihr Hund ist. Die niedrigen Futtermengen (Zeichen „–") sind für Senioren oder Couch-Potatos, die höchsten Futtermengen (Zeichen „++") für junge bzw. sehr aktive Hunde. Für alle anderen „Normalos" nehmen Sie einfach die Mitte (Zeichen „+"). Da der individuelle Energiebedarf von ganz verschiedenen Faktoren abhängig ist (s. Seite 42) sollten Sie Ihren Hund die ersten Wochen nach der Futterumstellung *regelmäßig wiegen*. Hält er sein Gewicht, sind die Futtermengen genau richtig.

> **Tipp**: Wenn Sie sich entschieden haben, wie Sie barfen möchten, notieren Sie sich am besten auf ein extra Blatt Papier die Futtermengen, die zu Ihrem Hund passen. Auf diese Weise verlieren Sie nicht den Überblick in den Tabellen.

Beispiel zu den Futterplänen:
Ein Hund mit 18 kg Idealgewicht, der sehr aktiv ist und mit Kartoffeln und Knochen teilgebarft werden soll, braucht am Tag:
- 300–400 g rohes Fleisch
- 150 g fleischige Knochen
- 200–250 g gekochte Kartoffeln (oder 50–65 g Kartoffelflocken)
- 150–200 g Obst und Gemüse.
- 1–2 EL Öl
- 1–1,25 g Barfers Naturals[1]

---

1 Ein von mir entwickeltes und speziell auf Barfrationen abgestimmtes natürliches Ergänzungsfuttermittel mit hoher Nährstoffdichte. Es basiert auf Seealgenmehl, Bierhefe, Himalajasalz und Hagebuttenschalen. Barfers Naturals ist über meine Homepage zu beziehen: www.napfcheck.de.

Außerdem sollte er pro Woche 1–1½ TL Lebertran bekommen und darf (muss aber nicht) maximal 100 g Leber zusätzlich pro Woche fressen.

Futtermengen pragmatisch wählen

Wenn das Gewicht Ihres Hundes wie in dem auf Seite 99 genannten Beispiel (18 kg) zwischen den Gewichtsklassen liegt, fragen Sie sich vielleicht: „Und was gilt jetzt genau für mein Tier?". Die Antwort ist recht einfach – ausprobieren! Sie können in diesem Fall ganz einfach nach praktischen Aspekten vorgehen.

Beispiel: Wenn Sie Ihr Fleisch über den Futterhandel beziehen und die Abpackungen 400 g umfassen, füttern Sie 400 g Fleisch am Tag (also die obere Empfehlung) und fangen dafür mit der geringeren Menge an Kartoffeln und Öl an (hier 200 g bzw. 1 EL). Dann wiegen Sie Ihren Hund die ersten vier Wochen nach der Futterumstellung einmal wöchentlich. Wenn er abnimmt, geben Sie einfach etwas mehr Kartoffeln und/oder Öl (also 250 g bzw. 2 EL).

Sie können es natürlich auch andersherum machen und mit der geringeren Fleischmenge anfangen und dafür von Anfang an mehr Kartoffeln und/oder Öl füttern – wie es am praktischsten und einfachsten ist. Die Energie ist vor allem im Fleisch, den Kohlenhydraten und dem Öl enthalten. Daher müssen Sie auch hiervon die Mengen verändern, wenn sich das Gewicht Ihres Hundes ändert.

Bei Gemüse und Obst darf es gerne mal etwas mehr oder weniger sein, denn diese liefern v. a. Ballaststoffe und Vitamine, tragen aber nicht zur Energieversorgung bei. Machen Sie sich keine Sorgen, sollte Ihr Hund Gemüse nicht gerne oder gar nicht mögen. Die anderen Zutaten enthalten auch reichlich Vitamine.

Sie werden sehen: Im Handumdrehen haben Sie die richtigen Futtermengen für Ihren Hund im Gefühl und wissen genau, wann er mal etwas mehr oder weniger braucht.

Sollte Ihr Hund zunehmen, obwohl Sie bereits die niedrigen Futtermengen nehmen, ist er vielleicht doch nicht so aktiv, wie Sie dachten oder er bekommt noch (zu viele) Leckerlis nebenbei, die bei den Futterplänen nicht berücksichtigt sind. Dann orientieren Sie sich einfach an den niedrigeren Futtermengen (hier im Beispiel für ein normal aktives Tier) oder reduzieren Sie die Leckerlis.

Wie viel Leckerlis kann ich zusätzlich geben?

Leckerlis sind bei den Plänen nicht berücksichtigt. Normalerweise kann man 5–10 % des täglichen Energiebedarfs an Leckerlis zusätzlich geben, ohne das der Hund gleich dick wird. Wenn Sie mehr Leckerlis geben, können Sie sich einfach an den Futtermengen für das niedrigere Aktivitätsniveau orientieren. Wenn Ihr Hund zum Beispiel normal aktiv ist, füttern Sie ihm die Futtermengen für wenig aktive Hunde. So beugen Sie Übergewicht vor.

Zusätzlich ist es möglich, dass Sie die Menge an Öl/Fett variieren. Hierüber lässt sich auf einfache Weise der Energiegehalt der Ration erhöhen oder erniedrigen, ohne dass sich die Nährstoffgehalte wesentlich verändern. Im Winter können Sie beispielsweise etwas mehr Öl füttern, denn in der kalten Jahreszeit brauchen viele Hunde mehr Energie. Wenn Sie mal fetteres Fleisch oder Fisch füttern möchten, lassen Sie das Öl an dem Tag einfach weg.

Geschmacksvielfalt pur

Damit Sie den Futterplan für Ihren Hund ganz nach seinem Geschmack gestalten können, basieren die Rationsvorschläge auf Mittelwerten verschiedener Fleisch-, Gemüse-, Obst- und Getreidesorten. Sprich, die täglichen Mengen sind vorgegeben, die Wahl der

Zutaten bleibt aber Ihnen überlassen. Das Schöne am Barfen ist ja gerade die freie Gestaltungsmöglichkeit der Ration und das abwechslungsreiche Füttern. Mischkalkulationen sind bei Barfrationen üblich. Wichtig ist allein, dass die Versorgung im Schnitt ausreicht und ein Nährstoff nicht dauerhaft über- oder unterversorgt ist.

Hinweise zu den Zutaten

Nachfolgend finden Sie allgemeine Hinweise und Fütterungsempfehlungen zu den verschiedenen Zutaten der Futterpläne. Weitere Informationen zu den Futtermitteln und der Zubereitung entnehmen Sie bitte den Kapiteln Seite 57ff. und Seite 82ff.

Fleisch (Innereien)

Als „Fleisch" geeignet sind:
- alle Fleischsorten mit einem Fettgehalt bis 10 %
- allgemein Herz und Geflügelmägen
- grüner Pansen sowie Blättermagen

Diese können abwechselnd oder gemischt gefüttert werden, müssen aber nicht. Die Pläne sind so zusammengestellt, dass Ihr Hund auch bei reiner Fleischfütterung ausreichend mit allen Nährstoffen versorgt ist.

Sie können die Fleischmenge auch beliebig 1:1 durch andere Innereien, Fisch, Eier oder Milchprodukte ersetzen. Füttern Sie einfach das, was Ihr Hund am liebsten frisst und was ihm am besten bekommt.

Pansen oder Blättermagen empfehle ich maximal 2- bis 3-mal die Woche zu füttern. Da Pansen und Blättermagen mehr Calcium enthalten als Fleisch und andere Innereien, ergänzen Sie für ein optimales Calcium-Phosphor-Verhältnis (und nur bei knochenloser Fütterung) bitte:
- Eierschalen: Wenn Sie mehr als die Hälfte der Tagesfleischration an reinem Fleisch füttern.
- Fleisch- oder Knochenmehl: Wenn Sie mehr als die Hälfte der Tagesfleischration

Pansen oder Blättermagen füttern (und Ihr Hund normal oder sehr aktiv ist). Andere Innereien wie Lunge, Nieren usw. können Sie bei Bedarf ebenfalls 1- bis 3-mal die Woche geben. Bei Leber beachten Sie bitte die empfohlenen maximalen Mengen pro Woche ganz unten bei den Futterplänen (Tabellen 27–34).

Fleischige Knochen

Sehr gut geeignet sind beispielsweise Geflügelhälse, Hühnerflügel, knorpeliger Ochsenschwanz und Kalbsbrustknochen. Bitte beachten Sie, dass sich die Calciumgehalte je nach Knochen unterscheiden (s. Seite 182). Für die Futterpläne habe ich mit mittleren Gehalten von 1,8 % Calcium und 1 % Phosphor gerechnet.

Sollten Sie ausschließlich Hühnerhälse oder andere Knochen mit einen Calcium-Phosphor-Verhältnis unter 1,8:1 füttern, empfehle ich Ihnen pro 100 g Knochen 2 Msp. Eierschalen hinzuzufügen, um ein optimales Calcium-Phosphor-Verhältnis zu erreichen. Wenn Sie das Futter auf mehrere Mahlzeiten aufteilen und die Knochen als alleinige Mahlzeit füttern, sollten Sie der Fleischmahlzeit pro 150 g ¼ TL Eierschalen (1 g) beimengen.

Kohlenhydrate

Verwenden können Sie alles, was Ihrem Hund bekommt und was ihm schmeckt. Die Mengenangaben beziehen sich auf das Trockengewicht. Zum Umrechnen auf das Kochgewicht nehmen Sie die angegebene Menge mal vier (mal fünf bei Kartoffeln). Sie können dabei gerne etwas auf- oder abrunden.

In welchen Situationen eine Fütterung von Kohlenhydraten zu empfehlen sind lesen Sie auf Seite 92. Bei den empfohlenen Mengen liegt der Kohlenhydratanteil der Gesamtration zwischen 20 und 25 %.

Tab. 27 Futtermengen für Hunde mit einem Körpergewicht zwischen **5 und 10 kg** und geringer, normaler bzw. hoher Aktivität für klassische sowie Teilbarfrationen jeweils mit und ohne Knochen (die geringere Futtermengen beziehen sich auf das niedrigere Körpergewicht und umgekehrt)

Aktivitätsniveau		mit Knochen			Klassisch	ohne Knochen
		−	+	++	−	+
Fleisch	g/Tag	75–150	150–250	200–350	125–250	200*–350*
fleischige Knochen	g/Tag		50–65	80–90	–	–
Kohlenhydrate[1]	g/Tag	–	–	–	–	–
(Fleisch-)Knochenmehl	g/Tag	–	–	–	2–4	–
Eierschalen[2]	TL/Tag	–	–	–	–	¼–½
Gemüse/Obst	g/Tag		50–100			50–100	
Öl/Fett[3]	EL/Tag		½			½	
Barfers Naturals	g/Tag		0,5–1			0,5–1	
Lebertran	EL/Wo		½–¾			½–¾	
Hinweis: Maximal 25–50 g Leber zusätzlich pro Woche						

Tab. 28 Futtermengen für Hunde mit einem Körpergewicht zwischen **10 und 15 kg** und geringer, normaler bzw. hoher Aktivität für klassische sowie Teilbarfrationen jeweils mit und ohne Knochen (die geringere Futtermengen beziehen sich auf das niedrigere Körpergewicht und umgekehrt)

Aktivitätsniveau		mit Knochen			Klassisch	ohne Knochen
		−	+	++	−	+
Fleisch	g/Tag	150–200	250–350	350–500	250–300	350*–500*
fleischige Knochen	g/Tag		65–100	90–150	–	–
Kohlenhydrate[1]	g/Tag	–	–	–	–	–
(Fleisch-)Knochenmehl	g/Tag	–	–	–	4	–
Eierschalen[2]	TL/Tag	–	–	–	–	½–1
Gemüse/Obst	g/Tag		100–150			100–150	
Öl/Fett[3]	EL/Tag		½–1 ½			½–1 ½	
Barfers Naturals	g/Tag		1			1	
Lebertran[9]	EL/Wo		¾–1			¾–1	
Hinweis: Maximal 50–75 g Leber zusätzlich pro Woche						

* Wenn Sie mehr als die Hälfte der Tagesfleischration Pansen oder Blättermagen füttern, ergänzen Sie bitte anstelle der Eierschalen ein Knochen- oder Fleischknochenmehl (gleiche Menge).

Geschmacksvielfalt pur

| | | Teilbarf | | | | | | |
| | | mit Knochen | | | ohne Knochen | | |
++	−	+	++	−	+	++
275*–450*	65–125	100–200	150–250	100–200	150* 250*	225*–350*
−	25–65	50–65	60–90	−	−	−
−	10–15	15–25	20–35	10–15	15–25	20–35
−	−	−	−	2–4	−	−
¼–½	−	−	−	−	¼–½	¼–½
50–100		50–100			50–100	
½		½			½	
0,5–1		0,5–1			0,5–1	
½–¾		½–¾			½–¾	

| | | Teilbarf | | | | | | |
| | | mit Knochen | | | ohne Knochen | | |
++	−	+	++	−	+	++
450*–700*	125–150	200–250	250–300	200–250	250*–350*	350*–500*
−	−	65–100	90–150	−	−	−
−	15–25	25–40	35–50	15–25	25–40	35–50
−	−	−	−	4	−	−
½–1	−	−	−	−	½–1	½–1
100–150		100–150			100–150	
½–1 ½		½–1 ½			½–1 ½	
1		1			1	
¾–1		¾–1			¾–1	

1 Trockengewicht. Zum Umrechnen auf das Kochgewicht multiplizieren Sie die Menge mit 4 (5 bei Kartoffeln).
2 1 TL entspricht 4–5 g   3 1 EL entspricht 10–12 g

Tab. 29 Futtermengen für Hunde mit einem Körpergewicht zwischen **15 und 20 kg** und geringer, normaler bzw. hoher Aktivität für klassische sowie Teilbarfrationen jeweils mit und ohne Knochen (die geringere Futtermengen beziehen sich auf das niedrigere Körpergewicht und umgekehrt)

Aktivitätsniveau		mit Knochen			Klassisch	ohne Knochen
		−	+	++	−	+
Fleisch	g/Tag	200–250	350–400	500–600	300–400	500*–600*
fleischige Knochen	g/Tag	100	100–125	150	−	−
Kohlenhydrate[1]	g/Tag	−	−	−	−	−
(Fleisch-)Knochenmehl	g/Tag	−	−	−	4–5	−
Eierschalen[2]	TL/Tag	−	−	−	−	1
Gemüse/Obst	g/Tag		150–200			150–200
Öl/Fett[3]	EL/Tag		1–2			1–2
Barfers Naturals	g/Tag		1–1,25			1–1,25
Lebertran	EL/Wo		1–1 ½			1–1 ½

Hinweis: Maximal 75–100 g Leber zusätzlich pro Woche

Tab. 30 Futtermengen für Hunde mit einem Körpergewicht zwischen **20 und 25 kg** und geringer, normaler bzw. hoher Aktivität für klassische sowie Teilbarfrationen jeweils mit und ohne Knochen (die geringere Futtermengen beziehen sich auf das niedrigere Körpergewicht und umgekehrt)

Aktivitätsniveau		mit Knochen			Klassisch	ohne Knochen
		−	+	++	−	+
Fleisch	g/Tag	250–300	400–500	600–700	400–500	600*–700*
fleischige Knochen	g/Tag	100	125	150	−	−
Kohlenhydrate[1]	g/Tag	−	−	−	−	−
(Fleisch-)Knochenmehl	g/Tag	−	−	−	5–6	−
Eierschalen[2]	TL/Tag	−	−	−	−	1
Gemüse/Obst	g/Tag		150–250			150–250
Öl/Fett[3]	EL/Tag		1–3			1–3
Barfers Naturals	g/Tag		1,25–1,5			1,25–1,5
Lebertran	EL/Wo		1 ½			1 ½

* Maximal 100–125 g Leber zusätzlich pro Woche

* Wenn Sie mehr als die Hälfte der Tagesfleischration Pansen oder Blättermagen füttern, ergänzen Sie bitte anstelle der Eierschalen ein Knochen- oder Fleischknochenmehl (gleiche Menge).

Geschmacksvielfalt pur

		Teilbarf				
		mit Knochen			ohne Knochen	
++	−	+	++	−	+	++
700*–750*	150–200	250–300	300–400	250–300	350*–400*	500*–600*
−	100	125	150	−	−	−
−	25	40–50	50–65	25	40–50	50–65
−	−	−	−	4–5	−	−
	−	−	−	−	1	
150–200		150–200			150–200	
1–2		1–2			1–2	
1–1,25		1–1,25			1–1,25	
1–1 ½		1–1 ½			1–1 ½	

		Teilbarf				
		mit Knochen			ohne Knochen	
++	−	+	++	−	+	++
750*–800*	200–250	300–350	400–500	300–400	400*–500*	600*–750*
−	100	125	150	−	−	−
−	25–40	50–65	65–75	25–40	50–65	65–75
−	−	−	−	5–6	−	−
1–1 ½	−	−	−	−	1	1–1 ½
150–250		150–250			150–250	
1–3		1–3			1–3	
1,25–1,5		1,25–1,5			1,25–1,5	
1 ½		1 ½			1 ½	

1 Trockengewicht. Zum Umrechnen auf das Kochgewicht multiplizieren Sie die Menge mit 4 (5 bei Kartoffeln).
2 1 TL entspricht 4–5 g   3 1 EL entspricht 10–12 g

Tab. 31 Futtermengen für Hunde mit einem Körpergewicht zwischen **25 und 30 kg** und geringer, normaler bzw. hoher Aktivität für klassische sowie Teilbarfrationen jeweils mit und ohne Knochen (die geringere Futtermengen beziehen sich auf das niedrigere Körpergewicht und umgekehrt)

Aktivitätsniveau		mit Knochen			Klassisch	ohne Knochen
		–	+	++	–	+
Fleisch	g/Tag	300–400	500–600	700	450–500	700*–750*
fleischige Knochen	g/Tag	100	125–150	150–200	–	–
Kohlenhydrate[1]	g/Tag	–	–	–	–	–
(Fleisch-)Knochenmehl	g/Tag	–	–	–	6	–
Eierschalen[2]	TL/Tag	–	–	–	–	1
Gemüse/Obst	g/Tag		150–250			150–250
Öl/Fett[3]	EL/Tag		1–3			1–3
Barfers Naturals	g/Tag		1,5			1,5
Lebertran	EL/Wo		1 ½			1 ½

Hinweis: Maximal 125–150 g Leber zusätzlich pro Woche

Tab. 32 Futtermengen für Hunde mit einem Körpergewicht zwischen **30 und 40 kg** und geringer, normaler bzw. hoher Aktivität für klassische sowie Teilbarfrationen jeweils mit und ohne Knochen (die geringere Futtermengen beziehen sich auf das niedrigere Körpergewicht und umgekehrt)

Aktivitätsniveau		mit Knochen			Klassisch	ohne Knochen
		–	+	++	–	+
Fleisch	g/Tag	400–500	600–750	700–1000	500–600	750*–900*
fleischige Knochen	g/Tag	100–150	150–200	200–250	–	–
Kohlenhydrate[1]	g/Tag	–	–	–	–	–
(Fleisch-)Knochenmehl	g/Tag	–	–	–	6–8	–
Eierschalen[2]	TL/Tag	–	–	–	–	1–1 ½
Gemüse/Obst	g/Tag		200–400			200–400
Öl/Fett[3]	EL/Tag		1–4			1–4
Barfers Naturals	g/Tag		1,5–2			1,5–2
Lebertran	EL/Wo		1 ½–2			1 ½–2

Hinweis: Maximal 150–200 g Leber zusätzlich pro Woche

* Wenn Sie mehr als die Hälfte der Tagesfleischration Pansen oder Blättermagen füttern, ergänzen Sie bitte anstelle der Eierschalen ein Knochen- oder Fleischknochenmehl (gleiche Menge).

++	Teilbarf mit Knochen			Teilbarf ohne Knochen		
	−	+	++	−	+	++
700*–750*	150–200	250–300	300–400	250–300	350*–400*	500*–600*
–	100	125	150	–	–	–
–	25	40–50	50–65	25	40–50	50–65
–	–	–	–	4–5	–	–
–	–	–	–	–	1	–
150–200		150–200			150–200	
1–2		1–2			1–2	
1–1,25		1–1,25			1–1,25	
1–1 ½		1–1 ½			1–1 ½	

++	Teilbarf mit Knochen			Teilbarf ohne Knochen		
	−	+	++	−	+	++
750*–800*	200–250	300–350	400–500	300–400	400*–500*	600*–750*
–	100	125	150	–	–	–
–	25–40	50–65	65–75	25–40	50–65	65–75
–	–	–	–	5–6	–	–
1–1 ½	–	–	–	–	1	1–1 ½
150–250		150–250			150–250	
1–3		1–3			1–3	
1,25–1,5		1,25–1,5			1,25–1,5	
1 ½		1 ½			1 ½	

1 Trockengewicht. Zum Umrechnen auf das Kochgewicht multiplizieren Sie die Menge mit 4 (5 bei Kartoffeln).
2 1 TL entspricht 4–5 g   3 1 EL entspricht 10–12 g

Tab. 31 Futtermengen für Hunde mit einem Körpergewicht zwischen **25 und 30 kg** und geringer, normaler bzw. hoher Aktivität für klassische sowie Teilbarfrationen jeweils mit und ohne Knochen (die geringere Futtermengen beziehen sich auf das niedrigere Körpergewicht und umgekehrt)

Aktivitätsniveau		mit Knochen			Klassisch	ohne Knochen
		−	+	++	−	+
Fleisch	g/Tag	300–400	500–600	700	450–500	700*–750*
fleischige Knochen	g/Tag	100	125–150	150–200	–	–
Kohlenhydrate[1]	g/Tag	–	–	–	–	–
(Fleisch-)Knochenmehl	g/Tag	–	–	–	6	–
Eierschalen[2]	TL/Tag	–	–	–	–	1
Gemüse/Obst	g/Tag		150–250			150–250
Öl/Fett[3]	EL/Tag		1–3			1–3
Barfers Naturals	g/Tag		1,5			1,5
Lebertran	EL/Wo		1 ½			1 ½

Hinweis: Maximal 125–150 g Leber zusätzlich pro Woche

Tab. 32 Futtermengen für Hunde mit einem Körpergewicht zwischen **30 und 40 kg** und geringer, normaler bzw. hoher Aktivität für klassische sowie Teilbarfrationen jeweils mit und ohne Knochen (die geringere Futtermengen beziehen sich auf das niedrigere Körpergewicht und umgekehrt)

Aktivitätsniveau		mit Knochen			Klassisch	ohne Knochen
		−	+	++	−	+
Fleisch	g/Tag	400–500	600–750	700–1000	500–600	750*–900*
fleischige Knochen	g/Tag	100–150	150–200	200–250	–	–
Kohlenhydrate[1]	g/Tag	–	–	–	–	–
(Fleisch-)Knochenmehl	g/Tag	–	–	–	6–8	–
Eierschalen[2]	TL/Tag	–	–	–	–	1–1 ½
Gemüse/Obst	g/Tag		200–400			200–400
Öl/Fett[3]	EL/Tag		1–4			1–4
Barfers Naturals	g/Tag		1,5–2			1,5–2
Lebertran	EL/Wo		1 ½–2			1 ½–2

Hinweis: Maximal 150–200 g Leber zusätzlich pro Woche

* Wenn Sie mehr als die Hälfte der Tagesfleischration Pansen oder Blättermagen füttern, ergänzen Sie bitte anstelle der Eierschalen ein Knochen- oder Fleischknochenmehl (gleiche Menge).

		Teilbarf mit Knochen			Teilbarf ohne Knochen		
++	−	+	++	−	+	++	
800*–1000*	250–300	350–400	500	400	500*–600*	750*	
−	100	125–150	150–200	−	−	−	
−	40–50	65	75–85	40–50	65	75–85	
−	−	−	−	6	−	−	
1 ½	−	−	−	−	1	1 ½	
150–250		150–250			150–250		
1–3		1–3			1–3		
1,5		1,5			1,5		
1 ½		1 ½			1 ½		

		Teilbarf mit Knochen			Teilbarf ohne Knochen		
++	−	+	++	−	+	++	
1000*–1200*	300–350	400–500	500–750	400–500	600*–750*	700*–1000*	
−	100–150	150–200	200–250	−	−	−	
−	50	65	85	50	65	85	
−	−	−	−	6–8	−	−	
1 ½–2	−	−	−	−	1–1 ½	1 ½–2	
200–400		200–400			200–400		
1–4		1–4			1–4		
1,5–2		1,5–2			1,5–2		
1 ½–2		1 ½–2			1 ½–2		

1 Trockengewicht. Zum Umrechnen auf das Kochgewicht multiplizieren Sie die Menge mit 4 (5 bei Kartoffeln).
2 1 TL entspricht 4–5 g   3 1 EL entspricht 10–12 g

Tab. 33 Futtermengen für Hunde mit einem Körpergewicht zwischen **40 und 50 kg** und geringer, normaler bzw. hoher Aktivität für klassische sowie Teilbarfrationen jeweils mit und ohne Knochen (die geringere Futtermengen beziehen sich auf das niedrigere Körpergewicht und umgekehrt).

		mit Knochen			Klassisch ohne Knochen	
Aktivitätsniveau		−	+	++	−	+
Fleisch	g/Tag	500	750–800	1000	600–750	900*–1000*
fleischige Knochen	g/Tag	150	200	250–350	–	–
Kohlenhydrate[1]	g/Tag	–	–	–	–	–
(Fleisch-)Knochenmehl	g/Tag	–	–	–	8–10	–
Eierschalen[2]	TL/Tag	–	–	–	–	1 ½
Gemüse/Obst	g/Tag		250–400			250–400	
Öl/Fett[3]	EL/Tag		2–5			2–5	
Barfers Naturals	g/Tag		2–2,5			2–2,5	
Lebertran	EL/Wo		2–2 ½			2–2 ½	

Hinweis: Maximal 200 g Leber zusätzlich pro Woche

Tab. 34 Futtermengen für Hunde mit einem Körpergewicht zwischen **50 und 60 kg** und geringer, normaler bzw. hoher Aktivität für klassische sowie Teilbarfrationen jeweils mit und ohne Knochen (die geringere Futtermengen beziehen sich auf das niedrigere Körpergewicht und umgekehrt).

		mit Knochen			Klassisch ohne Knochen	
Aktivitätsniveau		−	+	++	−	+
Fleisch	g/Tag	500–700	800–1000	1000–1300	750–800	1000*–1200*
fleischige Knochen	g/Tag	150–200	200–250	300–400	–	–
Kohlenhydrate[1]	g/Tag	–	–	–	–	–
(Fleisch-)Knochenmehl	g/Tag	–	–	–	10	–
Eierschalen[2]	TL/Tag	–	–	–	–	1 ½ –2
Gemüse/Obst	g/Tag		250–500			250–500	
Öl/Fett[3]	EL/Tag		3–6			3–6	
Barfers Naturals	g/Tag		2,5–3			2,5–3	
Lebertran	EL/Wo		2 ½–3			2 ½–3	

Hinweis: Maximal 200–250 g Leber zusätzlich pro Woche

* Wenn Sie mehr als die Hälfte der Tagesfleischration Pansen oder Blättermagen füttern, ergänzen Sie bitte anstelle der Eierschalen ein Knochen- oder Fleischknochenmehl (gleiche Menge).

++	−	mit Knochen		Teilbarf	ohne Knochen	
		+	++	−	+	++
1200*–1400*	350	500–600	750–800	500	750*–800*	1000*
–	150	200	250	–	–	–
–	50–65	65–100	85–125	50–65	65–100	85–125
–	–	–	–	8–10	–	–
2	–	–	–	–	1 ½	2
250–400		250–400			250–400	
2–5		2–5			2–5	
2–2,5		2–2,5			2–2,5	
2–2 ½		2–2 ½			2–2 ½	

++	−	mit Knochen		Teilbarf	ohne Knochen	
		+	++	−	+	++
1400*–1600*	300–500	600–750	800–1000	500–750	800*–1000*	1000*–1300*
–	150–200	200–250	250–300	–	–	–
–	65	100	125	65	100	125
–	–	–	–	10	–	–
2	–	–	–	–	1 ½–2	2
250–500		250–500			250–500	
3–6		3–6			3–6	
2,5–3		2,5–3			2,5–3	
2 ½–3		2 ½–3			2 ½–3	

1 Trockengewicht. Zum Umrechnen auf das Kochgewicht multiplizieren Sie die Menge mit 4 (5 bei Kartoffeln).
2 1 TL entspricht 4–5 g   3 1 EL entspricht 10–12 g

(Fleisch-)Knochenmehl

Geeignet sind Knochen- und Fleischknochenmehle, die mehr Calcium als Phosphor enthalten. Zu empfehlen ist ein Phosphorgehalt von mindestens 9 %. Die Calcium- und Phosphorgehalte verschiedener Produkte finden Sie in der Tabelle auf Seite 182/183.

Gemüse und Obst

Geeignet sind alle für Hunde verträglichen Sorten (s. Seite 88), Sie können ganz nach Geschmack Ihres Hundes wählen. Ob Sie dabei nur Gemüse, Gemüse gemischt mit Obst oder auch nur Obst verwenden, bleibt ganz Ihnen überlassen.

Die empfohlenen Mengen sind Richtwerte, es darf gerne etwas mehr oder weniger sein. Wenn Sie lieber Flocken füttern möchten, rechnen Sie pro 100 g Frischware mit ca. 10 g getrockneten Flocken.

Öl/Fett

Die empfohlene Menge richtet sich nach dem Gewicht und dem Aktivitätsniveaus Ihres Hundes. Sie können sowohl pflanzliche Öle (s. Seite 64 und 89) als auch tierische Fette, Schmalz, Rindertalg oder etwas Butter, geben. An Ölen verwende ich am liebsten Distel- oder Sonnenblumenöl in Kombination mit Lein- oder Fischöl. Anstelle von Öl können Sie Ihrem Hund auch ab und an ein rohes Eigelb füttern, das ist zudem besonders gut fürs Fell.

Ergänzungen

Auf alle möglichen Ergänzungen, die der Markt zu bieten hat, konkret einzugehen, würde den Rahmen dieses Buches sowie die der Futterpläne sprengen, darum beschränke ich mich in den Tabellen auf den Einsatz von Barfers Naturals und Lebertran. Beides deckt den Bedarf an Kupfer, Zink, Mangan, Jod sowie Vitamin A und D und sichert die Versorgung mit Magnesium, Eisen, Vitamin E und B-Vitaminen.

Die empfohlenen Ergänzungen richten sich nach dem Nährstoffbedarf Ihres Tieres. Für weitere Ergänzungen zur Unterstützung bestimmter Organe, der Gelenke oder des Stoffwechsels lesen Sie bitte im Kapitel Futtermittelkunde Seite 67 und Barfen bei Erkrankungen Seite 124.

Der Lebertran sollte einen Vitamin-A-Gehalt zwischen 850–1200 IE/g und einem Vitamin-D-Gehalt zwischen 85–120 IE/g haben (z. B. Produkte von Lunderland, Caelo oder Trixie). Je nach Größe Ihres Hunde können Sie den Lebertran auf einmal oder aufgeteilt über mehrere Tage geben.

Rationsberechnung selbst gemacht

Eine ausgewogene Ration muss so gestaltet werden, dass sie sowohl den Energie- als auch den Nährstoffbedarf Ihres Hundes deckt. Einige Futtermittel sollten hierfür täglich gegeben werden, bei anderen genügt eine wöchentliche Fütterung.

Für eine stimmige Rationsgestaltung sind mathematische Hilfsmittel nötig. Die Ration für Ihren Hund selbst zu berechnen mag etwas zeitaufwendiger sein, ist aber dennoch relativ einfach. Alles was Sie hierzu benötigen ist ein Taschenrechner oder besser noch ein Tabellenprogramm (z. B. Excel) – und schon kann es losgehen. Eine genaue Anleitung zum Erstellen eines Exel-Files finden Sie ab Seite 116.

Merke: Der Taschenrechner ist für den Rationsersteller wie das Röntgengerät für den Radiologen. Ganz ohne Mathematik geht es leider nicht. Bitte bedenken Sie, dass Ihr Hund täglich das gleiche Futter erhält und Sie ihn nicht fragen können, wie er sich fühlt oder ob ihm etwas fehlt. Rechnen Sie daher lieber einmal mehr aus, ob er wirklich alle Nährstoffe durch die Zutaten erhält. Eine Blutuntersuchung ist kein geeignetes Mittel zur Überprüfung der Ration, obwohl mittlerweile spezielle Barfprofile von Laboren angeboten werden (s. Seite 18).

Richtige Futtermenge

Die Futtermenge richtet sich nach dem Energiebedarf. Diesen müssen Sie als erstes bestimmen und die Futtermenge folglich so bemessen werden, dass Ihr Hund weder zu dick noch zu dünn ist. Unter Berücksichtigung individueller Einflussfaktoren (s. Seite 42) liegt der durchschnittliche Energiebedarf ausgewachsener Hunde bei:

- 65 kcal/kg $KG^{0,75}$ für wenig aktive Hunde und Senioren
- 95 kcal/kg $KG^{0,75}$ für normal aktive Hunde
- 125 kcal/kg $KG^{0,75}$ für überdurchschnittlich aktive Hunde

Zum Berechnen des Energiebedarfs muss immer das Idealgewicht zugrunde gelegt werden. Den Bedarf verschiedener Gewichtsklassen finden Sie auch in Tabelle 10 auf Seite 43. Rechnen Sie also einfach das (Ideal-)Gewicht Ihres Hundes hoch 0,75 (Taste x^y beim Taschenrechner) und multiplizieren Sie das Ergebnis dann je nach Aktivitätsgrad mit 65, 95 oder 125 kcal.

Beispiel: 18 kg schwerer Hund, der sehr sportlich ist
1) 18 hoch 0,75 = 8,74 kg (das ist das metabolische Körpergewicht)
2) 8,74 × 125 kcal = 1092 kcal

Gerundet ergibt sich somit ein Energiebedarf von 1100 kcal am Tag.

Merke: Der Energiebedarf ist abhängig von vielen individuellen Faktoren. Die Bedarfsempfehlung kann daher nur als Orientierung dienen. Sie erkennen die richtige Futtermenge daran, dass Ihr Hund sein (ideales) Gewicht konstant hält.

Sollten Sie bis jetzt Fertigfutter gefüttert haben, können Sie den *individuellen* Energiebedarf Ihres Hundes auch ganz leicht anhand der bisherigen Kalorienaufnahme ermitteln. Das ist noch genauer und Sie müssen hierfür nur den Energiegehalt des bisherigen

Futters ausrechnen (s. Seite 113) und mit der entsprechenden Tagesmenge multiplizieren.

Einfluss der Futtermenge auf die Nährstoffversorgung

Da der Energiebedarf Ihres Hundes die Futtermenge bestimmt, hat das automatisch Auswirkungen auf seine Nährstoffversorgung. Für Hunde mit normalen Energiebedarf ist es bereits knifflig genug, die Ration so zusammenzustellen, dass die Nährstoffe einerseits zwar ausreichend, aber andererseits nicht übermäßig enthalten sind.

Schwieriger wird es bei Hunden, die besonders wenig oder besonders viel Futter benötigen. Hunde mit einem niedrigeren Energiebedarf nehmen folglich durch die geringere Futtermenge auch weniger Nährstoffe auf. Das Futter muss dann eine höhere Nährstoffdichte haben und Sie benötigen meistens zusätzliche Ergänzungen.

Anders ist es bei Hunden mit erhöhtem Energiebedarf. Hier gilt es die Futtermittel so zu wählen, dass Überversorgungen möglichst vermieden werden. Tiere, die besonders viel Futter benötigen, kommen eher mal ohne Extras aus.

Futtermenge in Prozent des Körpergewichts?

Typischerweise werden Empfehlungen zur Futtermenge für Barfrationen in Prozent des Körpergewichts angegeben. Das erscheint zwar sehr praktisch und einfach, ist aber ziemlich ungenau. Mit dem folgenden Beispiel möchte ich Ihnen verdeutlichen, warum:

Nehmen wir an, für den Hund werden täglich 3 % seines Körpergewichtes an Nahrung empfohlen. Davon sollten $\frac{2}{3}$ Fleisch sein und $\frac{1}{3}$ Gemüse.

Legen wir drei unterschiedliche Gewichtsklassen (2–25–60 kg) und eine Ration aus magerem Rindfleisch (5 % Fett; 130 kcal/100 g) sowie Gemüse (20 kcal/100 g) zugrunde, dann ergibt sich Folgendes (zur Berechnung s. Tabelle 35):

Der Chihuahua bekäme bei dieser Rechnung noch nicht mal die Hälfte seines Engergiebedarfs. Dem Labrador würde ein Drittel fehlen; bekäme er noch zwei Esslöffel Öl (= 180 kcal) dazu, würde es gerade so reichen. Selbst die Dogge wäre noch leicht unterversorgt.

Nehmen wir das gleiche Beispiel, aber mit einem fetteren Fleisch (14 % Fett, 195 kcal/100 g), dann ergibt sich Folgendes (zur Berechnung s. Tabelle 36):

Dem Chihuahua würde immer noch die Hälfte seines Bedarfs fehlen. Der Labrador wäre als einziger ausreichend versorgt (wäre aber überversorgt, bekäme er noch zwei Esslöffel Öl dazu) und die Dogge bekäme sogar 20 % zu viel, dies würde langfristig zur Gewichtszunahme führen.

Sie sehen also, dass eine Empfehlung der Futtermenge in Prozent des Körpergewichts wenig Sinn macht, weil der Kaloriengehalt des Futters dabei nicht berücksichtigt wird.

Kaloriengehalte in Futtermitteln

Die Rohnährstoffe Eiweiß, Fett und Kohlenhydrate (Stärke) sind Energielieferanten, wobei Fett etwas mehr als doppelt so viel Energie liefert wie Eiweiß und Stärke. Den Energiegehalt eines Futtermittels (egal, ob frisch oder aus der Dose) können Sie also anhand der jeweils enthaltenen Mengen dieser Komponenten ausrechnen. Einen Unterschied macht lediglich die Verdaulichkeit,

> **Tipp:** Wenn Sie bisher kommerzielles Futter gefüttert haben, können Sie über den Kaloriengehalt des Futters und über die bisherige Futtermenge ausrechnen, welchen individuellen Energiebedarf Ihr Hund hat (sofern er idealgewichtig ist) und diese dann als Grundlage für die neue Barfration verwenden.

Tab. 35 Deckung des Energiebedarfs bei einer Futtermengenberechnung von 3 % des Körpergewichts und einer Ration aus 70 % **magerem** Fleisch und 30 % Gemüse

Gewicht Hund	Futtermenge	Kalorienaufnahme	Energiebedarf*	Differenz
2 kg	40 g Fleisch 20 g Gemüse	52 + 4 = 56 kcal	160 kcal	−104 kcal = 65 %
25 kg	500 g Fleisch 250 g Gemüse	650 + 50 = 700 kcal	1060 kcal	−360 kcal = 34 %
60 kg	1200 g Fleisch 600 g Gemüse	1560 + 120 = 1680 kcal	2050 kcal	−390 kcal = 19 %

* 95 kcal/kg $KG^{0,75}$

Tab. 36 Deckung des Energiebedarfs bei einer Futtermengenberechnung von 3 % des Körpergewichts und einer Ration aus 70 % **fettem** Fleisch und 30 % Gemüse

Gewicht	Fleischmenge	Kalorienaufnahme	Energiebedarf	Differenz
2 kg	40 g Fleisch 20 g Gemüse	78 + 4 = 82 kcal	160 kcal	− 78 kcal = 49 %
25 kg	500 g Fleisch 250 g Gemüse	975 + 50 = 1025 kcal	1060 kcal	− 35 kcal = 3 %
60 kg	1200 g Fleisch 600 g Gemüse	2340 + 120 = 2460 kcal	2050 kcal	+410 kcal = 20 %

weshalb zwischen frischen und kommerziellen Futtermittel unterschieden wird.

Frische Zutaten

Frische Futtermittel (Fleisch, Innereien, Eier, Milchprodukte, gekochte Kartoffeln, Gemüse etc.) haben die höchste Verdaulichkeit. Zur Berechnung des Energiegehalts gilt folgende Formel:

Energie (ME) (kcal) = 4 × g Eiweiß + 9 × g Fett + 4 × g Kohlenhydrate

Das ist übrigens dieselbe Formel mit der auch die Energiegehalte in unseren Lebensmitteln errechnet werden. Man nennt die Multiplikatoren Atwater-Faktoren.

Beispiel 1: 100 g Rindermuskelfleisch enthalten 22 g Eiweiß, 2 g Fett und keine Kohlenhydrate. Das macht 4 × 22 + 9 × 2 + 4 × 0 = 106 Kilokalorien.

Wenn Ihr Hund einen Energiebedarf von 1060 kcal hätte (25 kg Körpergewicht und normale Aktivität), dann bräuchte er am Tag ein Kilo Rindermuskelfleisch, um sein Gewicht zu halten. Das wäre äußerst einseitig, weshalb dies natürlich nur als Beispiel zum besseren Verständnis der Berechnung dient.

Kommerzielle Futtermittel

Da kommerzielle Futtermittel, also Dosen- und Trockenfutter sowie Kauartikel, allgemein ein wenig schwerer zu verdauen sind als frische Futtermittel, liefern sie etwas weniger Energie. Zur Berechnung gibt es generell zwei Herangehensweisen.

1. Modifizierte Atwater-Faktoren

Die *modifizierten* Atwater-Faktoren berücksichtigen die etwas schlechtere Verdaulichkeit verarbeiteter Futtermittel. Besonders geeignet finde ich diese Formeln zur Berechnung des Energiegehalts von Leckerli und wenn es mal schnell gehen soll.

Die Formel lautet dann:
Energie (ME) (kcal) = 3,5 × g Eiweiß + 8,5 × g Fett + 3,5 × g Kohlenhydrate

Beispiel 2: Ein Trockenfutter enthält 32 % Eiweiß, 13 % Fett und 36 % Kohlenhydrate (s. hierzu Fußnote). 100 g Futter enthalten also: 3,5 kcal × 32 g Eiweiß + 8,5 kcal × 13 g Fett + 3,5 kcal × 36 g Kohlenhydrate = 349 kcal.

Wenn Ihr Hund hiervon bisher beispielsweise 275 g am Tag bekommen hat, lag seine tägliche Kalorienaufnahme also bei 349 × 2,75 = 960 kcal. Hat er damit sein Gewicht gehalten und ist er idealgewichtig, entsprechen 960 kcal seinem *individuellen* Energiebedarf. Für einen 20 kg schweren Hund, der nebenbei noch ein paar Leckerlis erhält, wäre eine solche Tagesmenge absolut normal.

Für die Umstellung auf die Rohfütterung bedeutet das nun, dass Sie die Barfration so gestalten sollten, dass der Energiebedarf von 960 kcal am Tag gedeckt ist.

2. Weitere Schätzformeln

Tierernährung wäre keine Wissenschaft, wenn sich nicht viele Forscher damit befassen würden, wie man den Energiegehalt in Fertigfutter möglichst genau ausrechnen kann, ohne eine aufwendige und teure Analytik betreiben zu müssen. Es gibt es daher noch weitere Schätzformeln, die man korrekterweise für Fertigfutter verwenden müsste, da hierbei im Gegensatz zu den modifizierten Atwaterfaktoren auch der Ballaststoffanteil (= Rohfaser) berücksichtigt wird, welcher maßgeblich die Verdaulichkeit eines Futtermittels beeinflusst. Diese Herangehensweise ist zwar exakter, allerdings auch etwas umständlicher. Es wird hierbei in vier Schritte unterteilt:

1) Berechnung der Bruttoenergie (GE):
GE (kcal/100 g) = 5,7 × g Eiweiß + 9,4 × g Fett + (4,1 × [g Kohlenhydrate[1] + g Rohfaser])
2) Berechnung der Verdaulichkeit der Bruttoenergie (sV):
sV GE (%) = 91,2 – 1,43 × % Rohfaser (bezogen auf die Trockensubstanz[2])
3) Berechnung der verdaulichen Energie (DE):
DE (kcal/100 g) = GE × sV GE / 100
4) Berechnung der umsetzbaren Energie (ME):
ME (kcal/100 g) = DE – 1,04 × g Eiweiß

> **So geht's auch!**
> Wenn Sie nicht selbst rechnen möchten, finden Sie diese Formeln auf meiner Homepage www.napfcheck.de unter „Futtercheck" hinterlegt. Dort können Sie die Angaben zu den Rohnährstoffen, die Sie auf der Futterverpackung finden, eintragen. Das Programm berechnet Ihnen dann automatisch den Energiegehalt Ihres Futters.

---

1 Der Gehalt an Kohlenhydraten wird auf der Verpackung nicht angegeben. Diesen muss man folgendermaßen selbst berechnen:
Kohlenhydrate (%) = 100 – % Feuchte – % Eiweiß – % Fett – % Rohfaser – % Rohasche.
Bei Trockenfutter wird keine Feuchte angegeben. Rechnen Sie hier mit 10 %.
2 Auf der Verpackung ist der Rohfasergehalt in 100 g Futter angegeben. Sie müssen diesen mittels Dreisatz auf die Trockensubstanz umrechnen.

Beispiel 3: Laut Etikett enthält ein Trockenfutter:
Rohprotein: 23,5 %, Rohfett: 13,8 %, Rohfaser: 2,3 % und Rohasche: 4,3 %. Es ist kein Feuchtigkeitsgehalt angegeben, weshalb wir von 10 % ausgehen.

1a) Errechnung des Gehalts an Kohlenhydraten:
Kohlenhydrate = 100 − 10 − 23,5 − 13,8 − 2,3 − 4,3 = 46,1 %
1b) GE = 5,7 × 23,5 + 9,4 × 13,8 + (4,1 × [46,1 + 2,3]) = 462 kcal
2a) Umrechnung des Rohfasergehalts auf die Trockensubstanz.
In 100 g Futter sind 2,3 % Rohfaser enthalten. Das Futter hat 90 % Trockensubstanz. In 100 g Trockensubstanz sind folglich 100 × 2,3 / 90 = 2,6 % Rohfaser.
2b) sV GE = 91,2 − 1,43 × 2,6 = 87,5 %
3) DE = 462 × 87,5 / 100 = 404 kcal
4) ME = 404 − 1,04 × 23,5 = 380 kcal
100 g Trockenfutter enthalten somit 380 kcal.

Wenn Ihr Hund bisher am Tag 300 g Futter bekommen hat, nahm er gemäß der obigen Rechnung täglich 1140 kcal auf. Ist er damit idealgewichtig, entspricht das seinem individuellen Energiebedarf. Sie können diese Kalorienaufnahme dann als Grundlage für die Erstellung der Barfration verwenden.

Übrigens: Wenn Sie wissen wollen, wie aktiv Ihr Hund „wirklich" ist, vergleichen Sie die aktuelle Energieaufnahme mit dem durchschnittlichen Energiebedarf von 95 kcal/kg $KG^{0,75}$ am Tag. Braucht Ihr Hund mehr als der Durchschnitt, ist er einer von der aktiveren Sorte, braucht er weniger, haben Sie einen gemütlicheren Typ.

Wahl der Zutaten

Als nächstes entscheiden Sie, welche Zutaten Sie grundsätzlich verwenden möchten. Bevor Sie mit der Rationsberechnung loslegen, wägen Sie bitte folgende Punkte ab:

- Soll Ihr Hund Knochen bekommen und wenn ja wie oft?
- Möchten Sie ihm Innereien füttern und wenn ja, welche?
- Soll ihr Hund Kohlenhydrate erhalten?
- Welche Art bzw. wie viele Ergänzungspräparate wollen Sie verwenden?

Überlegen Sie sich außerdem, welche Fleischsorten Sie verwenden möchten, ob Sie gelegentlich Fisch geben wollen, wie viel Obst und Gemüse Ihr Hund am Tag erhalten soll und schlussendlich welche Ölsorten und welche weiteren Ergänzungen Sie noch für eine ausgewogene Ration brauchen.

Auf diese Weise haben Sie schon mal eine grobe Zutatenliste für die Rationsberechnung. Näheres zu den einzelnen Futtermitteleigenschaften und Ergänzungen entnehmen Sie bitte den Kapiteln Seite 57ff. und Seite 82ff.

Was ist mit Leckerlis?

Sofern nicht ein großer Anteil (> 20 %) der täglichen Ration aus Leckerlis besteht, brauchen Sie diese, also deren Nährstoffgehalte, bei der Rationsberechnung nicht zu berücksichtigen. Bedenken Sie aber, dass auch Leckerlis Kalorien enthalten. Als grober Richtwert gilt: 25 g getrocknetes Fleisch, 30 g Hundekekse oder 20–30 g Kauartikel enthalten in etwa 100 kcal. Sie müssen also nur die Kalorienaufnahme berücksichtigen.

Tagesplan oder Wochenplan?

Sie können die Fütterung für Ihren Hund entweder nach einem Tages- oder einem Wochenplan gestalten. Bei ersterem legen Sie für Ihren Hund eine bestimmte Tagesmenge an Fleisch, Gemüse, Knochen etc. fest, die Sie dann beliebig variieren können (wie auch in den Futterplänen in diesem Buch). Bei Wochenplänen hingegen erhält Ihr Hund bestimmte Futtermittel nur an bestimmten Tagen. Beides ist gleichermaßen gut.

Stimmt wirklich alles?

Wenn Sie den Futterplan für Ihren Hund fertiggestellt haben – oder vielleicht bereits einen Plan hatten – und prüfen wollen, ob dieser wirklich bedarfsgerecht ist, erstellen Sie eine Mischkalkulation. Bei Tagesplänen machen Sie eine Mischkalkulation der verschiedenen Futtersorten. Wenn Sie beispielsweise 500 g Fleisch am Tag füttern und Fleisch von Rind, Pferd, Pute und Huhn verwenden, nehmen Sie für jede Fleischsorte 125 g (× 4 = 500 g). Bei Wochenplänen rechnen Sie alle Futtermengen, die in der Woche gefüttert werden, auf die Tagesmenge um.

Beispiel 1
- 500 g Fleisch an 3,5 Tagen = 1750 g Fleisch insgesamt pro Woche = 1750/7 = 250 g am Tag
- 2 × pro Woche 500 g Pansen = 1000/7 = 143 g am Tag
- 1 × pro Woche 250 g Lunge = 250/7 = 36 g am Tag
- 1 × pro Woche 500 g Lachs = 500/7 = 72 g am Tag
- 1 TL Lebertran pro Woche = 5/7 = 0,7 g am Tag

Anschließend zählen Sie die einzelnen Nährstoffmengen zusammen und vergleichen diese mit dem jeweiligen täglichen Nährstoffbedarf Ihres Hundes.

Beispiel 2: Eiweißversorgung bei oben genannten Futtermengen und mit einem Hund von 18 kg:
250 g Fleisch, 143 g Pansen, 36 g Lunge und 72 g Lachs enthalten 50 + 29 + 5 + 14 g Eiweiß, also insgesamt 98 g Eiweiß.

Der Bedarf liegt bei 5,5 g pro $kg^{0,75}$, also hier bei 48 g am Tag.

Die Eiweißversorgung ist demnach ausreichend und liegt mit 98 g am Tag bei ungefähr dem Doppelten des Bedarfs.

Auf diese Weise verfahren Sie mit allen Nährstoffen. Sie können dies händisch und einzeln tun oder Sie nutzen den Computer (Excel) und berechnen und prüfen alles auf einmal. Wie Sie die Nährstoffversorgung beurteilen können, finden Sie am Ende dieses Kapitels (Seite 121).

Rationsberechnung mit Excel

Um Rationspläne zu erstellen, genügt ein Basiswissen über die Anwendung von Excel. Wenn Sie noch nie mit Excel oder einem vergleichbaren Programm gearbeitet haben, empfehle ich Ihnen, sich zuerst mit den Grundlagen vertraut zu machen. Anleitungen hierzu finden Sie im Internet. Neben Windows Excel gibt es auch kostenfreie Software (z. B. OpenOffice), die für eine Rationsberechnung allemal ausreicht.

Grundgerüst des Arbeitsblattes

Um die Futterpläne bedarfsgerecht gestalten zu können, müssen Sie zum einem den Nährstoffbedarf Ihres Hundes hinterlegen und zum anderen die Nährwerte der Futtermittel, die Ihr Hund bekommen soll, in das Datenblatt einpflegen. Später kommen dann die Formeln für die Rationsberechnung dazu.

Wie so ein fertiges Arbeitsblatt aussehen kann, zeigen die Abbildungen 13a und b. Zur besseren Orientierung ist das Arbeitsblatt einmal mit den hinterlegten Formeln (a) und einmal mit den dazugehörigen Ergebnissen (b) dargestellt.

Futtermittel und Nährstoffe anlegen

Um eine gute Übersicht zu erhalten, tragen Sie in die erste Spalte (Spalte A) die Futtermittel ein, die Ihr Hund bekommen soll. Die dazugehörigen Nährstoffgehalte tragen Sie später ein (s. nächster Schritt). Wenn Sie hinterher weitere Futtermittel hinzufügen möchten, geht das ganz einfach indem Sie weitere Zeilen in das Tabellenblatt einfügen.

Die Reihenfolge können Sie frei wählen. Ich fange am liebsten mit dem Fleisch an, gefolgt von Innereien, Knochen und Kohlenhydraten (sofern gefüttert), Gemüse, Obst, Ölen bzw. Fetten und schließe mit den Ergänzungen (z. B. Lebertran, Eierschalen oder ein Barfsupplement) ab. Darunter kommen dann später die Summe und der Bedarf Ihres Hundes.

Verwenden Sie die ersten drei Zeilen des Tabellenblattes (Zeilen 1 bis 3) als Kopfzeilen. Hier tragen Sie ein, auf was sich die Werte der Zeilen darunter beziehen und in welcher Einheit. In die erste Zeile (Zeile 1) kommt die Überschrift „Gehalte in der Ration", darunter notieren Sie Menge, Energiegehalt, Trockensubstanz sowie die einzelnen Nährstoffe (Zeile 2). Unter diese Angaben (Zeile 3) schreiben Sie jeweils die entsprechende Einheit.

Für mich hat sich folgende Reihenfolge der Eintragung bewährt:
- Menge (der Futtermittel) in Gramm (g) – Spalte B
- Energiegehalt ME in Kilokalorien (kcal) – Spalte C
- Trockensubstanz (TS) in Gramm – Spalte D
- Makronährstoffe – Spalten E, F, G usw.: Eiweiß (Rohprotein = Rp), Fett (Rohfett = Rfe), Kohlenhydrate (Stickstofffreie Extraktstoffe = NfE) und Ballaststoffe (Rohfaser = Rfa), alle jeweils in Gramm (g)
- Mineralstoffe: Calcium (Ca), Phosphor (P), Magnesium (Mg), Natrium (Na) und Kalium (K), alle jeweils in Milligramm (mg)
- Spurenelemente: Eisen (Fe), Kupfer (Cu), Zink (Zn), Mangan (Mn), alle jeweils in Milligramm, Jod in Mikrogramm (µg)
- Fettlösliche Vitamine: A und D in Internationalen Einheiten (IE) sowie E in Milligramm
- B-Vitamine: alle in Milligramm, bis auf B_{12} und Biotin, die in Mikrogramm angegeben werden
- Essenzielle Fettsäuren: Linolsäure und -α-Linolensäure, jeweils in Milligramm

> **Tipp**: Möchten Sie etwas füttern, das in diesem Buch nicht aufgeführt ist, finden Sie auf Seite 196 Informationen zu Nährwertdatenbanken. Falls Sie Innereien von Tierarten füttern möchten, die hier ebenfalls nicht gelistet sind, können Sie stellvertretend andere Daten verwenden (z. B. Rinderlunge für Pferdelunge), denn die tierartlichen Unterschiede sind nicht sehr groß.

Grundwerte eintragen

Tragen Sie irgendwo, wo Platz ist, z. B. unterhalb des „Bedarfs" in Spalte A das *Gewicht* Ihres Vierbeiners ein. Wichtig ist, dass Sie später immer das Idealgewicht eingeben, denn danach richtet sich der Bedarf. Im freien Feld darunter oder daneben geben Sie die Formel zur Berechnung des *metabolischen Körpergewichts* ein, d. h. Sie potenzieren das Gewicht Ihres Hundes mit 0,75 (Formel: =Gewicht^0,75; die ^-Taste finden Sie in der linken oberen Ecke der Tastatur). Sie können natürlich auch direkt das metabolische Körpergewicht Ihres Hundes eintragen.

Für die verschiedenen Futtermittel, die Sie in Spalte A bereits eingetragen haben, finden Sie die *Energie- und Nährwertgehalte* in den Futterwerttabellen im Anhang. Die dortigen Angaben beziehen sich immer auf 100 g. Legen Sie deshalb rechts neben der Grundtabelle eine weitere Tabelle an (Überschrift „Gehalte im Einzelfuttermittel"), in die Sie die Energie-, TS- (=100−Feuchte) und Nährstoffgehalte der jeweiligen Futtermittel, die Sie verwenden möchten, in g pro 100 g eintragen. Achten Sie darauf, dass Sie dabei dieselbe Reihenfolge einhalten wie in der vorderen Tabelle (Gehalte in der Ration).

Richtige Formeln eingeben

Es folgt der kniffligste Teil der Erstellung des Arbeitsblattes. Haben Sie diesen Schritt geschafft, können Sie die Tabelle ganz nach Belieben vervielfältigen und immer wieder als Grundlage verwenden.

> **Bei der Eingabe von Formeln müssen Sie folgende Regeln beachten:**
> 1. Jede Formel muss mit einem „=" beginnen.
> 2. Wenn Sie die Eingabe beenden wollen, tippen Sie die Enter- bzw. Return-Taste.
> 3. Die Rechenzeichen der Tastatur +, –, / und * können Sie wie vom Taschenrechner gewohnt in die Formeln einsetzen. Außerdem setzen Sie in die Formel die Koordinaten der Zellen ein, in denen die Werte stehen, mit denen Sie rechnen wollen.

Bedarfs- und Summenformeln eingeben

In die Zeile unter den Futtermitteln der vorderen Tabelle tragen Sie nun eine Zeile für die *Summe* der jeweiligen Nährstoffe ein, in der darunterliegenden Zeile kommen die *Bedarfswerte* Ihres Vierbeiners. Hierfür hinterlegen Sie Formeln in den jeweiligen Kästchen (ab Spalte B bzw. C).
Summe: Geben Sie die Koordinaten des ersten und des letzten Kästchens einer Spalte ein, die summiert werden sollen.

Beispiel: =SUMME(B4:B16)

Bedarfswerte: Geben Sie für den Energie- und Nährstoffbedarf den jeweiligen Bedarfswert multipliziert mit dem metabolischen Körpergewicht Ihres Hundes ein (s. Seite 41/42 und Tabelle 11 Seite 44). Ist Letzteres beispielsweise in Kästchen B12 hinterlegt, dann lautet die Formel: =Bedarfswert*B12. (s. Abbildung 13a Zeile 9).

Verknüpfung mit den Gehalten der Einzelfuttermittel

Im letzten Schritt speisen Sie die einzelnen Kästchen der vorderen Tabelle (Gehalte in der Ration) mit Formeln zur Verknüpfung der hinteren Tabelle (Gehalte im Einzelfuttermittel).

Dies betrifft alle freien Felder der vorderen Tabelle, abgesehen von der Spalte B, in die Sie später die Futtermengen für die Rationsberechnung eingeben.

Grundlegend lautet die Formel für alle Kästchen: Menge des Futtermittels (aus Spalte B) multipliziert mit dem jeweiligen Wert aus der hinteren Tabelle der Einzelfuttermittel geteilt durch 100 (z. B.: =B4*K4/100). Der erste Multiplikator (Menge des Futtermittels) ist also in jedem Kästchen identisch.

Im vorangehenden Abschnitt wurde erwähnt, dass die Spalten der hinteren Tabelle in ihrer Reihenfolge mit der vorderen Tabelle übereinstimmen sollen. An dieser Stelle zeigt sich der Vorteil: So müssen Sie nicht jedes Feld einzeln mit einer Formel versehen. Stattdessen genügt es, wenn Sie die Formel in der ersten Spalte des jeweiligen Futtermittels eintragen und vor den Wert, der bei allen Formeln dieser Zeile konstant bleiben soll (Menge), ein $-Zeichen setzen (s. Abbildung 13a). Haben Sie die Formel eingegeben und mit Enter bestätigt, bewegen Sie den Curser auf das kleine Kästchen rechts unten in der Zellenumrahmung, bis der Cursor von einem weißen breiten Kreuz zu einem schwarzen schmalen Kreuz wird.

Klicken Sie es an, halten Sie die (linke) Maustaste gedrückt und ziehen Sie die Markierung einfach nach rechts über die komplette Zeile, bis zum letzten Kästchen, das mit dieser Formel versehen werden soll. Das Programm greift für jedes markierte Kästchen automatisch auf den jeweils nächsten Wert in der Einzelfuttermitteltabelle zu (deshalb ist es so wichtig, dass dort die Reihenfolge der Nährstoffe genauso ist wie vorne). Durch das Dollarzeichen bleibt jedoch der erste Multiplikator gleich (er ist verankert und „rutscht" nicht automatisch weiter). Auf die gleiche Weise verfahren Sie anschließend beim Kopieren nach unten bis zur Zeile Summe.

Abb. 13a

	A	B	C	D	E		I	J	K	L	M	...	...
1		Gehalt in der Ration							Gehalt im Einzelfuttermittel (pro 100 g)				
2	Futtermittel	Menge	ME	TS	Rp	usw.	Ca	P	ME	TS	Rp	usw.	Ca	P
3		(g)	(kcal)	(g)	(g)	...	(mg)	(mg)	(kcal)	(g)	(g)	...	(mg)	(mg)
4	Rindfleisch, mager	250	=$B4*K4/100	=$B4*L4/100	....		....	....	130	27	20		4	165
5	Pansen, grün	100	=$B5*K5/100	....					128	28	20		120	130
6	Hühnerhälse	70	......	......	......		......	......	131	30	17		1726	1099
7	... usw.													
8	Summe	=SUMME(B4:B6)	...											
9	Bedarf		=95*B12		=5,5*B12		=130*B12	=100*B12						
10														
11	Gewicht (kg)	20,0												
12	Metabolisches KG	=B11^0,75												
13														
15	Ca-/P-Verhältnis	=I8/J8												
16	Proteingehalt (% TS)	=100/D8*E8												
17	Fettgehalt (% TS)	....												

Abb. 13a

Abb. 13b

	A	B	C	D	E		I	J	K	L	M	...	...
1		Gehalt in der Ration							Gehalt im Einzelfuttermittel (pro 100 g)				
2	Futtermittel	Menge	ME	TS	Rp	usw.	Ca	P	ME	TS	Rp	usw.	Ca	P
3		(g)	(kcal)	(g)	(g)	...	(mg)	(mg)	(kcal)	(g)	(g)	...	(mg)	(mg)
4	Rindfleisch, mager	250	325	67,5	50		10	412,5	130	27	20		4	165
5	Pansen, grün	100	128	28	20		120	130	128	28	20		120	130
6	Hühnerhälse	70	92	21	12		1208	769	131	30	17		1726	1099
7	... usw.													
8	Summe	420	545	117	82		1338	1312						
9	Bedarf		898		52		1229	946						
10														
11	Gewicht (kg)	20,0												
12	Metabolisches KG	9,46												
13														
15	Ca-/P-Verhältnis	1,0												
16	Proteingehalt (% TS)	63,5												
17	Fettgehalt (% TS)	....												

Abb. 13b

Tipp: Wenn Sie am Ende prüfen wollen, ob Sie alles richtig kopiert und eingegeben haben, geben Sie bei der Menge 100 ein. Wenn die nun berechneten Zahlen die gleichen sind wie die Gehalte bei den Einzelfuttermitteln, haben Sie alles richtig gemacht.

Kennzahlen der Ration

Wenn Sie Lust und Muße haben, können Sie sich noch eine paar sogenannte „Kennzahlen der Ration[1]" anlegen, z. B. das Calcium-Phosphor-Verhältnis, den Eiweißanteil, Fettanteil, Kohlenhydratanteil und den Anteil an Ballaststoffen. Die Anteile beziehen sich dabei immer auf die Trockenmasse und lassen sich mit einem einfachen Dreisatz berechnen.

Speichern, Loslegen und Kniffe

Zum Schluss: Vergessen Sie nicht, Ihre Datei zu speichern. Am besten machen Sie das gleich zu Beginn und sichern zwischendurch immer wieder. Dann kann nichts verlorengehen (oder zumindest nicht viel), auch wenn der Computer vielleicht einmal hängt oder gar abstürzt.

Laden und Sichern

Idealerweise legen Sie sich die erstellte Tabelle als Grunddatei an. Möchten Sie sie als Futterplan verwenden, rufen Sie sie auf und

---

[1] Futtermittel-Kennzahlen: Da jedes Futtermittel unterschiedlich viel Wasser enthält, muss zunächst die Trockensubstanz errechnet werden, indem der Wassergehalt im Futtermittel abgezogen wird. Ansonsten wäre ein Vergleich von Futtermitteln nicht möglich. Die Gehalte an Eiweiß, Kohlenhydraten, Fett und Ballaststoffen in der Gesamtration werden immer auf die Trockensubstanz bezogen und in Prozent der TS angegeben.

speichern Sie sie dann unter einem entsprechenden Namen (beispielsweise „Oskar Futterplan Sommer" oder „Ration Wochenende") erneut ab. Dann haben Sie immer ein leeres Dokument zur Verfügung, das Sie ganz frisch mit Mengenwerten versehen können, und müssen keinen bestehenden Futterplan verwenden.

Völlig entspannt Rationen erstellen
Sie können nun Mengenwerte in die Tabelle eintragen. Sobald Sie in der dafür vorgesehenen Spalte eine Grammzahl eingeben und mit Enter bestätigen, erscheinen die entsprechenden Werte der Nährstoffe automatisch (s. Abbildung 13b).

Durch die Bedarfswerte in der Zeile unterhalb der Summen sehen Sie direkt, ob die Ration den Bedürfnissen Ihres Vierbeiners entspricht. Nun können Sie ganz nach Lust und Laune ausprobieren und schauen, welche Zusammensetzungen stimmig sind.

Das hat Format
Arbeitsblätter einfügen: Jede neue Excel-Datei enthält zunächst ein Tabellenblatt (manche drei Tabellenblätter), das Sie auf eine beliebige Anzahl erweitern können. Entweder Sie gehen auf der Menüleiste auf die Option „Einfügen" oder Sie klicken unten neben dem Tabellenblatt auf das kleine Pluszeichen, um ein weiteres hinzuzufügen.

Dies ist praktisch, wenn Sie beispielsweise einen Wochenplan anlegen möchten. Die gesamten Formeln der ersten Tabelle können Sie markieren, indem Sie die Tastenkombination Strg + A drücken oder in das kleine Rahmenfeld links oben klicken. Kopieren Sie die ganze Tabelle einfach in das nächste Tabellenblatt. Durch Doppelklick auf die Tabellenblätter (unten) können Sie deren Namen ändern, etwa in Montag, Dienstag usw.

Fenster fixieren: Das Arbeitsblatt für die Rationsberechnung geht eigentlich immer über den Rand Ihres Bildschirms hinaus, zumindest nach rechts und je nach Anzahl der eingegeben Futtermittel auch nach unten. Damit Sie beim hin- und herscrollen nicht den Überblick verlieren, können Sie bestimmte Zeilen und/oder Spalten fixieren.

Je nach Excel-Version finden Sie die Option „Fenster fixieren" unter der Auswahl „Fenster" oder unter „Ansicht". Wenn Sie eine Zelle markieren und diese Option verwenden, werden sämtliche Zellen links und über dieser fixiert: Wenn Sie eine Fixierung aufheben möchten, geht das über dieselben Menüpunkte.

Zeilen und Spalten ein- und ausblenden: Ideal ist es, wenn Sie sich ein Grunddatenblatt anlegen, in dem Sie alle Futtermittel eintragen, die Ihr Hund in der Woche bekommt. Wenn Sie dann eine Tagesration erstellen möchten, für die Sie nur ein paar der Futtermittel aussuchen, können Sie die nicht verwendeten Futtermittel einfach aus- und bei Bedarf wieder einblenden. So bleibt alles schön übersichtlich.

Wichtig ist nur, dass bei der Menge des Futtermittels, welches Sie ausblenden, auch wirklich der Wert Null steht. Ansonsten wird der dort stehende Wert mit eingerechnet, obwohl man ihn nicht sieht. Um Zeilen auszublenden, markieren Sie diese am Rand und gehen über die rechte Maustaste auf die Option „ausblenden". Ausgeblendete Bereiche erkennen Sie daran, dass die Zahlen- oder Buchstabenreihe unterbrochen ist.

F2-Taste: Wenn Sie sich in einer Zelle befinden, in der eine mathematische Funktion eingegeben ist, und Sie die F2-Taste auf Ihrer Tastatur drücken, erscheint die entsprechende Formel und die dazu gehörigen Zellen werden markiert. Auf diese Weise sehen Sie auf einen Blick, auf welche Zellen sich die Formel bezieht. Dies ist sehr hilfreich, um sich zu vergewissern, dass man die richtigen

Zellen in seiner Formel berücksichtigt hat.

Tipps zur Rationsbeurteilung

Die Ration so zusammenzustellen, dass sie jeden Nährstoff in exakt bedarfsgerechten Mengen enthält, ist unmöglich – und zum Glück auch nicht nötig. Damit Sie einschätzen können, wann eine Über- oder Unterversorgung kritisch ist, finden Sie nachfolgend ein paar hilfreiche Tipps. Hilfreich zur Rationsbeurteilung sind auch die sogenannten Kennzahlen der Ration, also die Beurteilung der Anteile an Eiweiß, Kohlenhydraten, Fett, Ballaststoffen und das Calcium-Phosphor-Verhältnis.

Eiweiß

Bei fleischreichen Rationen werden Sie immer eine mehr oder weniger starke Eiweißüberversorgung haben. Bei gesunden Hunden mit normaler Verdauung macht dies nichts aus. Bei älteren Hunden hingegen, bestimmten Erkrankungen und bei Anzeichen einer Dysbiose, also bei Verdauungsproblemen mit starken Blähungen und übelriechendem Kot, sollte der Eiweißgehalt nicht zu sehr über dem Bedarf liegen und weniger als 45 % der Gesamtration ausmachen (bezogen auf die Trockensubstanz, s. Kennzahlen der Ration Seite 119). In diesen Fällen ist eine Ergänzung mit kohlenhydratreichen Futtermittel wie Kartoffeln oder Reis zu empfehlen.

Kohlenhydrate

Der Kohlenhydratanteil im Futter sollte *immer* mindestens 10 %, besser 20 % der Trockensubstanz betragen, um Probleme zu vermeiden (s. Seite 92). Das wäre immer noch vergleichsweise niedrig, denn Hunde vertragen bis zu 55 % ohne Weiteres. Erfahrungsgemäß ist das bei den meisten Barfrationen gegeben, auch wenn stärkereiche Futtermittel eher vermieden werden. Der Grund ist, dass meist zusätzlich stärkereiche Leckerlis (z. B. Hundekekse oder etwas Trockenfutter) gegeben werden. Außerdem enthalten auch Obst und Gemüse auch gewisse Mengen Zucker.

Fettgehalt und essenzielle Fettsäuren

Der Fettgehalt in der Gesamtration sollte dauerhaft möglichst nicht über 30 % liegen (bezogen auf die Trockensubstanz), um die Bauchspeicheldrüse nicht zu stark zu belasten (s. auch Seite 98). Bei manchen Erkrankungen ist ein hoher oder niedriger Fettgehalt günstig (s. Seite 124ff.).

Wenn Sie ein linolsäurereiches Öl verwenden, reichen geringe Mengen aus, um den Bedarf Ihres Hundes zu decken. Auch fettes Fleisch enthält viel Linolsäure, sodass ein Mangel meist nur bei fettarmen Rationen in Kombinationen mit linolsäurearmen Ölen (Lein-, Oliven, Kokos- und Fischöl) vorkommt. Da diese Öle im Moment sehr im Trend liegen, sehe ich dieses Phänomen relativ häufig in meiner Praxis.

Ballaststoffe

Ein Ballaststoffgehalt von 2–5 % der Trockenmasse reicht für eine gesunde Darmfunktion aus. Wenn Ihr Hund zu weichem Stuhl neigt, füttern Sie eher etwas mehr. Besonders gut eignet sich dann auch Futterzellulose (s. Seite 134/135).

Für Hunde, die Abnehmen sollen, sind Gehalte über 10 % zu empfehlen.

Calcium und Phosphor

Normalerweise sollte die tatsächliche Calcium- und Phosphorversorgung nicht mehr als das Doppelte des Bedarfs betragen. Bei Knochenfütterung ist dies kaum zu erreichen, da Knochen sehr calciumreich sind und die Versorgung dadurch meist um ein Vielfaches über dem Bedarf liegt. Inwieweit sich eine starke Calciumüberversorgung langfristig negativ auf die Gesundheit auswirkt, lässt sich schwer einschätzen. Bekannt ist, dass eine hohe Calciumaufnahme die Verfügbarkeit der Spurenelemente erniedrigt und sekundär zu einem Mangel führen kann. Auch die Gefahr für bestimmte Harnsteine ist erhöht, wobei hier noch weitere Faktoren zum Tragen kommen.

Berücksichtigen muss man auch die Verarbeitung der Calciumquelle, denn die tatsächliche Calciumabsorption hängt u. a. davon ab, wie fein zerkleinert das Calcium vorliegt. Bei gewolften Knochen, Eierschalen oder Knochenmehl (und kommerziellen Futtermitteln) ist die Aufnahme höher als bei der Verfütterung ganzer Knochen. Man erkennt dann beispielsweise am Kot, dass ein Teil der Knochen wieder ausgeschieden wird.

Ich rate Ihnen bei der Verfütterung von gewolften Knochen, Eierschalen oder Knochenmehl das Doppelte der Calciumversorgung nicht dauerhaft zu überschreiten. Zudem empfehle ich gerne fleischige Knochen wie Hühnerhälse, da diese calciumärmer sind. Sollte Ihr Hund Probleme beim Kotabsatz haben, ist dies ein Indiz dafür, dass die Knochenmenge zu hoch ist.

Das Calcium-Phosphor-Verhältnis sollte zwischen 1:1 und 2:1 liegen, ideal ist 1,3–1,4:1.

Magnesium, Natrium und Kalium

Die Versorgung mit Magnesium und Natrium kann manchmal knapp sein. Um einzuschätzen, ob eine Ergänzung zwingend erforderlich wäre (empfehlen würde ich es immer) können Sie sich am Minimalbedarf orientieren, welcher in jedem Fall nicht unterschritten werden sollte. Dieser liegt nach den NRCs für Magnesium bei 5,91 mg/kg^{0,75} KG und für Natrium bei 9,85 mg/kg^{0,75} KG. Natrium lässt sich sehr leicht über Salz ergänzen, Magnesium z. B. über Dolomit (das aber auch Calcium enthält) oder ein passendes Supplement.

Ein Minimalbedarf für Kalium ist nicht vorgegeben. Bei einer knappen Kaliumversorgung orientiere ich mich daher gerne an der Empfehlung von Meyer und Zentek. Diese geben einen absoluten täglichen Minimalbedarf von 6–10 mg/kg KG und eine optimale Versorgung von 55 mg/kg KG an. Solche Fälle sind aber die Ausnahme, da die Kaliumversorgung fast immer ausreichend ist. Besonders viel Kalium enthalten Kartoffeln. Wenn diese in der Ration enthalten sind, liegt die Kaliumversorgung meist weit über dem Bedarf. Dies ist unproblematisch und braucht Sie nicht zu beunruhigen. Einzig bei bestimmten Harnsteinen ist eine zu kaliumreiche sowie magnesiumreiche Ration ungünstig, weil sich dies alkalisierend auf den Harn-pH-Wert auswirkt und die Bildung von Struvit begünstigen kann.

Eisen

Der Eisenbedarf ist normalerweise bei fleischreichen Rationen gedeckt, eine Überversorgung unbedenklich. Bei überwiegender Geflügelfütterung kann die Versorgung knapp werden. In diesem Fall empfehle ich eine Ergänzung über ein passendes Barfsupplement oder über Blutmehl. Sie können auch Heilerde verwenden, wobei die Verfügbarkeit des Eisens schwer einschätzbar ist und vermutlich eher schlecht ist.

Kupfer, Zink, Mangan

Die Kupfer-, Zink- und/oder Manganversorgung ist meist unzureichend. Da es keine Berichte über einzelne Mangelerscheinung durch Mangan gibt, ist eine geringe Unterversorgung am ehesten zu tolerieren. Anders ist dies bei Kupfer und Zink. Beide Spurenelemente sind wichtig für die Haut- und Fellgesundheit, Zink zudem für das Immunsystem. Mangelerscheinungen bei gebarften Hunden sind keine Seltenheit, daher verzichte ich ungern auf diese Nährstoffe und empfehle immer eine Ergänzung.

Für ältere Hunde und chronisch kranke Tiere kann die Zinkversorgung darüber hinaus auf 2 mg/kg KG angehoben werden. Dies geht am besten über Monopräparate (z. B. aus der Apotheke).

Jod
Die Jodaufnahme sollte möglichst bedarfsdeckend sein und (im Durchschnitt) nicht mehr als höchstens das Dreifache betragen. Eine Jodunterversorgung sollte ebenfalls vermieden werden, um Schilddrüsenproblemen vorzubeugen (s. Seite 35).

Eine gleichmäßige Jodversorgung ist zwar empfehlenswert, aber nicht zwingend erforderlich. Es reicht aus, wenn Sie ein- oder zweimal wöchentlich einen jodreichen Fisch füttern. Dessen Jodgehalt muss dann aber so hoch sein, dass der Gesamtbedarf pro Woche gedeckt ist. Wenn Sie Seealgenmehl verwenden, befürworte ich eine ein- bis zweitägliche Gabe.

Vitamin A und D
Die Vitamin-A- und -D-Versorgung sollte dauerhaft das Zehnfache des Bedarfs nicht überschreiten, denn beide Vitamine sind in hohen Dosen toxisch.

Eine wöchentliche Vitamin-A- und D-Gabe reicht vollkommen aus, da beide Vitamine im Körper gespeichert werden. Eine tägliche bedarfsgerechte Zufuhr ist demnach nicht notwendig.

Wenn Sie keine Leber oder Lebertran füttern, ist die Vitamin-A-Versorgung meist unzureichend. Hier gilt es zu berücksichtigen, dass der Hund aus der in Gemüse enthalten Vorstufe Betacarotin Vitamin A aufbauen kann und zwar pro Milligramm Betacarotin 500 IE Vitamin A. Die Betacarotingehalte verschiedener Gemüsesorten finden Sie in der Tabelle auf Seite 174.

Vitamin E
Im Gegensatz zu Vitamin A und D gibt es bei Vitamin E keine Berichte über eine toxische Wirkung. Da Vitamin E ein wichtiges Antioxidans ist, bin ich hierbei meistens etwas großzügiger. Vor allem bei älteren und kranken Hunden darf es etwas mehr sein, 2 mg/kg KG sind täglich zu empfehlen.

B-Vitamine
Die Vitamin-B-Versorgung ist immer etwas schwierig zu beurteilen. B-Vitamine sind empfindlich gegenüber Umwelteinflüssen und Hitze – sie gehen von allen Vitaminen am schnellsten verloren (besonders Vitamin B_1). Bei überlagertem oder zerkochtem Gemüse sind die Gehalte ebenfalls geringer. Andererseits synthetisiert die Darmflora B-Vitamine, in welchen Mengen diese aber genau vom Hund aufgenommen werden, ist schwer einschätzbar.

B-Vitamine sind an vielen Stoffwechselprozessen beteiligt. Daher gehe ich persönlich gerne auf Nummer sicher und verwende ein Barfsupplement, welches B-Vitamine enthält oder nehme Bierhefe bzw. einen B-Komplex. Ob Sie das auch so handhaben möchten, bleibt ganz Ihnen überlassen.

Barfen bei Erkrankungen

Lass die Nahrung deine Medizin sein.
                Hippokrates 460–377 v. Chr.

Eine ganze Reihe von Erkrankungen können durch eine spezielle Ernährung positiv beeinflusst werden. Eine solche „Diät" trägt dabei nicht nur zur Verbesserung der Lebensqualität Ihres Hundes bei, sondern kann zuweilen auch seine Lebenserwartung verlängern. In diesem Kapitel finden Sie eine Zusammenfassung der wichtigsten Diätprinzipien (s. Tabelle 37).

Spezielle Diäten haben zum Zweck, den Körper entweder durch das Reduzieren bestimmter Nährstoffe zu entlasten oder durch eine erhöhte Zufuhr gezielt zu fördern. Meistens sollte die gesamte Fütterung angepasst werden, seltener reicht es, nur bestimmte Futterzusätze zu geben.

In jedem Fall rate ich Ihnen, sich bei einer Erkrankung Ihres Hundes zusätzlich von einem Ernährungsexperten (idealerweise einem spezialisierten Tierarzt) beraten zu lassen. Bei „Ernährungsberatern" von Firmen oder allgemein Nicht-Tierärzten, zögern Sie bitte nicht, sich nach deren Qualifikation und Erfahrung zu erkundigen. Oft handelt es sich hierbei um besser geschultes Personal oder auch „selbst ernannte" Ernährungsberater, welches sich mehr mit den Produkten als mit den speziellen Nährstoffbedürfnissen bei Erkrankungen auskennt. (Tier-)Ernährungsberater ist leider kein geschützter Beruf. Jeder, der will und möchte, kann sich so nennen und sogar andere ausbilden, ohne eine entsprechende Qualifikation hierfür nachweisen zu müssen.

Allgemeine Vor- und Nachteile

Der große Vorteil beim Barfen in Hinblick auf Erkrankungen ist, dass Sie die Futtermittel individuell und gezielt je nach Erkrankung(en) auswählen können. Außerdem schmeckt das Futter den Hunden meist besser als kommerzielle Diätfuttermittel. Darüber hinaus können Sie Ihrem Hund etwas Abwechslung bieten. Allerdings ist nicht jede diätetische Richtlinie mit der klassischen Rohfütterung, respektive einer eiweißreichen und kohlenhydratarmen Ernährung, vereinbar (s. Tabelle 38). Es sollte sich von selbst verstehen, dass man gerade bei kranken Tieren auf eine einwandfreie Futterhygiene achten sollte.

Kommerzielles Futter in der Kritik

Eine Menge Leute sind der Meinung, kommerzielle Futtermittel seien die Ursache vieler Erkrankungen und dass ein Tier nur durch Barfen gesund gehalten werden könne. Manch einer geht sogar so weit zu behaupten, ein Hund, der rohes Futter nicht vertrage, sei durch das vorherig gefütterte Trockenfutter bereits so „kaputt", dass er natürliche Nährstoffe gar nicht mehr verwerten kann. Bitte glauben Sie dies nicht! In Deutschland füttern immerhin über 80 % der Hundebesitzer kommerzielles Fertigfutter, entweder allein oder in Kombination mit frischen Komponenten. Trotzdem erfreuen sich die meisten Hunde bester Gesundheit und erreichen ein hohes Alter.

Wünschenswert fände ich, wenn mehr Toleranz gegeben wäre. Barfen ist wie die

Tab. 37 Übersicht über die wichtigsten Diätmaßnahmen bei verschiedenen Erkrankungen

Allergie	• Eliminationsdiät = Vermeidung der allergieauslösenden Futterkomponente(n)
Nierenerkrankung	• Reduzierter Phosphorgehalt • Reduzierter Eiweißgehalt • Hochverdauliche Futtermittel
Lebererkrankung	• Hochverdauliche Eiweißquellen • Bedarfgerechte Eiweißversorgung • Geringer Kupfergehalt • Bedarfsgerechter Vitamin A-Gehalt • Evtl. erhöhte Zinkzufuhr • Evtl. Ansäuerung des Darmbreis durch fermentierbare Fasern oder Laktulose zur Ammoniakreduzierung
Herzerkrankungen	• Wenig Natrium (Salz) • Reichlich Kalium • Evtl. Taurin und/oder Carnitin ergänzen

Harnsteine	• Flüssigkeitsaufnahme erhöhen
	• Steinbildende Komponenten im Futter reduzieren
	  – Struvit: Eiweiß und Phosphor (Fleisch), Magnesium (Knochen)
	  – Calciumoxalat: Calcium (Knochen), Oxalate (Gemüse, Innereien)
	  – Harnsäure/Urat: Eiweiß (Fleisch), Purine (Innereien, Bierhefe)
	• Modifizierung des Urin-pHs

Magen-Darm-Erkrankungen	• Verwendung hochverdaulicher Futterkomponenten • Niedriger Fettgehalt • Einsatz von diätetischen Fasern
Übergewicht	• Reduzierung der Kalorienzufuhr • Ergänzung mit Ballaststoffen • Zu niedrige Eiweißzufuhr vermeiden • Evtl. L-Carnitin ergänzen
Diabetes mellitus	• Limitierter Kohlenhydratgehalt • Kein Zucker (schnell verfügbare Kohlenhydrate) • Keine halbfeuchten Futtermittel • Evtl. Guar ergänzen
Pankreasinsuffizienz	• Hochverdauliche Futtermittel • Zusatz von Pankreasenzymen • Evtl. extrakorporale Vorverdauung
Pankreatitis	• Fettreduktion • Evtl. Eiweißreduktion

kommerzielle Fütterung eine *Möglichkeit*, seinen Hund zu ernähren. Beides hat seine Vor- und Nachteile, bei beidem kann man Fehler machen, und jeder muss für sich selbst entscheiden, was er für das Beste für seinen Vierbeiner hält. Es ist sicher keinem geholfen, wenn die Fütterung unserer Hunde zu einem „Glaubenskrieg" ausartet.

Tab. 38 Wichtigkeit der Ernährung und Eignung klassischer Barfrationen* bei verschiedenen Erkrankungen

Erkrankung	Wichtigkeit der Ernährung	Eignung klassischer Barfrationen	Begründung
Chronische Nierenerkrankung	+++	Nein	Zu eiweiß- und phosphorreich
Lebererkrankungen	+++	Nein	Zu eiweißreich, ggf. mindere Proteinqualität
Futtermittelallergien	+++	Ja	Individuelle Zutatenwahl
Harnsteine	++/+++	Nein	Je nach Steinart zu viel Calcium, Phosphor, Eiweiß, Magnesium, Oxalate (Gemüse), Purine (Innereien, Bierhefe)
Unterfunktion der Bauchspeicheldrüse	++	Bedingt	Kohlenhydrate empfehlenswert, Knochen eher nachteilig
Entzündung der Bauchspeicheldrüse	++/+++	Nein	Hygiene, zu fett- und eiweißreich
Magen-Darm-Erkrankungen	++	Bedingt	Hygiene
Übergewicht	+++	Ja	Eiweißreiche Ration vorteilhaft
Krebs	++	Ja	I.d.R. kohlenhydratarm
Diabetes mellitus	+	Bedingt	Meist variierende Rationszusammensetzung
Herzerkrankung	+	Bedingt	Eiweißreiche Ration nachteilig

* klassisch bedeutet: Rationen basierend auf fleischigen Knochen, Fleisch und Organen, ergänzt mit Öl, Obst und Gemüse; keine Kohlenhydrate.

Chronische Nierenerkrankung

Ein chronisches Nierenleiden ist ein fortschreitender Prozess, der sich leider nicht aufhalten lässt. Die Nieren können viel kompensieren, daher treten Veränderungen in den Laborwerten erst auf, wenn bereits 70 % der Nierenkörperchen zerstört sind. Oft merkt man daher lange Zeit nichts von diesem Leiden, allenfalls dass der Hund etwas mehr trinkt.

Eine Nierenerkrankung erfordert eine eiweiß- und v. a. phosphorreduzierte Ration. Eine Reduktion der Phosphorversorgung kann maßgeblich eine weitere Schädigung der Nieren durch Kalkablagerungen in den Nierenkörperchen verzögern und ist deshalb ganz besonders wichtig. Weniger Eiweiß zu füttern ist bedeutsam, da Eiweiß zu Harnstoff abgebaut und über die Nieren ausgeschieden wird. Es sollte also gerade so viel aufgenommen werden, wie Ihr Hund zur Erhaltung der Körpersubstanz und Körperfunktionen braucht. Jedes Zuviel belastet die Nie-

> **Tipp:** Lassen Sie einmal jährlich eine Blutuntersuchung machen, um mögliche Erkrankungen frühzeitig zu erkennen. Je älter Ihr Hund ist, umso wichtiger ist die Vorsorge.

Tab. 39 Menge sowie Eiweiß- und Phosphorgehalte verschiedener tierischer Futtermittel je 100 kcal

Futtermittel	Menge (g)	Eiweiß (g)	Phosphor (mg)
Mageres Rindfleisch	90	20	170
Hackfleisch	45	10	85
Rinderkopffleisch	35	6	55
Seelachs	115	20	430
Thunfisch	45	10	90
Magerquark	135	18	215
Quark, Halbfettstufe	95	11	160
Sahnequark	70	8	130

ren. Der Grad der Eiweißversorgung richtet sich immer nach dem Schweregrad der Nierenerkrankung. Darüber hinaus sollte das Eiweiß hochverdaulich sein.

Ohne Nierendiät geht es den Tieren deutlich schlechter und die Lebenszeit verkürzt sich zusätzlich. Wenn Harnstoff nicht mehr richtig ausgeschieden werden kann und vermehrt im Blut zirkuliert, ist den Tieren zudem schlecht und sie fressen nicht gerne. Auch die Schleimhäute werden angegriffen – das führt vielfach zu Erbrechen und Durchfall. Häufig assoziieren die Tiere das Futter dann mit der Übelkeit und lehnen es ganz ab. Daher ist es wichtig, die Nieren durch eine entsprechende Diät zu entlasten und so das Fortschreiten der Erkrankung zu verzögern. Eine Nierendiät ist somit fester Bestandteil der Therapie und muss auch lebenslang gefüttert werden.

Magere Futtermittel enthalten viel Eiweiß und Phosphor (s. Tabelle 39) und sind nur geeignet, wenn entsprechend viel Fett ergänzt wird. Am besten wählt man gleich fettige Komponenten wie Hackfleisch, Kopffleisch, Huhn mit Haut, Schweinebauch (gegart), Thunfisch, Lachs oder Sahnequark und kombiniert diese mit stärkereichen Futtermitteln, Öl und frischem Gemüse oder Obst. Das Calcium-Phosphor-Verhältnis darf am oberen Bereich liegen. Außerdem sollte das Futter viele B-Vitamine (doppelt bis dreifach über dem Bedarf) und etwas mehr Eisen sowie Vitamin D enthalten.

Harnsteine

Damit sich Harnsteine bilden, müssen mehrere ungünstige Faktoren zusammentreffen. Eine Rolle dabei spielen Ernährung, Rasse, genetische Faktoren, Stoffwechselanomalien oder -erkrankungen, der pH-Wert im Harn sowie Infektionen des Harnapparats. Der Schweregrad der Symptomatik unterscheidet sich je nach Größe, Anzahl und Lokalisation der Harnsteine. Männliche Tiere haben häufiger Probleme als weibliche Tiere. Außerdem sind kleine Rassen öfter betroffen, da sie ein geringeres Harnvolumen und eine kleinere Harnröhre haben.

Am häufigsten kommen Struvitsteine vor, an zweiter Stelle stehen Calciumoxalatsteine. Einige Steine können mithilfe der Ernährung aufgelöst, andere können nur operativ entfernt werden (s. Tabelle 40). Da Harnsteine häufig wiederkehren, sollte immer eine passende Diät zur Vorbeuge angewendet werden.

> **Merke:** Das Futter für einen Nierenpatienten muss fett- und kohlenhydratreich sein. Knochen und bindegewebsreiche Schlachtabfälle sollten nicht gefüttert werden. Fleisch nur in Maßen.

> **Merke:** Wichtig für eine erfolgreiche Diät ist die Kenntnis der vorliegenden Steinart. Eine Harnsteindiät sollte niemals auf Verdacht begonnen werden.

Allgemeine Diätprinzipien

Die allgemeinen Prinzipien umfassen im Wesentlichen drei Punkte:

1. **Erhöhung der Flüssigkeitsaufnahme:** Dies ist die wichtigste und zugleich einfachste Maßnahme. Das Harnvolumen wird so vergrößert und der Harnabsatz gesteigert. Der Urin wird sozusagen verdünnt, Kristalle können leichter ausgeschieden werden.
2. **Anpassung der Nährstoffversorgung:** Je nach Steinart sollten bestimmte Nährstoffe nicht über den Bedarf hinaus im Futter enthalten sein, damit diese gar nicht erst in der Blase landen.
3. **Einstellung des Urin-pH-Wertes:** Harnsteine bilden oder lösen sich nur bei einem bestimmten pH-Wert. Die Einstellung sollte über die Futterzusammensetzung erfolgen. Reicht das nicht aus, können alkalisierende oder säuernde Zusätze gefüttert werden.

Achtung: Wenn sich Harnsteine auflösen und kleiner werden, können sie in der Harnröhre stecken bleiben. Achten Sie daher immer darauf, ob Ihr Hund noch Harn absetzen kann. Ist dies nicht der Fall, gehen Sie sofort zum Tierarzt!

Struvitsteine

Struvitsteine bestehen aus Magnesium-Ammonium-Phosphat und werden auch Tripelphosphate genannt. Sie bilden sich im alkalischen und lösen sich im sauren Bereich. Beim Hund treten Struvitsteine in zwei Dritteln der Fälle in Zusammenhang mit einer Blasenentzündung auf. Eine antibiotische Begleittherapie ist daher häufig erforderlich.

Zur Prophylaxe sollte das Futter keine überhöhten Mengen an Eiweiß, Phosphor und Magnesium enthalten. Der Fleischanteil des Futters darf daher nicht zu hoch sein, Knochenfütterung eignet sich nicht.

pH-Wert selber messen
Sie können den pH-Wert im Urin ganz leicht mit handelsüblichen Teststreifen aus der Apotheke selbst messen. Für ein aussagekräftiges Ergebnis sollte Ihr Hund dafür nüchtern sein oder die letzte Futteraufnahme mindestens vier Stunden zurückliegen. Am besten messen Sie einmal morgens vor dem Füttern und ein weiteres Mal im Laufe des Tages. Ist der pH-Wert richtig eingestellt, brauchen Sie nur noch sporadisch zu kontrollieren.

Außerdem sollten Sie die Ration auf möglichst wenige Mahlzeiten (1–2/Tag) aufteilen, da nach jeder Futteraufnahme der Harn-pH-Wert kompensatorisch zur Magensaftproduktion ansteigt – dies ist bei Struvitsteinen ungünstig. Kartoffeln und Bananen wirken alkalisierend und eignen sich daher nicht.

Mythos: Mit Vitamin C lässt sich der Urin ansäuern
Fakt ist, dass sich durch Vitamin C (= Ascorbinsäure) der pH-Wert im Urin nicht verändern lässt. Dies wurde in einer umfassenden Studie (Maiwald, 1994) gezeigt. Bei Calciumoxalatsteinen ist eine Vitamin-C-Gabe sogar kontraproduktiv, da dadurch die Oxalatausscheidung in den Urin gefördert wird. Einzig bei den äußerst seltenen Cystinsteinen sollte Vitamin C gegeben werden. In diesem Fall aber nicht, um den pH-Wert zu beeinflussen, sondern um die Löslichkeit zu verbessern.

Calciumoxalatsteine

Calciumoxalate können nicht aufgelöst werden. Diätetische Maßnahmen dienen daher überwiegend der Vorbeugung. Hauptrisikofaktor ist eine zu hohe Calciumzufuhr, z. B. bei der Fütterung von Knochen. Auch sollten Futtermittel mit hohen Oxalsäuregehalten

Tab. 40 Übersicht über die drei häufigsten Steinarten beim Hund

Steinart	Auflösbar?	Diätprinzip	Urin-pH
Struvit (Magnesium-Ammonium-Phosphat)	ja	• Eiweiß, Magnesium und Phosphor bedarfsdeckend • Möglichst wenig Mahlzeiten (max. 2)	Auflösung: 6,2–6,5 Prophylaxe: 6,5–6,8
Calciumoxalat	nein	• Calcium und Vitamin D bedarfsdeckend • Wenig Gemüse, wenig Innereien • Kein extra Vitamin C oder Natrium (Salz)	7,0–7,3
Harnsäure/Urat	ja	• Eiweiß bedarfsdeckend • Purinarme Futtermittel verwenden (ideal sind Eier und Milchprodukte; keine Innereien und Bierhefe)	6,5–7,2

vermieden werden. Hierzu gehören v. a. dunkles Blattgemüse (Spinat, Mangold), Rote Bete und Weizenkleie. Da Oxalsäure auch im Stoffwechsel beim Abbau der Aminosäure Glycin entsteht, sind glycinreiche Futtermittel ebenfalls zu vermeiden – auch als Leckerli. Hierzu gehören alle bindegewebsreichen Futtermittel. Erhöhte Gaben von Vitamin C (Hagebuttenpulver) oder Natrium (Salz) sind kontraproduktiv, da dadurch die Oxalat- bzw. Calciumausscheidung zusätzlich gefördert wird.

Uratsteine

Uratsteine (Harnsäuresteine) treten häufig bei Dalmatinern und Tieren mit einer Blutgefäßanomalie in der Leber auf (portosystemischer Shunt). Ursache sind erhöhte Harnsäuregehalte im Urin, die bei Dalmatinern rassebedingt auftreten können. Eine hohe Eiweißaufnahme und eine purinreiche Ernährung begünstigen die Bildung von Uratsteinen. Allzu fleischreiche Rationen und zellkernreiche Futtermittel (Innereien, Zunge, Sardinen, Bierhefe) sollten daher vermieden werden. Ideal sind Rationen auf der Basis von Eiern und Milchprodukten, gemischt mit Muskelfleisch. Als begleitende Therapie wird häufig Allopurinol® verschrieben, das auch zur Therapie von Leishmaniose eingesetzt wird.

Tipp: Sollte Ihr Hund Leishmaniose haben und Allopurinol® bekommen, achten Sie bitte auf eine purinarme Ernährung. Verzichten Sie vor allem auf Innereien und Bierhefe.

Lebererkrankungen

Ursachen und Ausprägungen von Lebererkrankungen sind vielfältig. Die Diät richtet sich immer nach den individuellen Symptomen. Ziel ist dabei stets, die Leber so wenig wie möglich durch Abbauprodukte aus der Nahrung zu belasten. Die Eiweißversorgung hat hier eine zentrale Rolle und wird in Abhängigkeit der Laborparameter bemessen. In den meisten Fällen sollte die Versorgung den Bedarf nicht überschreiten. Da Eiweiß nicht im Körper gespeichert wird, muss überschüssig aufgenommenes Eiweiß abgebaut werden. Ammoniak ist ein Abbauprodukt aus dem Eiweißstoffwechsel, welches per se giftig ist. In der Leber wird es in (ungiftigen) Harnstoff umgewandelt, welcher wiederum über die Nieren mit dem Urin ausgeschieden wird. Je weniger der Körper „entsorgen" muss, desto besser ist es daher für die Leber (und die Nieren).

Der zweite wichtige Punkt ist die Eiweißqualität. Achten Sie unbedingt darauf, nur Proteine mit einer hohen Verdaulichkeit im Dünndarm zu füttern, um einen mikrobiellen Proteinabbau im Dickdarm zu vermeiden (s. Seite 25/26). Eine Mischung aus Fleisch und Milchprodukten ist ideal, kombiniert mit stärkereichen Futtermitteln und Fett. Vermeiden sollten Sie Eier, da diese schwefelhaltig sind; maximal 10 % der Tagesration wären tolerierbar.

Merke: Bindegewebsreiche Futtermittel (Innereien) und getrocknetes Fleisch sind als Futterkomponenten und Belohnungen für leberkranke Tiere ungeeignet.

Der Gehalt an Vitamin A und Kupfer im Futter sollte nicht zu hoch sein, da beides in der Leber gespeichert wird. Leberpatienten dürfen daher keine Leber bekommen. Vitamin E und B-Vitamine dürfen reichlich enthalten sein (das zwei- bis dreifache des Bedarfs), zudem ist eine Extraportion Vitamin C bei degenerativen Lebererkrankungen zu empfehlen, da die Eigensynthese eingeschränkt sein kann (20–100 mg/kg KG/Tag).

Entlastung der Leber durch Ansäuerung des Darminhalts

Beim Eiweißabbau im Dickdarm entsteht Ammoniak, der von der Leber entgiftet werden muss. Wenn der pH-Wert im Darm jedoch unter 6,5 sinkt, wird Ammoniak (NH_3) in Ammonium (NH_4^+) überführt, welches wiederum nicht ins Blut aufgenommen, sondern mit dem Kot ausgeschieden wird.

Durch die Gabe von Laktulose kann der pH-Wert im Darm gesenkt werden, da sie von den Darmbakterien zu kurzkettigen Fettsäuren abgebaut wird. Dadurch wird weniger Ammoniak aufgenommen und die Leber entlastet.

Laktulose sollte unbedingt bei schweren Lebererkrankungen und Gefäßanomalien (Shunt) eingesetzt werden, die mit neurologischen Symptomen einhergehen. Alternativ eignen sich Pektin oder einfacher Milchzucker (Laktose).

Dosierung:
- Laktulose und Pektin bis 1 g/kg KG/Tag
- Laktose bis 2 g/kg KG/Tag
- Um den pH-Wert im Darm zu prüfen, messen Sie einfach den pH-Wert von Kot mit handelsüblichem pH-Papier (aus der Apotheke).

Leberschutzpräparate (Hepatoprotektiva)

Mariendistel (*Silybum marianum*) wirkt als Antioxidans sowie Radikalfänger und schützt gegen hepatotoxische Substanzen. Außerdem ist es entzündungshemmend und beschleunigt die Leberzellregeneration. Eine Wirksamkeit ist sowohl beim Mensch als auch beim Hund bewiesen, eine Ergänzung daher sehr sinnvoll. Als therapeutische Dosis werden 20–50 mg/kg KG/Tag empfohlen.

SAMe (S-Adenosylmethionin) wird natürlicherweise in allen Zellen aus der Aminosäure Methionin produziert. Bei einer Leberschädigung ist die Eigensynthese reduziert. SAMe ist wichtig für den Intermediärstoffwechsel und hat leberschützende und antioxidative Eigenschaften. Als Dosis werden 20 mg/kg KG/Tag empfohlen.

Erkrankungen der Bauchspeicheldrüse

Erkrankungen der Bauchspeicheldrüse äußern sich entweder in einer Entzündung oder einer Unterfunktionen. Eine Unterscheidung ist wichtig, da die Diätprinzipien völlig verschieden sind.

Entzündung (Pankreatitis)

Eine Entzündung der Bauchspeicheldrüse kann akut oder chronisch sein. Die Erkrankung kommt relativ häufig vor, ist aber nicht ganz leicht zu diagnostizieren. Als auslösende Ursachen kommen u. a. hohe Fettgehalte im Futter, ungeeignetes bzw. ungewohntes Futter (Tischreste, Müllschlucker, Toxine), Übergewicht und hohe Blutfettwerte infrage.

Die wichtigste Maßnahme bei der Fütterung ist ein niedriger Fettgehalt. Als Fleisch eignet sich daher nur mageres Muskelfleisch. Bei einer akuten Entzündung gilt „so wenig Fett wie möglich". Bei chronischen Entzündungen richtet sich die Empfehlung nach dem Gewicht und den Blutfettwerten des Tieres. Bei normalen Werten und Idealgewicht darf der Fettgehalt des Futters 15 % betragen (bezogen auf die Trockenmasse), ansonsten sollten es maximal 10 % sein.

> **Achtung:** Im Handel erhältliches Rohfleisch ist oft sehr fettig. Das gleiche gilt für fertige Barfmischungen. Auf den ersten Blick ist das nicht unbedingt zu erkennen. Achten Sie daher immer auf den auf der Packung angegeben Fettgehalt, der nicht mehr als 6 % betragen sollte.

Bei chronischen Entzündungen sollte außerdem der Eiweißgehalt im Futter nicht zu hoch sein – reine Fleischrationen sind daher ungeeignet. Auch die Futterhygiene sollte hierbei besonders beachtet werden. Besser wäre es daher, das Futter für einen Pankreatitispatienten zu kochen.

Unterfunktion (Exokrine Pankreasinsuffizienz)

Bei einer Unterfunktion der Bauchspeicheldrüse werden nicht mehr ausreichend Verdauungsenzyme produziert. Typische Symptome sind:

- Gewichtsverlust trotz großer Futtermengen
- riesige Kotmengen
- unverdaute Nahrungsbestandteile im Kot
- häufiger Kotabsatz
- Durchfall

Häufig sind deutsche Schäferhunde betroffen, die eine entsprechende genetische Veranlagung haben. Manchmal kann eine Pankreasinsuffizienz auch aus einer vorangegangenen Entzündung entstehen oder keine bekannte Ursache haben.

Hunde, die selbst nicht mehr genug Verdauungsenzyme bilden können, sind auf eine externe Zufuhr angewiesen. Das Wichtigste ist daher die Ergänzung des Futters mit Pankreasenzymen, wobei der Grad der Pankreasschädigung und der Bedarf an Enzymen individuell verschieden sind.

Das Futter sollte außerdem hochverdaulich sein. Es können bindegewebsarmes Eiweiß (Hackfleisch, Muskelfleisch, Herz, Hühnermägen, Ei, Quark/Hüttenkäse) und aufgeschlossene Kohlenhydrate (Kartoffelpüree, weich gekochter Reis) verwendet werden. Die Fettverdauung ist zwar am stärksten betroffen, wenn aber Pankreasenzyme ergänzt werden, muss der Fettgehalt nicht besonders beachtet werden.

Zur Entlastung der Verdauung sollte das Futter zudem auf mehrere Mahlzeiten verteilt werden.

Da viele Hunde durch diese Erkrankung abgemagert sind, muss die Futtermenge deutlich erhöht werden (um mindestens 30–40 %). Manchmal kann eine Enzymsubstitution vorerst ausreichend sein. Eine Gewichtszunahme sollte sich innerhalb von fünf bis zehn Tagen bemerkbar machen.

Die meisten Hunde haben darüber hinaus einen niedrigen Vitamin-B_{12}-Spiegel, weil der Transporter zur Aufnahme des Vitamins in der Bauchspeicheldrüse gebildet wird. Es hilft dann nichts, B_{12} über das Futter zu verabreichen, stattdessen muss es gespritzt werden. Nachdem das Vitamin B_{12} in der Leber gespeichert wird, zeigt sich ein Mangel unter Umständen erst nach einem Jahr. Eine Substitution ist wichtig, da sehr niedrige Blutwerte in Zusammenhang mit einer kürzeren Überlebensrate stehen.

Zur Enzymsubstitution eignet sich am besten ein Pulver. Tabletten sollten im Mörser zerkleinert werden, Kapseln müssen geöffnet werden. Die zu empfehlende Enzymmenge beträgt: pro 100 g Futter[1] 0,5–1 g Enzympulver (oder 20–50 g frisches Rinderpankreas). Bei der Mehrheit der Hunde ist eine Reduktion der anfänglichen Enzymdosis um bis zu 50 % möglich.

In milden Fällen kann es ausreichend sein, die Pankreasenzyme erst kurz vor der Verfütterung beizumischen. Wenn das nicht genügt, sollten die Enzyme eine Zeit lang einwirken können. Der dabei auftretende, etwas unangenehme Geruch (wie Erbrochenes) ist normal und stört den Hund in der Regel überhaupt nicht. Günstig ist ein hoher Feuchtigkeitsgehalt im Futter, das gut gemischt und zwischendurch umgerührt werden sollte. Ein anschließendes Einfrieren des Futters ist möglich.

Inkubationsdauer:
- mindestens 30 Min. vor Futtergabe
- 1 Std. im Wasserbad (~37 °C)
- 4 Std. bei Raumtemperatur
- 12 Std. im Kühlschrank (über Nacht)

Erkrankungen des Magen-Darm-Trakts

Erkrankungen des Verdauungsapparates kommen relativ häufig vor. Diese können akut oder chronisch sein, nur den Magen bzw. Darm oder auch beides betreffen. Als ernährungsbedingte Ursachen sollten immer auch Fehler in der Fütterungstechnik sowie in der Futterzusammensetzung in Betracht gezogen werden (s. Tabelle 41).

---

[1] Bei Trockenfutter pro 30 g Futter.

Akuter Durchfall und Erbrechen

Als erste Maßnahme sollten Sie Ihren Hund ein bis zwei Tage auf Nulldiät setzen und ihm nur Flüssigkeit (Wasser, verdünnte Tees, Elektrolytlösungen) oder eine Karottensuppe nach Moro anbieten. Wenn Sie durchfüttern, besteht die Gefahr, dass sich Ihr Hund erneut erbricht, sich der Durchfall verschlimmert oder er eine Allergie entwickelt.

Karottensuppe nach Prof. Moro

Anfang des 20sten Jahrhunderts, als es noch keine Antibiotika gab, kreierte der Heidelberger Kinderarzt Prof. Ernst Moro eine nach ihm benannte Karottensuppe, durch die die damalige Sterbe- und Komplikationsrate bei Kindern infolge von Durchfallerkrankungen drastisch gesenkt werden konnte. Pharmakologen entschlüsselten später das Geheimnis dieser tollen (und leckeren) Suppe. Beim Kochen der Karotten entstehen bestimmte Stoffe (Oligogalakturonide), die den Rezeptoren der Darmschleimhaut ähnlich sind und an pathogene Darmkeime andocken. Dadurch wird eine Anhaftung an die Darmwand verhindert und die Erreger werden eliminiert.

Und so wird's: Kochen Sie 500 g geschälte Karotten eine Stunde lang in einem Liter Wasser. Anschließend pürieren Sie die Karotten im Mixer, gießen den Brei wieder mit gekochtem Wasser auf einen Liter auf und geben drei Gramm Kochsalz dazu. Diese Suppe kann mehrmals am Tag in kleineren Mengen gefüttert werden.

Schonkost

Hat sich der Zustand beruhigt, sollte Ihr Hund anschließend ein paar Tage Schonkost bekommen. Diese sollte hochverdaulich und fettarm sein, z. B. Hühnchenfleisch mit weich gekochtem Reis und Hüttenkäse (s. Tabelle 42). Auch eine Hafer-/Reisschleimsuppe mit Eidotter, Baby-Karottenbrei oder gekochtem Leinsamenschrot sind geeignet. Leinsamen enthält besondere Schleimstoffe, die die

Erkrankungen des Magen-Darm-Trakts

Tab. 41 Ernährungsbedingte Ursachen für akuten Durchfall und akutes Erbrechen

Fehler in der Fütterungstechnik	Fehler in der Futterzusammensetzung
• Zu plötzliche Futterumstellung • Ständiger Futterwechsel • Verdorbene oder kontaminierte Futtermittel • Mangelhafte Hygiene (Napf) • Zu hastiges Fressen, Futterneid, Stress • Zu kaltes Futter	• Verdorbene Futtermittel • Zu hoher Bindegewebsanteil • Zu hoher Gehalt, nicht ausreichend erhitzte oder generell unverdauliche Kohlenhydrate • Zu hoher Anteil Geliermittel (bei Dosenfutter)

Tab. 42 Futtermengen für eine Schonkost bei Magen-Darm-Erkrankungen

Futtermittel (g)	Hund (kg)					
	5	10	15	20	30	40	60
Mageres Fleisch (z. B. Huhn)	100	125	250	250	400	500	700
Gekochter Reis	150	300	400	500	650	900	1200
Hüttenkäse/Magerquark	75	125	125	250	250	250	300

Schleimhaut beruhigen. Das Futter sollte auf mehrere Mahlzeiten verteilt und die Mengen langsam gesteigert werden. Nach etwa einer Woche können Sie wieder auf das gewohnte Futter umstellen.

Mein Hund schmatzt viel und stößt häufig auf. Was kann das bedeuten?
Häufiges Aufstoßen ist ein Hinweis auf eine übermäßige Magensaftproduktion. Dies kann in Zusammenhang mit der Futterzusammensetzung (z.B. hoher Fleischanteil) oder den Fütterungszeiten stehen. Versuchen Sie mehrere Mahlzeiten in gleichen Zeitabständen zu geben oder probieren Sie es mit der Gabe von Heilerde, Backpulver (= Natriumbikarbonat; 50 mg/kg KG bis sechsmal täglich) oder Kartoffelsaft aus. Wahre Wunder bewirkt oft ein dick (!) mit Butter und Leberwurst beschmiertes Toastbrot vor dem Schlafengehen, v.a. wenn Ihr Hund nachts Probleme hat oder früh morgens erbricht. Hilft nichts davon, gehen Sie bitte zum Tierarzt.

Magendrehung

Eine Magendrehung ist ein lebensbedrohlicher Zustand und immer ein Notfall. Trotz jahrzehntelanger Bemühungen sind die auslösenden Ursachen nach wie vor nicht genau bekannt. Im Vordergrund stehen eine vermehrte Gasbildung im Magen und vermehrtes Luftschlucken. Meist ist der Auslöser jedoch kein einzelner Faktor, sondern das Zusammenspiel mehrerer Umstände.

Ein bestimmter Körperbau begünstigt eine Magendrehung. Hunde unter 20 kg bekommen laut Studien keine Magendrehung. Es sind häufig große Rassen und Hunde mit schmalen und hohem Brustkorb betroffen (v. a. Doggen). Ein erhöhtes Risiko besteht zudem, wenn eine Blutsverwandtschaft zu einem Hund vorliegt, der schon einmal eine Magendrehung hatte, ebenso bei einer hohen Stressanfälligkeit.

Weitere begünstigende Faktoren sind:
• Stress bzw. körperliche Aktivität direkt nach dem Fressen
• hastiges Fressen, Luftschlucken

- unregelmäßige Fütterungszeiten
- einmalige tägliche Fütterung
- zu große Futtermengen
- erhöhter Fressplatz
- kleine Futterpartikelgröße (5 mm)
- hoher Fettanteil
- übermäßige Gärung
- Futter mit hohem Keimbesatz
- Futter mit leicht vergärbaren Inhaltsstoffen
- hoher Mineralstoffgehalt

Präventive Maßnahmen

Wenn Sie einen gefährdeten Hund haben, sollten Sie besonders auf eine einwandfreie Futterhygiene achten. Rohfütterung birgt diesbezüglich immer ein Risiko und ist daher nicht zu empfehlen. Sie sollten auch keine großen Fleischbrocken oder Knochen füttern. Säubern Sie die Näpfe regelmäßig und achten Sie darauf, dass Ihr Hund keine Abfälle frisst und kein Tümpelwasser trinkt.

Frisst Ihr Hund sehr hastig, können Sie im Handel erhältliche Spezialnäpfe verwenden (sogenannte „Anti-Schlingnäpfe"). Alternativ können Sie das Futter aus einem Muffinbackblech anbieten oder große Steine bzw. Bälle in den Napf legen. Diese müssen natürlich so groß sein, dass Ihr Hund sie nicht verschlucken kann. Das Futter sollte vom Boden aus angeboten und auf zwei bis drei Mahlzeiten verteilt werden. Feste Fütterungszeiten sind wichtig. Vor, während und nach dem Fressen sollten Sie Ihrem Hund Ruhe gönnen (möglichst eine Stunde vor- und zwei Stunden nachher).

Chronische Durchfallerkrankungen

Ursachen für chronische Durchfallerkrankungen können sein:
- Entzündung des Dünn- oder Dickdarms
- Futtermittelallergie
- unspezifische Unverträglichkeit
- permanenter Futterwechsel
- Pankreasinsuffizienz

Eine Futterumstellung ist in diesen Fällen immer sinnvoll. Das Futter sollte hochverdaulich sein und wenig Fett enthalten. Ergänzend können diätetische Faserstoffe, Probiotika und Omega-3-Fettsäuren gegeben werden. In vielen Fällen ist eine Eliminationsdiät empfehlenswert (s. Seite 138), da eine allergische Beteiligung oft nicht ausgeschlossen werden kann.

Diätetische Fasern

Faserstoffe spielen in der Diätetik von chronischen Darmerkrankungen eine wichtige Rolle. Man unterscheidet zwei Faserarten: die löslichen und die unlöslichen Fasern. Zu Ersteren gehören die Präbiotika (z. B. Pektin), zu Letzteren die Ballaststoffe (z. B. Futterzellulose).

Löslichen Fasern werden von den Dickdarmbakterien zu kurzkettigen Fettsäuren

---

> **Mythos: Rohfütterung verhindert Magendrehung**
>
> Die meisten Studien zur Magendrehung sind retrospektiv, d. h. es wird im Nachhinein analysiert, welche Gemeinsamkeiten die betroffenen Hunde hatten. Ein wichtiger Faktor ist hierbei natürlich die Fütterung. In Barfforen wird oft behauptet, dass Magendrehungen nur durch Trockenfutter entstünden. Das lässt sich jedoch nicht so einfach untermauern. Man muss berücksichtigen, dass der überwiegende Anteil der Hunde mit Trockenfutter gefüttert wird, weshalb folglich auch die meisten Hunde in den Studien Trockenfutter bekamen. Ob Barfen generell besser wäre, lässt sich aus den Studien nicht schlussfolgern, zumal die Futterhygiene beim Barfen sicher ein Risikofaktor ist. Eine aktuelle Untersuchung aus Neuseeland mit Farmhunden hat sogar gezeigt, dass die Mehrheit der betroffenen Hunde vor der Magendrehung Knochen bekommen hatten oder roh gefüttert wurden. Es lässt sich also nicht eindeutig klären, welche Fütterungsform das größte Risiko birgt.

abgebaut, dienen so als Nährstoff für die Darmschleimhaut und fördern das Wachstum der „guten" Bakterien. Sie kommen bei chronischer Darmentzündung und Verstopfung zum Einsatz. Unlösliche Fasern regen die Darmtätigkeit an und besitzen eine hohe Wasserbindungsfähigkeit. Sie können sehr gut bei chronischen Dickdarmerkrankungen, weicher Kotkonsistenz, Verstopfungen oder als reine Ballaststoffergänzung bei rohfaserarmen Rationen eingesetzt werden.

Die Verträglichkeit ist individuell. Die Dosis sollte anfangs immer langsam gesteigert werden.
Tägliche Dosierung:
- Zellulose: 0,5–1 g/kg KG/Tag
- Pektin/Laktose, Laktulose: 1–2 g/kg
- Flohsamenschalen: 1–3 TL pro 5–10 kg KG

Blähungen

Blähungen sind nichts anderes als eine vermehrte Gasbildung im Dickdarm. Wenn kein Zusammenhang mit einer Darm- oder Bauchspeicheldrüsenerkrankung besteht, sind Blähungen stets ein fütterungsbedingtes Problem. Der Auslöser kann das Hauptfutter sein, beim Barfen z. B. der hohe Fleischanteil oder wenn viel Pansen, Blättermagen oder Lunge gefüttert werden. Sehr häufig sind aber auch nur die Kausnacks, beispielsweise Ochsenziemer oder Rinderohren, die Verursacher.
Lösungsansätze bei Blähungen:
- hochwertige Futtermittel verwenden
- hoher Muskelfleischanteil, Innereien und Eier vermeiden
- Eiweißanteil reduzieren
- stärkereiche Futtermittel ergänzen
- schwer verdauliche Leckereien vermeiden
- getrocknete Muskelfleischstreifen oder Kaustangen auf Getreide-/Kartoffelbasis verwenden

Futtermittelallergie

Eine *Allergie* ist eine überschießende Abwehrreaktion des Immunsystems auf eigentlich harmlose Stoffe aus der Umwelt, z. B. ein Futtermittel, Gräser oder Milben. Synonym wird häufig der Begriff *Futtermittelintoleranz* (Unverträglichkeit) verwendet, bei der aber im Gegensatz zur Futtermittelallergie das Immunsystem *nicht* beteiligt ist. Dies kann beispielsweise eine Unverträglichkeit von Milchzucker (Laktoseintoleranz) sein, für die ein fehlendes Enzym verantwortlich ist.

Für die Therapie spielt es keine Rolle, ob zwischen den Begriffen unterschieden wird oder nicht, denn in beiden Fällen muss das Futter, welches nicht vertragen wird, vermieden werden. Trotzdem wäre eine Unterscheidung zwischen Allergie und Intoleranz sehr wünschenswert, da es mehr *vermeintliche* als *tatsächliche* Allergiker gibt. In Deutschland sind laut einer Studie von 2009 nur etwas über 1 % der Hunde echte Futtermittelallergiker. Der Anteil an Hunden mit Unverträglichkeiten ist sicher weit höher.

> **Mythos: Barfen hilft bei Allergien**
> Bei einer Allergie kommt es immer zu einer immunvermittelten Abwehrreaktion, d. h. das Futtermittel wird als „gefährlich" eingestuft und der Köper versucht, sich dagegen zu schützen. Wie das Futtermittel verarbeitet wurde, spielt dabei keine Rolle. Ist ein Hund z. B. allergisch auf Rindfleisch, ist er das immer, egal, ob er das Rindfleisch roh, gekocht oder in einem Fertigfutter aufnimmt.
> Ein positives Ansprechen bei einem Futterwechsel auf Barf, ohne dass bisherige Futterkomponenten durch neue ersetzt wurden, spricht also nicht für eine Allergie, sondern eher für eine (unspezifische) Unverträglichkeit. Letzteres ist sicher positiver, denn bei einem Allergiker müssen Sie ständig aufpassen, dass er nichts Falsches frisst.

> **Merke:** Bei einer Allergie muss das entsprechende Futtermittel in jeder Form vermieden werden. Dies gilt dagegen für eine unspezifische Unverträglichkeit nicht.

Ursache

Allergien sind sehr komplexe Erkrankungen, bei deren Entstehung mehrere Faktoren zusammenkommen. Dies können sowohl erbliche Faktoren als auch Umweltfaktoren sein. Da bei einer echten Allergie immer das Immunsystem beteiligt ist, setzt dies einen *vorangegangen und meist auch wiederholten oder längeren Kontakt mit dem Allergen* voraus. Erst durch den Kontakt wird das Tier sensibilisiert: Das Immunsystem merkt sich das Allergen, um bei einem späteren Kontakt zu reagieren. Kein Futtermittel ist von sich aus allergieauslösend.

> **Merke:** Eine Allergie auf Futtermittel, die Ihr Hund noch nie gefressen hat, ist mehr als unwahrscheinlich.

Eine zweite Voraussetzung für die Entstehung einer Allergie ist, dass das Allergen eine *bestimmte Größe und Struktur* hat, um überhaupt vom Immunsystem erkannt zu werden. Außerdem muss das Allergen die lokale Schutzbarriere der *Darmschleimhaut passieren*, die den Körper normalerweise vor Fremdstoffen schützt. Dies kann bei einer Entzündung der Fall sein, da hier die Verbindungen der Darmzellen gelockert sind (s. Abbildung 14). Sie können sich das so vorstellen, wie wenn in einer Mauer ein paar Ziegelsteine fehlen. Das bedeutet aber nicht, dass sich bei jeder Magen-Darm-Entzündung gleich eine Allergie entwickelt.

Als Allergieauslöser kommen v. a. *Eiweißbestandteile* tierischen oder pflanzlichen Ursprungs infrage. Die Verwendung in kommerziellen Futtermitteln bestimmt dabei die regionale Häufigkeit.

> **Merke:** Allergien werden vorwiegend von Eiweißen ausgelöst.

Laut einer deutschen Studie (Becker, 2009) sind die meisten Futtermittelallergien zurückzuführen auf:

- Rind: 26 %
- Getreide: 23 %
- Reis: 15 %
- Huhn: 11 %
- Milchprodukte: 11 %
- Lamm: 8 %
- Schwein: 7 %
- Fisch: 6 %
- Pute: 2 %

Allergien auf Zusatzstoffe sind eher unwahrscheinlich, da diese eine einfache Struktur haben und kleiner sind. Denkbar ist jedoch eine Wirkung als Hapten. Haptene sind unvollständige Antigene, die sich an ein Protein binden, wodurch der Komplex zum Allergen wird.

Bei Fetten und Kohlenhydraten besteht die geringste Gefahr einer allergischen Reaktion. Jedoch können bei der Herstellung von Fertigfutter durch den Erhitzungsprozess Verbindungen von Kohlenhydraten und Eiweißen entstehen (Glykoproteine → Maillardreaktion), die Unverträglichkeiten auslösen können. Dies kann die Erklärung dafür sein, warum manchmal eine selbst gekochte Ration beispielsweise aus Lamm und Reis gut vertragen wird, ein kommerzielles Futter auf der Basis von ebenfalls Lamm und Reis jedoch nicht.

> **Tipp:** Um einer Allergieentwicklung vorzubeugen, lassen Sie Ihren Hund bei einer akuten (vor allem blutigen) Magen-Darm-Erkrankung 24–48 Stunden fasten.

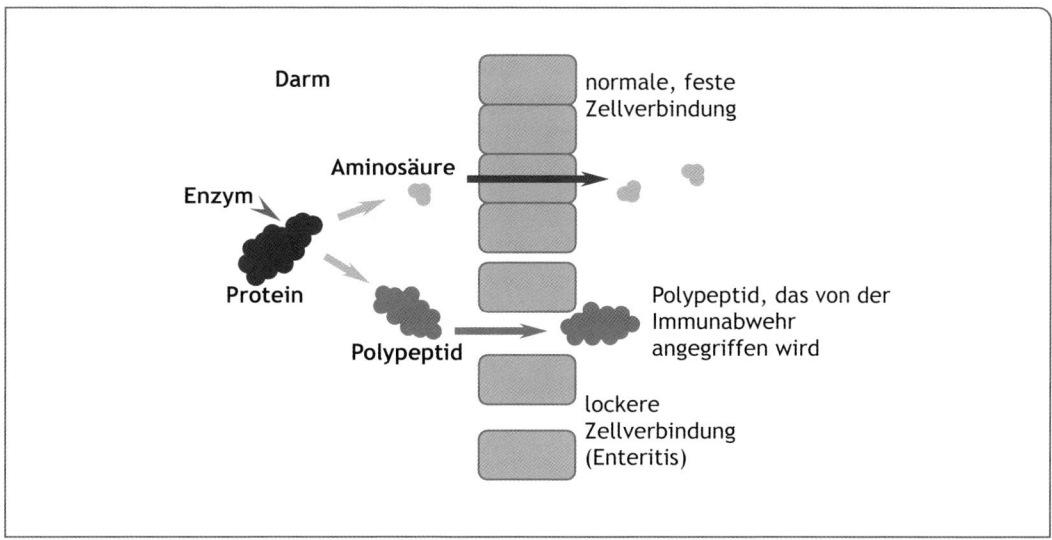

Abb. 14: Entstehung einer Allergie: Bei einer Entzündung des Darms (Enteritis) können größere Eiweißbestandteile (Polypeptide) durch die nicht intakte Schleimhaut ins Blut gelangen, wo diese vom Immunsystem als „Fremdstoff" eingestuft werden. Quelle: Waltham Focus (1997), Heft 3.

Potenzielle Allergene im Futter sind:
- **Proteine oder Glykoproteine** mit einem Molekulargewicht von 10–70 kDa.
- **Fette, Kohlenhydrate oder Mineralien**: Selten alleinige Auslöser; vermutlich als Proteinkomplexe.
- **Kreuzreaktionen** (z. B. Milch – Rindfleisch): Beim Menschen bekannt, beim Hund vermutet. Gilt auch für Fleischsorten von Tieren ähnlich taxonomischer Zugehörigkeit (z. B. Rindfleisch – Ziege).
- **Zusatzstoffe** (Aromastoffe, Farbstoffe, Antioxidantien): Unwahrscheinlich aufgrund der geringen Molekülgröße. Denkbar ist, dass sie sich an ein Trägerprotein binden, wodurch dieser Komplex vom Körper als fremd eingestuft wird.
- **Herstellungsprozess**: Bei der Erhitzung von Proteinen mit Kohlenhydraten können Produkte (Glykoproteine) entstehen, die die Wahrscheinlichkeit erhöhen, dass eine allergische Reaktion stattfindet. Eine solche erhöhte Antigenität von Proteinen in hitzebehandeltem Futter gegenüber frischen Proteinen ist somit möglich.
- **Vorratsmilben**: Sie stehen häufig in Verdacht bzw. werden als Mitauslöser bei der atopischen Dermatitis (Umweltallergie) vermutet (Reaktion auf den Kot der Milben). Eine Kontamination von Trockenfutter tritt vorwiegend bei geöffneten Säcken unter schlechten Lagerbedingungen auf (warme Temperatur, hohe Luftfeuchte) und wenn das Haltbarkeitsdatum überschritten ist. Vorratsmilben sind auch Bestandteil von normalem Hausstaub und somit in der Umgebung des Tieres zu finden. Kreuzreaktion von Hausstaub- und Vorratsmilben sind möglich.

Symptome

In etwa 60 % der Fälle haben die Tiere mehr oder weniger generalisierte Hautsymptome wie Juckreiz, chronische Entzündungen, Hautrötungen, Fellverlust, Pusteln usw. Manchmal ist es lediglich eine immer wieder-

> **Merke:** Bevor Sie an eine Futtermittelallergie denken, vergewissern Sie sich, dass Ihr Hund keine Parasiten hat. Diese sind viel leichter zu behandeln als eine Futtermittelallergie.

kehrende Ohrenzündung oder Entzündung der Analbeutel.

Knapp ein Drittel der von Allergien betroffenen Tiere hat sowohl Haut- als auch Verdauungsprobleme. Die wenigsten Allergiker haben reine Magen-Darm-Symptome, wie chronisches Erbrechen und/oder Durchfall. Typisch ist ein schleimiger Durchfall, der aber auch bei einem Befall mit Parasiten (v. a. Giardien) auftreten kann. Ebenso können Hautsymptome durch Parasiten wie Milben oder Flöhe hervorgerufen werden. Bei einem Parasitenbefall hilft ein Futterwechsel nicht.

> **Tipp:** Da nicht alle Darmparasiten kontinuierlich ausgeschieden werden, sammeln Sie für eine Kotuntersuchung immer den Kot von drei aufeinanderfolgenden Tagen.

Diagnose

Im Gegensatz zur Humanmedizin gibt es für unsere Tiere leider nach wie vor keine zuverlässigen Blut- oder Hauttests, um Futtermittelallergien eindeutig zu diagnostizieren. Positive Ergebnisse sind leider zu häufig falsch, sodass sie nicht aussagekräftig genug sind. Bei einem negativen Ergebnis kann man jedoch zumindest davon ausgehen, dass das entsprechende Futtermittel mit hoher Wahrscheinlichkeit gut vertragen wird. Bei Bluttests sind die negativen Ergebnisse (IgE) zu 80 % zuverlässig, bei Patchtests auf der Haut sogar zu 99 %. Die Eliminationsdiät bleibt aber dennoch zur Diagnosestellung das Mittel der Wahl.

> **Merke:** Ein Allergietest sollte nicht gemacht werden, um unverträgliche Futtermittel, sondern um mögliche verträgliche Futtermittel zu finden. Ein negatives Ergebnis zeigt mit hoher Wahrscheinlichkeit an, dass Ihr Hund dieses Futtermittel verträgt. Wenn Sie also nur wissen möchten, was Ihr Hund *nicht* fressen sollte, hilft Ihnen ein Bluttest nicht weiter.

Eliminationsdiät und Therapie

Die Eliminationsdiät dient nicht nur der Diagnosestellung, sondern ist gleichzeitig auch die Therapie.

Eine Eliminationsdiät wird folgendermaßen durchgeführt: Über einen Zeitraum von 6–12 Wochen werden ausschließlich Futterkomponenten gegeben, die der Hund zuvor noch nie (!) gefressen hat. Typischerweise werden dabei zunächst lediglich eine Fleischquelle und eine Kohlenhydratquelle eingesetzt. Entscheidend für die Wahl der Futtermittel ist immer, was Ihr Hund bisher zu fressen bekommen hat. Generell sollte man zudem keine Futtersorten verwenden, die in den meisten kommerziellen Futtermitteln (inkl. Leckerli) vorkommen, d. h. kein Rind-, Lamm- oder Hühnerfleisch und keinen Reis, Mais oder glutenhaltiges Getreide. Der Grund: Die Wahrscheinlichkeit, dass Ihr Hund irgendetwas davon schon einmal bekommen oder aufgenommen hat, ist sehr hoch. Vor diesem Hintergrund hat sich als klassische Eliminationsdiät die Kombination aus Pferdefleisch und Kartoffeln etabliert. Es kommen aber auch andere Futtermittel infrage (s. Tabelle 43).

Mittlerweile gibt es ein riesiges Angebot an unterschiedlichen Futtermitteln, darunter

> **Merke:** Prophylaktisch exotische Futtersorten zu geben und Futtersorten häufig zu wechseln ist nicht sinnvoll.

Tab. 43 Bewährte Futtermittel für eine Eliminationsdiät

Eiweißquellen	Kohlenhydratquellen
• Pferd	• Kartoffeln
• Seelachs	• Süßkartoffeln
• Wild	• Hirse
• Strauß	• Amaranth
• Ziege	• Quinoa
• Kaninchen	• Buchweizen
• Ente	• Tapioka
• Känguru	

zahlreiche Produkte mit Pferdefleisch sowie getreidefreies Futter, welches stattdessen Kartoffeln enthält. Daher würde es mich nicht wundern, wenn es zukünftig genauso viele Allergiker auf Pferdefleisch und Kartoffeln wie derzeit auf Geflügel, Rind und Getreide geben wird.

Tabelle 44 zeigt entsprechende Futtermengen für verschiedene Gewichtsklassen. Ergänzungen mit Öl, Mineral- oder Ballaststoffen sollten erst anschließend und schrittweise erfolgen. Ausgenommen sind Welpen, bei denen nach spätestens zwei Wochen eine Mineralergänzung erfolgen muss.

Verbessern sich nach der Futterumstellung die Symptome, ist eine Allergie sehr wahrscheinlich. Um es ganz sicher zu wissen, müsste man anschließend das frühere Futter erneut geben (Provokation). Kehren die Symptome dann wieder zurück, ist die Diagnose so gut wie sicher. Aus verständlichen Gründen wird dies in der Praxis selten gemacht und ist zudem aus medizinischer Sicht keinesfalls erforderlich.

Herzerkrankungen

Bei chronischen Herzerkrankungen ist eine Minderdurchblutung der Organe und des Gewebes eine häufige Folge. Sind auch die Nieren betroffen, kann es hier zu einer verstärkten Zurückhaltung von Natrium und in der Folge zu Wasseransammlungen im Körper kommen. Bei Herzerkrankungen ist daher in erster Linie auf ein natriumarmes Futter zu achten. Auf zusätzliches Salzen sollten Sie immer verzichten und Tischreste auf keinen Fall füttern. Wenn Ihr Tier zu Wassereinlagerung neigt, sollten Sie außerdem destilliertes bzw. gefiltertes Wasser oder ein anderes Wasser mit einem Natriumgehalt unter 0,15 mg/l verwenden. Normales Leitungswasser kann durchaus höhere Gehalte aufweisen.

Kalium darf dagegen reichlich zugeführt werden. Kartoffeln wären besonders empfehlenswert. Die Vitamin-E-Zufuhr sollte hoch

Tab. 44 Beispielhafte Zusammensetzung und tägliche Futtermengen (in g) für eine Eliminationsdiät für adulte Hunde unterschiedlicher Gewichtsklassen mit durchschnittlichem Energiebedarf

Futtermittel	Körpergewicht (kg)								
	5	10	15	20	25	30	40	50	60
Mageres Fleisch/Fisch* (Rohgewicht)	150	250	400	450	550	600	750	900	1000
Kartoffeln/Reis/Hirse etc. (Kochgewicht)	150	300	400	500	600	700	900	1000	1200

* z. B. Pferd, Strauß, Känguru, Ziege, Wild, Seelachs, Kabeljau
Die Ration muss längerfristig (spätestens nach 8 Wochen, bei Jungtieren nach 2 Wochen) mit einem geeigneten vitaminierten Mineralfutter ergänzt werden (Beispiele siehe Tabelle Seite 186).

> **Mythos: Getreide verursacht Allergien**
> Getreide ist per se nicht allergener als andere Futtermittel. Dass es beim Hund häufiger Allergien gegen Getreide als gegen andere Futterbestandteile gibt, liegt daran, dass es in den meisten Futtermitteln enthalten ist. Entsprechend nehmen sehr viele Hunde Getreide auf, das die Wahrscheinlichkeit einer Allergie im Gegensatz zu Futtermitteln, die weniger häufig gefüttert werden, erhöht. Getreide allein verursacht also keine Allergien.
> Möglicherweise ist dieser Mythos auf das in manchen Sorten enthaltene Klebereiweiß Gluten zurückführen, welches auch in unserer Ernährung immer mehr Beachtung findet. Das würde zumindest erklären, warum Kartoffeln (auch von Barfern) toleriert werden, Getreide aber abgelehnt wird. Beides sind in erster Linie stärkereiche Futtermittel, so besteht aus ernährungsphysiologischer Sicht kein großer Unterschied zwischen Kartoffeln und Getreide. Beachten Sie daher, dass Glutenfreiheit keine Verträglichkeit garantiert: Auch glutenfreies Getreide und Kartoffeln enthalten weiteres Eiweiß, das durchaus Allergien auslösen kann. Da Kartoffeln in Barfrationen ebenso wie in Trocken- oder Dosenfutter eine zunehmend beliebte Kohlenhydratquelle ist, ist zu erwarten, dass in Zukunft auch Allergien gegen Kartoffeln zunehmen werden.
> Interessant ist zudem, dass es weder für den Großteil der Menschen noch der Hunde eine tatsächliche Relevanz hat, ob ein Lebens- bzw. Futtermittel Gluten enthält oder nicht. Von einer (krankhaften) Glutenunverträglichkeit ist sowohl nur ein sehr geringer Prozentsatz der Menschen als auch der Hunde betroffen. Trotzdem werden immer mehr Nahrungsmittel mit „glutenfrei" ausgelobt, genauso wie „getreidefrei" bei Hundefutter. Letzteres dürfte v. a. trendorientiertes Marketing sein.

> **Merke:** Viele Snacks (kommerzielle Futterbelohnungen, Käse, Wurst, Fischreste etc.) enthalten viel Salz und sind deshalb für Herzpatienten ungeeignet.

sein (2 mg/kg KG), ebenso die der wasserlöslichen B-Vitamine.

Verteilen Sie das Futter außerdem auf mehrere Mahlzeiten, um das Herz durch einen vollen Magen nicht mechanisch zu belasten.

> **Tipp:** Da salzarmes Futter weniger schmackhaft ist, sollten Sie besonders leckere Futtermittel verwenden und das Futter eventuell zusätzlich anwärmen.

Taurin und L-Carnitin

L-Carnitin und Taurin sollten zusätzlich bei einer krankhaften Erweiterung des Herzmuskels, der sogenannten dilatativen Kardiomyopathie (DCM), ergänzend gegeben werden. L-Carnitin kommt in großer Konzentration in der Herzmuskulatur vor und spielt dort eine wichtige Rolle bei der Energiegewinnung. Bei ca. 40 % aller Hunde mit einer DCM liegt ein L-Carnitinmangel im Herzmuskel vor. Vor allem große Hunde sind davon betroffen. Sie sollten dreimal täglich 2 g L-Carnitin erhalten. Wenn die Hunde darauf ansprechen, zeigt sich innerhalb von einem Monat eine Besserung der klinischen Symptome, nach zwei bis drei Monaten auch im EKG.

Taurin kommt ebenfalls reichlich im Herzmuskel vor. Bei Katzen weiß man, dass ein Mangel zu einer DCM führt, bei einigen Hunderassen[1] wird dies ebenfalls vermutet. Hunde unter 25 kg sollten zweimal täglich

---

[1] Golden Retriever, Amerikanischer Cockerspaniel, Neufundländer, Irischer Wolfshund, Labardor Retriever, Englische Bulldogge, Dalmatiner, Portugiesischer Wasserhund

0,5–1 g Taurin erhalten, Hunde über 25 kg zweimal täglich 1–2 g.

Krebs

Tumorzellen nutzen überwiegend Stärke, weit weniger dagegen Eiweiß und Fett. Rationen für Tumorpatienten sollten daher möglichst viel Eiweiß und Fett (v. a. auch viele Omega-3-Fettsäuren) und wenig Kohlenhydrate enthalten. Halbfeuchte Futtermittel wie etwa bestimmte Kaustangen, die eine weiche Konsistenz haben, sollten Sie vermeiden, da diese häufig mit Zucker haltbar gemacht sind. Bitte haben Sie keine übersteigerten Erwartungen: Tumore lassen sich leider nicht wegfüttern – die Diät kann nur eine unterstützende Maßnahme sein.

> **Merke:** Fleischreiche Rationen ergänzt mit hochwertigen Ölen (Fischöl) sind bei Krebserkrankungen ideal.

Diabetes mellitus

Bei Diabetespatienten ist die Aufnahme von Glukose in die Zelle gestört, wodurch der Blutglukosespiegel stark ansteigt. Grund dafür ist eine hormonelle Störung, die entweder auf eine unzureichende Insulinproduktion oder eine mangelnde Insulinwirkung zurückzuführen ist. Es sind meistens ältere Hunde und v. a. zu dicke Tiere betroffen.

Neben der Behandlung mit Insulininjektionen sollten diätetische Maßnahmen getroffen werden. Diese zielen in erster Linie auf die Kontrolle des mit der Fütterung verbundenen Glukosespiegelanstiegs. Eine konstante Insulindosierung, eine entsprechende Fütterungsroutine und eine größtmögliche Konstanz der Rationszusammensetzung sind wichtige Voraussetzungen für eine optimale Einstellung des Blutzuckerspiegels. Die Rationen sollten Sie nicht wechseln – eine gleich bleibende Zusammensetzung mit konstantem Energiegehalt ist wichtig. Die Variationsmöglichkeiten sind daher begrenzt. Vermeiden Sie Futtermittel mit leicht verfügbaren Zuckern. Hierzu zählen Honig und alle halbfeuchten Futtermittel (z. B. Kaustangen), bei denen Glukose zur Konservierung eingesetzt wird. Guar oder Weizenkleie kann als Faserstoff eingesetzt werden. Durch die Ergänzung mit Guar wird das Futter langsamer aus dem Magen entleert und der Blutzucker steigt nicht so stark an.

> **Mythos: Getreide verursacht Krebs**
> Dieser Mythos stimmt glücklicherweise nicht und entstammt vermutlich – wie so oft – einem Missverständnis. Bei Krebserkrankungen ist zwar eine kohlenhydrat*arme* Ernährung zu empfehlen, im Umkehrschluss heißt das aber nicht, dass eine getreide- bzw. allgemein eine kohlenhydrat*reiche* Ernährung Krebs begünstigt oder ihn gar verursacht. Hierbei spielen andere Faktoren wie Umwelteinflüsse, Alter, individuelle Krankheitsdisposition und sicherlich auch eine allgemein ungesunde Ernährung eine wichtigere Rolle als allein der Getreideanteil im Futter.

Erste Hilfe bei Unterzucker

Typische Symptome einer Unterzuckerung sind ein langsamer Gang, Trägheit, Schwanken und eventuell vermehrtes Speicheln. Beim Spaziergang sollten Sie zur Sicherheit immer etwas Zucker, eine zuckerreiche Lösung, Honig (z. B. eine Hotelfrühstücksportion) oder einige Futterbelohnungen dabei haben. Honig hat den Vorteil, dass er sich gut ins Maul schmieren lässt und der Zucker schnell über die Maulschleimhaut aufgenommen wird. Sobald sich Ihr Hund wieder erholt hat, sollten Sie ihn füttern.

Übergewicht

Übergewicht ist die zweithäufigste mit der Ernährung zusammenhängende Erkrankung. Fast jeder zweite Vierbeiner hierzulande ist zu dick! Ich schreibe bewusst Erkrankung, da Übergewicht keinesfalls nur ein Schönheitsmakel ist. Die Folgen für das Wohlbefinden und v. a. die Gesundheit sind zahlreich und sehr gravierend:
- Gelenkprobleme
- Belastung des Herz-Kreislauf-Systems
- Diabetes
- verringerte Immunabwehr
- erhöhtes Narkoserisiko und längere OP-Zeiten
- erhöhte Tumorneigung
- Hauterkrankungen
- 20 % kürzere Lebenserwartung!
- weniger Lebensfreude

Ursache
Übergewicht entsteht immer dann, wenn die tägliche Kalorienaufnahme den Energiebedarf mittel- bis langfristig übersteigt. Bereits 10 % über dem Idealgewicht gelten als beginnendes Übergewicht, ab 20 % als bestehendes Übergewicht. Ein Hund mit einem Idealgewicht von 10 kg wäre also schon mit 12 kg eindeutig zu dick, während zwei Kilo für einen Menschen nicht viel sind. Es muss daher immer die Relation berücksichtigt werden. Wenn Sie wissen möchten, wie stark das Übergewicht Ihres Hundes ist, müssen sie nur ausrechnen, wie viel Prozent des Idealgewichts die überflüssigen Kilos ausmachen.

Beispiel: Ein Hund wiegt 25 kg und hat ein Idealgewicht von 20 kg. Er hat also fünf Kilo zu viel – das sind, ausgehend vom Idealgewicht, 25 % Übergewicht (Rechenweg: $5/20 \times 100 = 25$). Wenn Sie vergleichen möchten, wie viel das bei Ihnen wäre, rechnen Sie einfach Ihr Gewicht plus 25 %. Bei 70 kg wären das beispielsweise 87,5 kg (Rechenweg: $70 \times 25/100 + 70$).

Häufig beginnt Übergewicht nach der Kastration oder im Alter. Der Kalorienverbrauch sinkt und die Tiere bewegen sich weniger. Bei der Kastration kommt noch hinzu, dass die Tiere mehr fressen.

Tipp: Wenn Sie merken, dass Ihr Hund nach der Kastration oder im Alter Gewicht zulegt, reduzieren Sie die Futtermenge um 20–30 %.

Selten liegt die Ursache für Übergewicht in einer hormonellen Störung. Meistens wird schlichtweg zu viel gefüttert, oft ohne dass man sich dessen bewusst ist. In vielen Fällen ist nicht das Hauptfutter das Problem, sondern das, was noch nebenbei gefüttert wird. Hier verstecken sich wahre Kalorienbomben: Ein „harmloser" Kauknochen, ein Wienerle oder ein Leberwurstbrot kann je nach Größe des Hundes durchaus ein Drittel bis die Hälfte seines Energiebedarfs ausmachen (s. Tabelle 45).

Merke: Es ist viel leichter, Übergewicht zu vermeiden als es später wieder loszuwerden. Lassen Sie es also gar nicht erst so weit kommen.

Test: Ist mein Hund zu dick?
Ob Ihr Hund übergewichtig ist, können Sie auch ohne Waage feststellen. Normalerweise sollten die Rippen am seitlichen Brustkorb bei leichtem Druck fühlbar sein. Außerdem sollte Ihr Hund von oben betrachtet eine Taille haben, zwischen Brustkorb und Hüfte also eine Einziehung erkennbar sein (gilt auch für Labradore und Möpse). Von der Seite angesehen, sollte er keinen Hängebauch zeigen (s. Abbildung 15). Ist dies bei Ihrem Hund nicht (mehr) der Fall, ist er leider zu dick.

Tab. 45 Kaloriengehalt verschiedener Leckereien und Anteil des täglichen Energiebedarfs bei einem 10 und 25 kg schweren Hund

Futtermittel	Menge (g)	Kcal ME	Anteil des täglichen Energiebedarfs (%)	
			10 kg Hund	25 kg Hund
1 Banane, frisch	100	72	13	7
Bananenchips, getr. (10 Stck.)	17	45	8	4
1 mittelgr. Apfel	150	75	14	7
1 Möhre	100	22	4	2
½ Zucchini	50	10	2	1
1 Brotscheibe	50	110	21	10
Zwieback	20	65	12	6
1 Wiener Würstchen	90	250	47	24
Fleischwurst	50	200	37	19
Gekochter Schinken	30	40	7	4
Käse (45 % Fett i. Tr.)	40	145	27	14
Leberwurstbrot	–	140–170	26–32	13–16
Gekochte Nudeln	100	60	11	6
Hundekekse	25	85	16	8
1 Dentastix®	30	86	16	8
4 Kaustangen (Schmackos®)	36	125	23	12
Frolic®	25	80	15	8
Getrockneter Pansen	50	185	35	17
Getrocknetes Schweinsohr	50	215	40	20
Getrocknetes Fleisch	30	180	34	17
Getrocknete Lunge	20	90	17	8
Ochsenziemer	80	406	76	38
1 Hühnerhals, frisch	40	50	9	5
Großer Büffelhautknochen	120	515	96	48

Therapie

Damit Ihr Hund abnimmt, müssen Sie die Kalorienzufuhr deutlich reduzieren, auf etwa 60 % des normalen Bedarfs (bezogen auf das Idealgewicht). Der Energiebedarf zum Abnehmen wäre also: 95 kcal × kg^{0,75} Idealgewicht × 0,6. Würden Sie stattdessen lediglich die Energieüberversorgung auf eine dem Idealgewicht entsprechende Versorgung reduzieren, würde Ihr Tier zwar nicht weiter zunehmen, aber auch nicht abnehmen.

Untergewicht		Idealgewicht	Übergewicht	
Rippen, Wirbelsäule und Beckenknochen sind deutlich zu sehen (bei kurzem Fell).	Rippen, Wirbelsäule und Beckenknochen sind erkennbar (bei kurzem Fell).	Rippen und Wirbelsäule nicht sichtbar, aber gut tastbar.	Beckenknochen und Rippen nur mit Druck ertastbar.	Beckenknochen und Rippen nicht oder kaum noch ertastbar.
Körperfett am Brustkasten nicht tastbar.	Sehr dünne Schicht Körperfett am Brustkasten tastbar.	Dünne Schicht Körperfett am Brustkasten tastbar.	Fettschicht auf Brustkasten, Rückgrat und Rutenansatz.	Deutliche Fettschicht auf Brustkasten, Rückgrat und Rutenansatz.
Deutliche Magengrube.	Gut sichtbare Taille.	Taille sichtbar.	Taille schwer erkennbar.	Taille nicht erkennbar.

Abb. 15: Übersicht über verschiedene Körperkonditionen.

Eine langsame Gewichtsabnahme von 1–2 % pro Woche ist ideal. Ein zu schneller Gewichtsverlust durch Radikaldiäten wäre ungesund und erhöht die Gefahr des berüchtigten Jo-Jo-Effekts..

Das Futter zum Abnehmen muss eine hohe Nährstoffdichte haben, da insgesamt weniger gefüttert wird. Einfach nur FDH („Friss' die Hälfte") wäre nicht sinnvoll, da dadurch auch die Zufuhr aller wichtigen Nährstoffe halbiert würde.

Eine ausreichende Eiweißversorgung ist besonders wichtig, da bei einem Eiweißmangel vermehrt Muskulatur abgebaut wird. Ein hoher Ballaststoffanteil ist günstig, da das die Verdaulichkeit des Futters erniedrigt und den Hund zugleich gut sättigt. Viel Gemüse, mageres Fleisch oder Quark und wenig Fett sind ideal. Zusätzlich können Sie die Ration mit Zellulose (bis 1 g/kg KG, Menge langsam steigern) und L-Carnitin (250–500 mg/Tag) ergänzen: Zellulose füllt den Magen und L-Carnitin fördert die Fettverbrennung.

Leckerlimanagement

Leckerlis sollten Sie reduzieren, brauchen sie aber nicht ganz zu streichen. Schließlich gehören Leckerlis zum Alltag – v. a. im Rahmen der Erziehung. Am besten ist es, wenn Sie kalorienreiche Belohnungen gegen kalorienarme austauschen (s. Tabelle 46) und größere Leckerlis zerteilen.

> **Was bedeutet eigentlich light?**
> Der Begriff light ist gesetzlich nicht definiert und bezeichnet lediglich das Futter mit dem niedrigsten Energiegehalt eines bestimmten Herstellers. Oft ist der Unterschied zu den normalen Produkten gering. Je nach Hersteller können die Energiegehalte der Light-Produkte sehr unterschiedlich sein. Das Light-Futter von Hersteller X kann also genauso viele Kalorien enthalten wie das normale Adult-Futter von Hersteller Y.

Tab. 46 Kaloriengehalte häufig verwendeter Leckerlis und alternativer Futtermittel

100 kcal sind in ... Leckerli	Menge (g)
Banane	140
Apfel	200
Heidelbeeren	400
Möhre/Zucchini	500
Gurke	850
Wiener Würstchen	35
Geflügelwurst	35
Fleischwurst	25
Leberwurst	25
Gekochter Schinken	75
Käse (45 % Fett i.Tr.)	25
Käse (20 % Fett i.Tr)	50
Gekochte Nudeln	120
Gekochte Fleischstückchen	55
Getrocknetes Fleisch (mager)	25
Hundekekse	30
Zwieback	30
Brotscheibe	45
Dentastix®	40
Kaustangen (Schmackos®)	30
Frolic®	30
Getrockneter Pansen	25
Schweinsohr	25
Getrocknete Lunge	20–25
Getrocknetes Fleisch	25
Büffelhautknochen	25
Ochsenziemer	20–25
Diättrockenfutter	40–45
Herkömmliches Trockenfutter	30
Herkömmliches Dosenfutter	120

Auf diese Weise können Sie genauso oft belohnen wie zuvor, füttern aber weniger Kalorien. Für Ihren Hund ist nicht so wichtig, *was* er bekommt, sondern *dass* er etwas bekommt. Überlegen Sie sich, wie viele Leckerlis wirklich nötig sind. Wenn Ihr Hund zu Zahnstein neigt, geben Sie während der Diät gerade so viele Kauartikel, dass sich kein Belag bildet. Es gibt fast kalorienfreie Kauartikel wie Kauwurzeln oder Kaugeweihe. Große Rinderknochen, die mehr benagt als gefressen werden, sind ebenfalls gut geeignet. Jede Diät ist zeitlich begrenzt. Ist der Speck erst einmal weg, dürfen es wieder etwas mehr Leckerlis sein.

Gelenkerkrankungen

Das A und O bei Gelenkproblemen ist das Vermeiden von Übergewicht. Ist der Hund zu schwer, werden seine Gelenke durch das Gewicht zu stark belastet und es kommt häufig zu entzündlichen oder degenerativen Erkrankungen. Osteoarthrose ist eine schmerzhafte und langsam fortschreitende Gelenkerkrankung, bei der der Knorpel zunehmend zerstört wird. Unterstützend können bestimmte Futterzusätze gegeben werden. In erster Linie sind dies Glukosaminoglukane, Chondroitinsulfat, Grünlippmuschelextrakte und Omega-3-Fettsäuren (s. Tabelle 47).

Was sind GAGs?

Glukosaminoglykane, kurz GAGs, sind knorpelschützende Substanzen (Chondroprotektiva). Zu ihnen zählen Glukosamin, Chondroitinsulfat, Hyaluronsäure, Grünlippmuschelextrakt und Gelatine. GAGs sind Bestandteile von Knorpel, Haut und Bändern. Sie tragen zur Knorpelregeneration bei und haben eine entzündungshemmende Wirkung. Zu den genauen Wirkmechanismen, Stoffwechselwegen und Dosierungen herrscht nach wie vor Untersuchungsbedarf. Es gibt zahlreiche Studien mit unterschiedlichen

Tab. 47 Beschreibung und Wirkung verschiedener Gelenkpräparate

	Beschreibung	Wirkung auf die Gelenke
Glukosamin	Hauptbestandteil der Hyaluronsäure	• Förderung der Knorpelregeneration • Verringerung des Knorpelabbaus
Chondroitinsulfat	Wichtiger Bestandteil des Knorpels	• Förderung der Knorpelzellaktivität und -stimulation der Kollagensynthese • Hemmung von Knorpelabbau und Entzündungen
Grünlippmuschel	Extrakt aus der neuseeländischen grünlippigen Muschel *Perna canaliculus*	• Entzündungshemmung
EPA und DHA	Langekettige Omega-3-Fettsäuren aus vorwiegend Fischöl	• Entzündungshemmung • Beeinflussung des Knorpelstoffwechsels (weniger Knorpelabbau)

und teils widersprüchlichen Ergebnissen, oft werden Kombinationspräparate untersucht. Eine positive Wirkung konnte jedoch mittlerweile mehrfach nachgewiesen werden.

Der Markt für Gelenkpräparate ist nahezu unüberschaubar. Es gibt zahlreiche human- und tiermedizinische Produkte. Oft fehlen die Angaben zu den genauen Gehalten der Wirksubstanzen, sodass eine Dosierung schwierig ist. Entweder Sie verlassen sich auf die Angaben des Herstellers oder rechnen sich selbst die erforderliche Dosis aus, sofern die Gehalte bekannt sind. Die empfohlene tägliche Dosierung für Hunde mit Osteoarthrose beträgt:
- Glucosamin: 25–50 mg/kg KG
- Chondroitin: 15–40 mg/kg KG
- Omega-3-Fettsäuren: 50–100 mg EPA/kg KG

Das Verhältnis von Omega-6 zu Omega-3-Fettsäuren sollte außerdem unter 1:1 liegen.

Grünlippmuschel

Die neuseeländische Grünlippmuschel (*Perna canaliculus*) war ein fester Nahrungsbestandteil der dortigen Ureinwohner, der Maori. Im Gegensatz zu der im Landesinneren lebenden Bevölkerung litten die Maori so gut wie nie an Arthrose. Das weckte Anfang der 1970er-Jahre das Interesse der Forscher. Diese entdeckten, dass die Muscheln nicht nur entzündungshemmende Eigenschaften haben, sondern auch Nährstoffe enthalten, welche die Gesundheit der Gelenke fördern.

Das Muschelfleisch hat einen sehr hohen Anteil an mehrfach ungesättigter Omega-3-Fettsäuren (v. a. EPA und DHA). Das Verhältnis von n3 zu n6 liegt bei 10:1. Außerdem enthält das Fleisch Chondroitin und Glukosamin sowie antioxidativ wirkende Spurenelemente wie Zink, Kupfer und Selen. Die klinische Wirksamkeit konnte bei Hunden in zahlreichen Studien bewiesen werden.

Rechtliches und Erkennungshilfen von „guten" Futtermitteln

Der Futtermittelmarkt ist sehr innovativ: Mittlerweile werden immer mehr Barfmenüs und gewolfte Fleischmischungen im Handel angeboten. Auch Barfen wird zunehmend kommerzieller und – ähnlich wie bei Fertigfutter – kann man auch bei manchen Barffuttern nicht mehr mit bloßem Auge erkennen, was ursprünglich verwendet wurde. So sind Kenntnisse darüber, was dem Futtermittelhersteller vom Gesetzgeber her erlaubt ist und was nicht, auch für jeden Barfer von Vorteil. Die Gesetze gelten gleichermaßen für jede Art von Futter, egal ob Trocken- oder Dosenfutter, roh oder gekocht.

Wichtig sind zum einen die vorgeschriebenen Angaben (Deklaration), die der Hersteller auf der Verpackung machen muss, damit Sie das Produkt beurteilen und einschätzen können. Zum anderen ist es wichtig zu wissen, was überhaupt zu Futter verarbeitet werden darf und wie Futtermittel beworben werden dürfen.

Die Gesetze dienen immer dem Schutz von Tier und Mensch. Das Futtermittel darf einerseits die Gesundheit Ihres Tieres nicht gefährden, andererseits dürfen Sie als Verbraucher, also derjenige, der die Kaufentscheidung trifft, vom Hersteller auch nicht getäuscht werden.

Deklaration von Futtermitteln

Durch die Futtermittelverkehrsverodnung (EG-VO 767/2009) wird die allgemeine Kennzeichnungspflicht von Hundefutter geregelt. Sie fordert eine ganze Reihe an Mindestangaben (s. Abbildung 16). Für die Beurteilung eines Futtermittels sind die Art des Futtermittels, die analytischen Bestandteile und die verwendeten Inhaltsstoffe sowie Zusatzstoffe am wichtigsten.

Allein- oder Ergänzungsfuttermittel?

Bei der „Art des Futtermittels" unterscheidet man zunächst *Alleinfuttermittel* und *Ergänzungsfuttermittel*. Alleinfuttermittel sind per definitionem so zusammengesetzt, dass sie allein den kompletten täglichen Nährstoffbedarf des Tieres decken (eine Ergänzung mit anderen Futtermitteln also nicht nötig ist). Eine Sonderform hiervon sind die *Diätfuttermittel*, die für „besondere Ernährungszwecke" (z. B. bei Erkankungen) konzipiert sind und spezielle Eigenschaften hinsichtlich Zusammensetzung und Nährstoffgehalten haben müssen. Ein Futter für nierenkranke Tiere muss z. B. einen niedrigen Gehalt an Phosphor und Eiweiß aufweisen.

Achtung „Komplettbarf" oder „Vollwertkost"

Viele Barfmenüs werden als *Komplettbarf* oder als *Vollwertkost* bezeichnet. Dies sind keine gesetzlich definierten Begriffe und sagen daher nichts darüber aus, ob das Futter ausgewogen ist, also alle essenziellen Nährstoffe enthält oder nicht (s. auch Seite 98). Bei *Komplettbarf* handelt es sich fast immer um Ergänzungsfutter, welches aber eine *komplette* Barf*mischung* umfasst, also Fleisch, Innereien, Knochen, Gemüse, Öle, etc. in einem enthält und meistens bereist gewolft ist.

Wenn Sie sich unsicher sind, ob Ihr Hund mit einem solchen Menü ausgewogen ernährt wird, können Sie das Futter einfach analog zu einer Rationsüberprüfung nachrechnen. Die Zutaten sind in der Regel alle angegeben und meistens steht eine Prozen-

Rechtliches und Erkennungshilfen von „guten" Futtermitteln

Dosenfutter XYZ mit Rindfleisch und Kartoffeln

a) Alleinfuttermittel für b) Hunde
c) Analytische Bestandteile: Rohprotein 10,2 %, Rohfett 4,9 %, Rohasche 2,0 %, Rohfaser 0,4 %, Feuchtigkeit 77,0 %
d) Zusammensetzung: Fleisch und tierische Nebenerzeugnisse (50 % Rindfleisch), Gemüse (30 % Kartoffeln), Mineralstoffe
e) Ernährungsphysiologische Zusatzstoffe (je kg): Vitamin A 2000 IE, Vitamin D 200 IE, Vitamin E 20 mg, Zink (als Zinkoxid, Monohydrat) 15,0 mg, Jod (als Calciumjodat): 0,75 mg
f) mindestens haltbar bis: 08/05/2016
g) Fütterungsempfehlung für verschiedene Gewichtsklassen (Tagesration):
  5–10 kg: 300–500 g
  11–20 kg: 500–900 g
  21–30 kg: 900–1200 g
  31–50 kg: 1200–1800 g
h) Inhalt: 800 g
i) Kennnummer der Partie: xyz123
j) Hersteller: Beispiel GmbH, Musterstadt
k) info@beispiel.de

Barf-all-in-one mit Rind

a) Ergänzungsfuttermittel für b) Hunde
c) Inhaltsstoffe: Rohprotein 14,5 %, Rohfett 8,5 %, Rohasche 1,6 %, Rohfaser 0,4 %, Feuchtigkeit 75,0 %
d) Zusammensetzung: 100 % Rind (Muskelfleisch, Herz, Lunge, Blättermagen, Leber), Möhren, Zucchini, Äpfel, Sonnenblumenöl, Eierschalen, Seealgenmehl
f) mindestens haltbar bis: 08/05/2016
g) Fütterungsempfehlung (Tagesration): 3–5 % des (idealen) Körpergewichts
h) 500 g
i) Kennnummer der Partie: xyz123
j) Hersteller: Beispiel GmbH, Musterstadt
k) info@beispiel.de

Folgende Mindestangaben schreibt der Gesetzgeber auf der Verpackung von Tiernahrung vor: a) Art des Futtermittels, b) Tierart, c) analytische Bestandteile, d) Zusammensetzung, e) verwendete Zusatzstoffe inkl. Gruppenbezeichnung, f) Mindesthaltbarkeitsdatum, g) Verwendungszweck und Hinweis für die sachgerechte Verwendung, h) Nettomasse, i) Chargennummer, j) Name und Anschrift des für die Kennzeichnung Verantwortlichen sowie ggf. Name und Anschrift oder Kennnummer des Herstellers und k) eine kostenfreie Kontaktmöglichkeit (Telefon oder E-Mail)

Abb. 16: Beispiele einer korrekten Futtermitteldeklaration.

---

tangabe dabei oder man kann sie erfragen. Auf diese Weise können Sie bei Ihrem praktischen Menü bleiben, wissen aber auch, ob und was Sie zur vollwertigen Ernährung noch ergänzen sollten (z. B. ein Barfsupplement oder Lebertran.)

Im Gegensatz zu Alleinfuttermitteln decken *Ergänzungsfuttermittel* nicht den kompletten Nährstoffbedarf ab und müssen daher mit anderen Futtermittel kombiniert (= ergänzt) werden, z. B. mit einem Mineralfutter. Tut man dies nicht, kann es zu Mangelerscheinungen kommen. Beispiele für Ergänzungsfuttermittel sind Hundeflocken, fast alle Barfmenüs, Kräutermischungen und Leckerli wie Hundekekse.

Mineralfuttermittel gehören zu den Ergänzungsfuttermitteln und zeichnen sich durch einen besonders hohen Anteil an Mineralstoffen aus. Diese „verstecken" sich unter dem Begriff Rohasche, die bei Mineralfuttermitteln über 40 % beträgt.

Einzelfuttermittel bestehen nur aus einer einzigen Zutat, beispielsweise Fleisch oder Haferflocken. Auch reine Fleischdosen, wenn sie sonst nichts enthalten (auch keine Mine-

> **Merke:** Ein *Alleinfutter* muss und sollte nicht zusätzlich mit Vitaminen und Mineralstoffen ergänzt werden. *Ergänzungsfuttermittel* dagegen können nur in Kombination mit anderen Futtermitteln den Nährstoffbedarf decken. *Einzelfuttermittel* bestehen aus einer Zutat, ohne Zusätze. *Diätfuttermittel* sind nur für kranke Tiere geeignet.

ralstoffe), und Leckerli wie Schweineohren oder getrockneter Pansen sind Einzelfuttermittel. Die Nährstoffzusammensetzung entspricht dem ursprünglich verwendeten Futtermittel, unter Berücksichtigung der Nährstoffverluste durch den Verarbeitungsprozess (z. B. Trocknung bei Kauprodukten oder Sterilisation bei Dosenfutter).

Anteile der Nährstoffgruppen

Die „analytischen Bestandteile" nennen die prozentualen Anteile an Eiweiß (= *Rohprotein*), Fett (= *Rohöle und -fette*), Ballaststoffen (= *Rohfaser*) und Mineralstoffen (= *Rohasche/Anorganische Stoffe*). „Analytisch" heißen sie deshalb, weil es für diese Nährstoffgruppen ein einheitliches Analyseverfahren gibt, die sogenannte Weender Analyse, mit der alle Futtermittel untersucht werden. Das garantiert vergleichbare Ergebnisse. Die Bezeichnung „Roh" weist auf Stoffgruppen hin, d. h. es werden bestimmte Nährstoffgruppen mit gleichen Eigenschaften zusammengefasst (s. Tabelle 48). Nicht deklariert wird der Anteil an Kohlenhydraten (in dem Kontext „stickstofffreie Extraktionsstoffe" [= NfE] genannt), denn diese werden nicht per Analyse, sondern rechnerisch durch den Abzug aller anderen Rohnährstoffe von der Trockensubstanz bestimmt.

Der Gehalt an *Feuchte* muss nur angegeben werden, wenn dieser über 14 % liegt. Erst dann besteht Verderbnisgefahr, wenn die Futter nicht konserviert bzw. durch Trocknung oder Sterilisation haltbar gemacht werden. Bei Dosenfutter findet man daher immer eine Angabe zum Feuchtigkeitsgehalt und bei Trockenfutter nicht.

Zutatenliste

Die „Zusammensetzung" nennt die verwendeten Einzelfuttermittel und zwar in absteigender Reihenfolge ihrer Gewichtsanteile. An erster Stelle steht, welche Zutat am meisten enthalten ist. Eine zusätzliche Prozentan-

---

Mythos: Fertigfutter enthält minderwertige bzw. künstliche Proteine, wodurch ein hoher Eiweiß- (Rohprotein-)gehalt vorgetäuscht werden soll

Es herrscht die Meinung, dass ein Futter nur dann hochwertig ist, wenn es viel tierisches Eiweiß und möglichst wenig bis kein pflanzliches Eiweiß enthält. Es stimmt, dass tierische Proteine hochwertiger sind als pflanzliche. Dies hängt damit zusammen, dass sie in der Regel alle essenziellen Aminosäuren in einem optimalen Verhältnis enthalten und gut verdaulich sind. Das bedeutet aber nicht, dass pflanzliche Proteine generell minderwertig sind oder nicht verwertet werden können. Ganz im Gegenteil. Insbesondere die Qualität von Sojaeiweiß ist vergleichbar mit der von Fleisch. Und durch die Erhitzung bei der Herstellung werden auch pflanzliche Proteine ausreichend aufgeschlossen und sind damit verwertbar.

Manche gehen noch weiter und behaupten, dass „künstliche Proteine" (z. B. aus Plastik) beigemischt würden, um einen höheren Eiweißgehalt im Futter vorzugaukeln. Dadurch, dass bei der Analytik der Rohnährstoffe nur bestimmte Eigenschaften veschiedener Stoffgruppen erfasst werden, wäre es in der Tat möglich, einen höheren Eiweißgehalt durch bestimmte Zutaten im Futter vorzutäuschen. Bei der Bestimmung des Rohproteins wird der Stickstoffanteil (Bestandteil von Aminosäuren) gemessen und der Eiweißgehalt entsprechend hochgerechnet. Man könnte also andere stickstoffhaltige Komponenten wie z. B. Harnstoff verwenden und so einen höheren Rohproteingehalt „messen", als tatsächlich im Futter wäre. Theoretisch wäre es also möglich, in der Praxis macht das aber kein Hersteller (wozu auch). Und dass sicherlich niemand Gummireifen in sein Futter mischt (wie es manchmal behauptet wird), versteht sich hoffentlich von selbst. Stellen Sie nur einmal vor, wie Ihr Hund das verdauen würde.

Tab. 48 „Analytische Bestandteile" von Futtermitteln und was sich dahinter verbirgt

Nährstoffgruppe	Grob gesagt	Genauer gesagt
Rohprotein	Eiweiß	Eiweiß und stickstoffhaltige Verbindungen, z. B. freie Aminosäuren, Peptide, Alkaloide oder Amide
Rohöle und -fette	Fett	Reine Fette (Triglyceride), Lipoide, Carotinoide, Wachse
Rohasche	Mineralien	Mineralstoffe und Silikate
Rohfaser	Ballaststoffe	Zellulose, Hemizellulose und Lignin
NfE* = stickstofffreie Extraktstoffe	Kohlenhydrate	Z. B. Stärke, Einfachzucker, Glykogen, Inulin

* NfE = Trockensubstanz − (Rp + Rfe + Ra + Rfa)

Tab. 49 Aussagen zur Auslobung einer bestimmten Zutat (am Beispiel Huhn) und der entsprechende Mindestanteil im Futtermittel

Aussage/Beschreibung	Gehalt der aufgeführten Inhaltsstoffe
• Mit Huhngeschmack	> 0 % aber weniger als 4 % Huhn
• Mit Huhn • Enthält Huhn	Mindestens 4 % Huhn
• Reich an Huhn • Mit viel Huhn • Mit extra Huhn	Mindestens 14 % Huhn
• Huhn • Huhnmenü • Huhnmahlzeit	Mindestens 26 % Huhn
• Reines Huhn • Huhn pur	100 % Huhn (erlaubt sind aber Zusatzstoffe, Nährstoffergänzungen und Wasser)

* Rechtsgrundlage: VO 767/2009, FEDIAF Code of good labelling practice for pet food

Mythos: Dosenfutter enthält nur 4 % Fleisch

Nach der bis 2009 gültigen Futtermittelverordnung war ein allgemeiner *Mindest*gehalt von 4 % verpflichtend, wenn auf der Verpackung eine bestimmte Zutat besonders hervorgehoben wurde. Ein „Schlemmertopf mit Rind" musste demnach also mindestens 4 % Rindfleisch enthalten. Das bedeutete aber nicht, dass das Futter *insgesamt* nur 4 % enthielt, sondern lediglich, dass von dem gesamten Fleischanteil 4 % Rind waren. Selbstverständlich war (und ist) der Fleischanteil insgesamt im Dosenfutter höher. Auch Trockenfutter enthält mehr als 4 % Fleisch.

Neben der Prozentangabe können Sie auch anhand der Beschreibung eines Futters erkennen, wie hoch der Anteil der entsprechenden Zutat mindestens ist. Der europäische Industrieverband für Heimtierfuttermittel gibt Empfehlungen gemäß Tabelle 49 vor.

gabe muss erfolgen, wenn auf der Verpackung das Vorhandensein einer bestimmten Zutat besonders hervorgehoben wird, sei es durch eine Abbildung, Grafik oder Text. Die Prozentangabe umfasst den Mindestgehalt, d. h. es dürften auch mehr sein.

Deklarationstricks

Für viele ist Fleisch das Futtermittel schlechthin. Ein „gutes" Fertigfutter enthält demnach entsprechend hohe Fleischanteile und möglichst keine (vermeintlich) minderwertigen Schlachtabfälle. Gewünscht wird also ein Futter mit „Fleisch" an erster Stelle der Zusammensetzung und ohne „tierische Nebenerzeugnisse". Bei der Deklaration eines Futters lässt sich aber durchaus ein wenig „tricksen".

Da alle Zutaten bei der Zusammensetzung ihrem *Roh*gewicht nach angegeben werden müssen, findet man bei Trockenfutter äußerst selten Fleisch an erster Stelle. Für die Herstellung werden i. d. R. Fleischmehle verwendet, die ähnlich viel Wasser enthalten wie Getreide, nämlich etwa 10 %. Frisches Fleisch hingegen, welches für Dosenfutter verwendet wird, hat 70–80 % Wasser und steht daher bei Dosenfutter auch an erster Stelle.

Um einem Trockenfutter den Eindruck eines besonders hohen Fleischanteils zu verleihen, verwenden manche Hersteller frisches Fleisch anstatt Fleischmehl, welchem jedoch im Zuge der Herstellung trotzdem das Wasser entzogen werden muss, denn sonst bekäme man kein *Trocken*futter. Wenn bei Trockenfutter also Fleisch nicht an erster Stelle steht, heißt das nicht, dass das Futter wenig Fleisch bzw. Eiweiß enthält. Wenn Sie herausfinden wollen, ob ein Futter viel *Eiweiß* enthält, vergleichen Sie am besten die Proteingehalte auf der Verpackung – natürlich unter Berücksichtigung der verwendeten Zutaten.

Der zweite „Trick" ist die Verwendung der Einzelbezeichnung anstatt der Gruppenbezeichnung. Jeder Hersteller kann sich aussuchen, ob er seine Zutaten alle einzeln aufzählt (halboffene bzw. offene Deklaration), oder ob sie in den gesetzlich definierten Kategorien zusammenfasst (geschlossene Deklaration). Er muss sich für eine Variante entscheiden, eine Vermischung beider ist nicht zulässig. Wenn ein Futtermittel also z. B. Fleisch und Leber vom Rind enthält, kann dies entweder als „Muskelfleisch und Rinderleber" oder als „Fleisch und tierische Nebenerzeugnisse" deklariert werden. Der Unterschied besteht nur in der Art der Benennung.

Für Sie als Besitzer ist die sogenannte „offene Deklaration" natürlich klarer, denn Sie wissen auf einen Blick, was das Futter alles enthält. Bei der geschlossenen Deklaration können Sie jedoch beim Hersteller nachfragen, welche Zutaten alle verwendet wurden. Seriöse Hersteller geben Ihnen hier gerne Auskunft darüber.

Die geschlossene Deklaration hat für den Hersteller gewisse Vorteile. Zum einen bekommt er bei kleinen Verpackungen auf dem Etikett alle vorgeschriebenen Angaben unter, zum anderen ist er etwas flexibler bei den Rohstoffen. Bekommt er beispielsweise für eine Charge nicht ausreichend Muskelfleisch, könnte er stattdessen zusätzlich Herz verwenden, ohne die Deklaration und damit das Etikett komplett neu gestalten zu müssen. Vorraussetzung ist aber, dass die Eiweißgehalte (Rohprotein) im Endprodukt gleich bzw. innerhalb der tolerierbaren Schwankungsbreite bleiben.

Definition Fleisch und tierische Nebenerzeugnisse
Alle Fleischteile geschlachteter warmblütiger Landtiere, frisch oder durch ein geeignetes Verfahren haltbar gemacht sowie alle Erzeugnisse und Nebenerzeugnisse aus der Verarbeitung von Tierkörpern oder Teilen von Tierkörpern warmblütiger Landtiere (Richtlinie 82/475/EWG). Übersetzt heißt dies: Bei tierischen Nebenerzeugnissen handelt es sich um alles, was nicht als reines Fleisch bezeichnet wird. Zu „Fleisch" können neben Muskelfleisch auch Herz und Geflügelmägen zählen.

Vitamine, Mineralstoffe & Co.

Neben den einzelnen Zutaten müssen auch die „verwendeten Zusatzstoffe" deklariert werden. Der Hersteller muss Namen und/oder E-Nummer des Zusatzstoffes sowie die entsprechende Gruppenbezeichnung und die zugesetzte Menge angeben. Die für die Hundenahrung relevanten Gruppen umfassen die *ernährungsphysiologischen* Zusatzstoffe (Vitamine, Spurenelemente und Aminosäuren – keine Mineralstoffe!), die *technologischen* Zusatzstoffe (Konservierungsmittel, Antioxidantien, Bindemittel etc.) und die *sensorischen* Zusatzstoffe (Farb- und Aromastoffe). Die allgemeinen gesetzlichen Regelungen finden sich in der Futtermittelzusatzstoffverordnung (EG-VO 1831/2003), ein Verzeichnis mit detaillierten Informationen über alle in Europa zugelassenen Futtermittelzusatzstoffe im sogenannten Gemeinschaftsregister, welches frei zugänglich ist.

Worauf Sie also bei einem Futter achten sollten, sind die **ernährungsphysiologischen Zusatzstoffe**, denn die machen letztlich den Unterschied zwischen einem *Allein-* und einem *Ergänzungs*futter aus. Vitamine und Spurenelemente sind natürlich auch in den Rohstoffen enthalten, eine Ergänzung (vonseiten des Herstellers) ist – wie auch bei hausgemachten Rationen (vonseiten des Tierbesitzers) – bei Fertigfutter dennoch erforderlich, zumindest wenn es ein Alleinfutter ist (s. hierzu auch Seite 147). Zudem müssen Verluste, die bei der Herstellung und der Lagerung entstehen, berücksichtigt und entsprechend ausgeglichen werden.

Da bei den Spurenelementen und Vitaminen nur die zugesetzte Menge, nicht aber der Gehalt in den verwendeten Rohstoffen angegeben werden muss, spiegelt der deklarierte Gehalt nicht unbedingt den tatsächlichen Gehalt des Nährstoffs im Produkt wider. Wenn beispielsweise Leber enthalten ist, welche viel Vitamin A enthält, muss der Gehalt an Vitamin A nicht deklariert werden. Wenn Vitamin A aber über einen Zusatzstoff im Futter ergänzt wird, muss der zugesetzte Gehalt angegeben werden. Wenn beides verwendet wird, entspricht der deklarierte Gehalt lediglich der zugesetzten Menge und nicht dem tatsächlichen Gesamtgehalt im Futter, der in diesem Fall höher ist.

Für eine Rationsüberprüfung muss man möglichst genau wissen, welche Nährstoffe in welchen Mengen das Futter enthält. Einige Firmen stellen ihre Analysendaten mit den Gesamtnährstoffgehalten zur Verfügung. Diese Hersteller gehen daher mit gutem Beispiel voran und sorgen neben der gesetzlichen Deklarationspflicht für eine große Transparenz ihres Futters.

Übrigens müssen nur die Zusatzstoffe angeben werden, für die ein Höchstgehalt festgesetzt ist, also Zusatzstoffe, die bei Überdosierung schädlich sein können. Dies sind alle Vitamine und Spurenelemente mit Ausnahme von Vitamin E, Vitamin C und den B-Vitaminen. Wenn der Hersteller also z. B. Vitamin E zusetzt, ist es ihm überlassen, ob er die zugesetzte Menge angibt oder aber nicht. Die Mineralstoffe (Calcium, Phosphor, Natrium, Kalium und Magnesium) gehören zu den Einzelfuttermitteln und fallen nicht in diesen Bereich.

> **Bedarfszahlen für Futtermittelhersteller**
> Empfehlungen zu bedarfsgerechten Nährstoffgehalten sowie erlaubte Höchstgehalte für Fertigfuttermittel werden vom Europäischen Verband der Heimtiernahrungsindustrie (FEDIAF) herausgegeben. Diese basieren auf den neuesten wissenschaftlichen Erkenntnissen und werden beständig aktualisiert (letzte Fassung vom Juli 2013). Diese Empfehlungen sind frei zugänglich, zu finden unter www.fediaf.org.

Hält das Futter, was die Deklaration verspricht?

Kenntnisse über Futtermitteleigenschaften helfen Ihnen nicht nur beim Erstellen eigener Futterpläne, sondern auch dabei, zu erkennen, ob ein Fertigfutter hält, was es bzw. der Hersteller verspricht.

Da der allgemeine Trend beim Hundefutter immer mehr in Richtung Naturnähe geht, erscheinen fast täglich neue Produkte – Alleinfutter wohlgemerkt – auf dem Markt, die angeblich frei von „künstlichen Zusatzstoffen" und „ganz natürlich" sind. Dies betrifft zunehmend auch fertige Barfmenüs (s. oben).

Ob ein solches Allein*futter ohne Zusatzstoffe* – also ohne ergänzte Spurenelemente und Vitamine – tatsächlich ein Alleinfutter ist, können Sie ganz leicht feststellen, in dem Sie sich vergewissern, ob das Futter eine geeignete Jod- und/oder Vitamin D-Quelle enthält. Für *natürliches* Jod kommen eigentlich nur Seealgenmehl und Seefische infrage (Schilddrüsenanteile von Schlachttieren, die ebenfalls jodreich wären, haben generell im Futter nichts zu suchen). Ist beides nicht enthalten, muss Jod über einen Zusatzstoff ergänzt werden, meistens ist dies Kaliumjodid. Vitamin D ist v. a. in Lebertran, fetten Fischen und in Leber enthalten, wobei die Vitamin-D-Gehalte in Leber nicht ausreichen. Auch hier wäre eine Ergänzung in Form eines Zusatzstoffes nötig, wenn diese Futtermittel in der Zutatenliste („Zusammensetzung") fehlen.

Manche Hersteller/Verkäufer argumentieren gerne, dass die Zutaten ja naturbelassen seien und daher nichts ergänzt werden müsse. Das alleine reicht aber nicht. Nur weil beispielsweise ein Fleisch Bio-Qualität hat oder vermeintlich weniger verarbeitet wurde (was bei Trockenfutter ohnehin etwas fraglich ist), enthält es trotzdem kein Jod, da Fleisch von Natur aus jodarm ist. In Bezug auf Vitamin D behaupten manche Hersteller, der Hund könne Vitamin D – wie der Mensch auch – in der Haut bilden, und braucht es daher nicht in der Nahrung. Früher hat man das tatsächlich angenommen, wobei man vermutet hat, dass die Eigensynthese aufgrund des dichten Fells dennoch nicht ausreiche. Eine Studie aus den 1980er-Jahren mit geschorenen Hunden (Hazewinkel et al., 1987) und eine neuere aus 2014 (Corbee et al., 2014) haben aber eindeutig gezeigt, dass Hunde keine ausreichende Vitamin-D-Synthese haben und daher auf eine Zufuhr über das Futter angewiesen sind.

Es gibt auch Hersteller, die ganz einfach nicht angeben, dass sie Zusatzstoffe verwenden und eine Strafe in Kauf nehmen. Oder sie behaupten, es müssten nur Zusatzstoffe ab einem bestimmten Prozentanteil deklariert werden. Das stimmt zwar, trifft aber **nicht** für die ernährungsphysiologischen Zusatzstoffe zu. Für die Gesundheit Ihres Hundes ist dieser Fall freilich besser als ein tatsächliches Fehlen des Nährstoffs. Es ist und bleibt aber Betrug, denn Sie als Verbraucher gehen ja davon aus, dass keine Zusatzstoffe enthalten sind.

Fazit: Schauen Sie sich die Deklaration des Futters genau an und achten Sie dabei in erster Linie darauf, ob es sich um ein Allein- oder Ergänzungsfutter handelt, welche Zutaten es enthält und was zugesetzt wurde. Eine gewisse Skepsis ist durchaus angebracht. Sollten Sie Zweifel bei einem Futter haben, fragen Sie beim Hersteller nach. Bekommen Sie keine zufriedenstellende Antwort, ist es ratsam, das Futter bzw. den Hersteller zu wechseln.

Womit darf geworben werden?

Neben der Kennzeichnungspflicht sieht der Gesetzgeber vor, welche (Werbe-)Aussagen hinsichtlich der Eigenschaften des Futtermittels getroffen werden dürfen, um den Verbraucher vor Täuschung und Irreführung zu schützen (§§19, 20 LFGB: Verbote zum Schutz vor Täuschung und Verbot der krankheitsbezogenen Werbung). Leider gibt es sehr viele Beispiele von Herstellern und Vertreibern, die sich nicht daran halten.

Es dürfen laut Gesetz keine Aussagen gemacht werden, die sich *auf die Beseitigung oder Linderung von Krankheiten oder auf die Verhütung solcher Krankheiten, die nicht Folge mangelhafter Ernährung sind,* beziehen (dies gilt natürlich nicht für Diätfuttermittel).

Erlaubt wäre also z. B. „Vitamin A hilft bei Vitamin-A-Mangel", nicht erlaubt wäre „Vitamin A ist gut für die Haut, daher hilft es bei Pilzerkrankungen!". Wird ein sogenannter Health Claim gemacht, also eine gesundheitsbezogene Behauptung, muss dieser (vom Hersteller) nachweisbar sein. Aussagen zu bestimmten Wirkungen des Futtermittels, die nach Erkenntnissen der Wissenschaft nicht bestehen bzw. nicht hinreichend gesichert sind, gelten als irreführend und sind verboten. Health Claims im Tierfutterbereich sind derzeit noch eine Grauzone. Sie sollen zukünftig – ähnlich wie im Lebensmittelbereich (Health Claims-VO 1924/2006) – gesetzlich genauer definiert werden, was absolut wünschenswert ist.

Ein Futtermittel darf nicht den Eindruck eines Arzneimittels erwecken. Es darf außerdem nicht suggeriert werden, dass das Futtermittel besondere Eigenschaften hat, obwohl alle vergleichbaren Futtermittel dieselben Eigenschaften haben (Werbung mit Selbstverständlichkeiten). Ein Beispiel hierfür wäre „Aufgrund der optimalen Aminosäurenzusammensetzung ist unser Fleisch besonders wertvoll."

Fazit: Die Deklaration und Produktbeschreibung sind nicht nur für Hersteller und Juristen interessant. Letztlich sagen eine korrekte Deklaration und angemessene Werbeaussagen auch etwas über die Seriosität und Sachkenntnis des Herstellers aus. Dies kann durchaus ebenfalls als Qualitätsmerkmal eines Futters betrachtet werden (s. auch Seite 161).

Was darf verfüttert werden?

Gerade in Bezug auf Fertigfutter kursieren die verrücktesten Gerüchte darüber, welche grauenhaften Inhalte sie haben können. Sicher haben Sie bereits Einiges dazu gehört oder gelesen. Die Geschichten reichen von Müll bis hin zu eingeschläferten Haustieren – das Internet ist voll davon, aber auch Bücher. Harmloser sind einfache Missverständnisse, die aus mangelndem Fachwissen rühren, beispielsweise dass Zellulose das gleiche sei wie Sägespäne. Solche Horrorgeschichten verunsichern viele Hundebesitzer und veranlassen den einen oder anderen zu einem Futterwechsel.

Dabei ist gesetzlich genau geregelt, was an Hunde verfüttert werden darf und was nicht. Die oberste Prämisse sämtlicher futtermittelrechtlich relevanter Gesetzestexte ist, dass ein Futtermittel „sicher" sein muss. Das heißt, von keinem Futtermittel darf eine Gefahr für die Gesundheit des Tieres ausgehen, wie das bei der Verfütterung betäubungsmittelhaltiger Haustiere wohl der Fall wäre.

> **Mythos: Fertigfutter enthält nur Abfälle**
> Unsere Hunde sind in der Tat Resteverwerter der Nahrungsmittelherstellung. Schlachtabfälle, die für die Futtermittelherstellung verwendet werden, sind aber nicht als „Müll" zu betrachten. In erster Linie sind dies Innereien, Kopffleisch, sehnige Abschnitte und Ähnliches. Dies sind durchaus hochwertige Futtermittel. Theoretisch wären sie auch für den Menschen verzehrbar – wir wollen sie nur nicht essen. Klauen, Haut, Ohren etc. gelten ebenfalls als Schlachtabfälle. oftSie sind als Kauartikel sehr beliebt. Widersprüchlich ist daher, dass Schlachtabfälle oft als Müll bezeichnet bzw. empfunden werden, wenn sie in einem Fertigfutter enthalten sind, als Rohfutter bzw. Leckerli aber als „artgerecht" bzw. als „gesunder und natürlicher Kauspaß" gelten.

Die EU-Verordnung Nr. 1069/2009 regelt die Nebenprodukte und Ausgangsmaterialien tierischer Herkunft, die nicht für den menschlichen Verzehr bestimmt sind, und die als Futtermittel verwendet werden dürfen. Die Verordnung gilt für alle Futter, egal ob kommerzielle Futter oder Rohfleischmenüs. Die Einteilung erfolgt in drei Kategorien, von denen nur Material der Kategorie 3

Tab. 50 Kategorien tierischer Ausgangserzeugnisse

Kategorie 1:
- Getötete Heim-, Zoo- und Zirkustiere sowie Versuchstiere
- Tiere mit übertragbaren Krankheiten (auch Wildtiere mit Verdacht)
- Erzeugnisse von Tieren, denen verbotene Stoffe verabreicht wurden oder bei denen Rückstände von Umweltgiften gefunden wurden
- BSE-Risikomaterial
- Küchenabfälle

→ Muss zwingend vernichtet werden, z. B. durch Verbrennen.

Kategorie 2:
- Tiere, die auf andere Weise als durch Schlachtung für den menschlichen Verzehr gestorben sind, z. B. gefallene oder getötete Wild- und Nutztiere
- Föten, Eizellen, Embryonen, abgestorbene Küken
- Schlachtkörperteile mit Krankheitsmerkmalen
- Erzeugnisse tierischen Ursprungs mit Rückständen von Tierarzneimitteln
- Gülle und Magen-Darminhalt

→ Muss vernichtet werden, darf aber z. B. nach Sterilisation noch in Biogasanlagen verwendet werden.

Kategorie 3*:
- *Geschlachtete oder getötete Tiere (auch Wildtiere), die zwar genusstauglich sind, aus kommerziellen Gründen aber nicht zum menschlichen Verzehr bestimmt*
- *Tiere oder Teile davon, die ursprünglichen für den menschlichen Verzehr vorgesehen waren und als schlachttauglich eingestuft wurden, dann aber als genussuntauglich zurückgewiesen wurden (z. B. Stichfleisch [Fleisch an der Einstichstelle des Entblutens] oder Hühnerhälse) sowie Geflügelköpfe, Häute und Felle, Hörner und Füße, Schweineborsten und Federn*
- *Tierische Nebenprodukte, die bei der Gewinnung von Lebensmittelerzeugnissen angefallen sind (z. B. entfettete Knochen und Grieben)*
- *Erzeugnisse oder Lebensmittel tierischen Ursprungs, die nicht mehr zum menschlichen Verzehr bestimmt sind, entweder aus kommerziellen Gründen oder aufgrund von Herstellungs- oder Verpackungsmängeln (z. B. Fleisch mit abgelaufenem Verfallsdatum)*
- Blut, Plazenta, Wolle, Federn, Haare, Hörner, Hufausschnitte, Rohmilch
- Fische
- Schalen von Weich- und Krebstieren
- Brütereinebenprodukte, Eier, Ei-Nebenprodukte einschließlich Eierschalen
- Aus kommerziellen Gründen getötete Eintagsküken

→ Sofern alle diese Produkte keine Anzeichen einer auf Mensch oder Tier übertragbaren Krankheit aufweisen, dürfen diese zu Hundefutter verarbeitet werden.

*kursiv: Dies darf zu rohem Futter verarbeitet werden, der Rest nicht.

zu Futter verarbeitet werden darf. Materialen der Kategorie 1 und 2 müssen vernichtet werden (s. Tabelle 50).

Tierische Nebenprodukte (Schlachtabfälle), die nicht für den menschlichen Verzehr bestimmt sind, sind dies nicht aus gesundheitsbedenklichen, sondern vielmehr aus kommerziellen Gründen. Dies betrifft überwiegend Teile von Tieren, die in der Humanernährung keine oder zumindest selten Verwendung finden (z. B. Stichfleisch, Pansen, Lunge, Rinderohren usw.), aber durchaus hochwertige Futtermittel oder schmackhafte Kauartikel darstellen. Es wäre ethisch wohl kaum vertretbar,

> **Mythos: Wir verwenden nur Zutaten aus der Lebensmittelproduktion**
>
> Entgegen manchen Meinungen und v. a. durch Produktwerbung suggerierten Aussagen muss *jedes* Schlachttier, das ganz oder teilweise ins Hundefutter soll, *immer* eine Schlachttier- und Fleischuntersuchung mit Beurteilung nach dem Standard für Lebensmittel durchlaufen haben. Lassen Sie sich also durch Aussagen wie „Wir verwenden nur Zutaten von lebensmitteltauglichen Tieren" nicht in die Irre führen. Das gilt für alle Futtermittel und ist daher nichts Besonderes.

nur das Muskelfleisch zu verfüttern und den Rest des Schlachttieres wegzuwerfen.

Minderwertigere Futtermittel wie Häute, Ochsenziemer oder Ohren, die prinzipiell verfüttert werden dürfen, findet man nicht in Dosen- oder Trockenfuttern, jedoch im Leckerlibereich. Solche Futtermittel sind schwer verdaulich und würden daher zu großen Kotmengen und Blähungen führen. Sie haben zudem eine ungünstigere Nährstoffzusammensetzung. Ganz abgesehen davon, dass es kaum möglich wäre, hieraus ein gesundes hochwertiges Futtermittel zu machen, würde wohl kaum einer ein solches Produkt kaufen, wenn sein Tier davon Verdauungsprobleme bekäme. Für Dosen- und Trockenfutter werden daher vorwiegend hochwertige Innereien und Fleischabschnitte verwendet, wie für Barffutter im Übrigen auch.

Zusätzlich zu der Nebenprodukteverordnung gibt es im Anhang der Futtermittelverkehrsverordnung eine Liste generell verbotener Stoffe. Diese sind:
- Kot, Urin, Inhalt des Verdauungstraktes
- mit Gerbstoffen behandelte Häute
- mit Pflanzenschutzmitteln behandeltes Saatgut
- Holz (einschließlich Sägemehl)
- Abfälle (aus Abwasser sowie Hausmüll)
- Verpackung und Verpackungsteile

Woran erkennen Sie ein gutes Futter?

Ein gutes Futter von einem schlechten zu unterscheiden ist nicht immer einfach. Zur Orientierung sollten Sie sich bei der Futterwahl folgende Fragen stellen:

1. Hersteller:
- Welchen Ruf hat das Unternehmen als Hersteller von Tiernahrung?
- Welche Fachleute (mit welchen Qualifikationen) beschäftigt die Firma?
- Gibt es einen (tierärztlichen) Ernährungsberater?
- Wer erstellt die Rezepturen? (Bitte lassen Sie sich nicht von weißen Kitteln blenden; „nur" praktischer Tierarzt sein allein reicht hierfür nicht aus.)
- Welche objektiven Informationen (keine Erfahrungsberichte!) werden zur Verfügung gestellt?

Die Meinung, dass gerade die großen Firmen schlecht seien und fragwürdige Zutaten verwenden würden, ist zum Glück ungerechtfertigt. Im Trocken- und Nassfuttersegment verfügen insbesondere diese Hersteller über viel Know-how, langjährige Erfahrung und zudem entsprechende finanzielle Mittel, die sowohl in die Entwicklung als auch in die Qualitätssicherung ihrer Futtermittel einfließen. Es dürfte außerdem kaum im Interesse eines seriösen Herstellers liegen, nur minderwertige oder gar verbotene Zutaten für sein Futter zu verwenden.

2. Deklaration: Sind die Angaben korrekt und vollständig?

Vorgaben zur Deklaration sind keine Geheimnisse. Es gibt sogar Leitfäden zum leichteren Verständnis der Gesetzestexte. Eine fehlerhafte Deklaration ist also durchaus ein Hinweis auf mangelnde Sachkenntnis des Herstellers, auch wenn das nicht automatisch heißt, dass das Futter selbst deshalb mangelhaft sein muss.

3. Wie seriös ist die Werbung?

Verbraucher dürfen nicht getäuscht oder in die Irre geführt werden. Dennoch bewerben manche Hersteller ihre Produkte sehr übertrieben, heben Selbstverständlichkeiten hervor oder lassen andere Produkte in einem schlechten Licht erscheinen, um den Eindruck zu erwecken, ihr Produkt wäre besser. Beantworten Sie sich bitte selbst, ob Sie das seriös finden oder nicht.

4. Gibt es Analysedaten?

Neben bestimmten Nährstoffgehalten, die angegeben werden müssen, lassen viele Hersteller ihr Futter im Labor zusätzlich analysieren. Auf Nachfrage werden diese Gehalte meist weitergegeben. Wenn Ihnen aber ein Hersteller antwortet, dass er sein Futter nicht analysieren lassen müsse oder gar kann, weil er nur natürliche Zutaten verwende bzw. es ihm zu teuer wäre, ist das nicht sehr seriös. Dies gilt allerdings nur bei Alleinfuttermitteln.

5. Wurde das Futter getestet? Wie ist die Verdaulichkeit?

Da manche Hersteller besonders hervorheben, keine Tierversuche zu machen, möchte ich gerne ein paar Sätze zu diesem heiklen Thema einfügen. Wohl kaum einer mag Tierversuche, mich eingeschlossen! Tierversuche im Futtermittelbereich sind aber nicht vergleichbar mit Tierversuchen der Pharmaindustrie. Meistens handelt es sich um Akzeptanzversuche oder Verdaulichkeitsstudien. Bei Akzeptanzstudien wird lediglich getestet wie das Futter im Vergleich zu Produkten der Konkurrenz schmeckt. Bei Verdaulichkeitsuntersuchungen werden die Kotbeschaffenheit beurteilt und die Verdaulichkeit der Energie und der Rohnährstoffe bestimmt. Hierfür bekommen mindestens sechs ausgewachsene und gesunde Tiere nach einer Umstellungsphase von mindestens drei Tagen für mindestens weitere vier Tage das Testfutter. In dieser Zeit muss der Hund zwar einzeln, aber deshalb nicht in einem kleinen Käfig gehalten werden. Entscheidend ist, dass Futtermenge und Kot von jedem Tier beurteilt und quantifiziert werden können. Beides wird anschließend im Labor analysiert. Mit den so ermittelten Nährstoffgehalten kann dann die Verdaulichkeit des Futters errechnet werden. Die Einschränkung für den Hund besteht also in erster Linie darin, dass er während der Versuchsphase (vier Tage) nicht in der Gruppe gehalten werden kann.

Natürlich bleibt ein Tierversuch ein Tierversuch. Dennoch handelt es sich bei Fütterungsversuchen von Futtermittelherstellern meist um die Überprüfung ihrer Produkte, dient also der Qualitätssicherung und spricht nicht gegen den Hersteller. Auf diese Weise stellt der Hersteller sicher, dass sein Futter schmeckt, gut verdaubar ist und keinen Durchfall oder Verstopfung verursacht. Solche Versuche sind nicht nur aufwendig und teuer, sondern unterliegen im Übrigen auch einer strengen Überwachung.

Woran erkennen Sie ein gutes Futter noch? An Ihrem Hund!

- Das Futter schmeckt Ihrem Hund.
- Ihr Hund hat Freude am Fressen.
- Die Haut ist gesund.
- Das Fell glänzt.
- Ihr Hund ist aktiv.
- Ihr Hund hat gesundes Zahnfleisch.
- Ihr Hund setzt ein- bis zweimal am Tag gut geformten Kot ab.
- Ihr Hund hat kaum Blähungen.

Anmerkung: Dies sind alles nur Hinweise und keine Garantien für eine bedarfsgerechte Futterzusammensetzung. Um sicherzugehen, dass das Futter ausgewogen ist, sollten Zusammensetzung und Nährstoffgehalte überprüft werden. Mit der Lektüre dieses Buches sind Ihr Liebling und Sie auf dem besten Weg zu einer artgerechten und gesunden Hundeernährung, die Ihnen Spaß bereitet und für Ihren Vierbeiner bedeutet: lecker!

Alternativen zum Barfen

Ob Sie eine naturnahe Fütterung anstreben, aber nicht komplett barfen möchten, generell nicht roh füttern wollen oder die Umstände, beispielsweise aufgrund einer Reise, die Rohfütterung schwierig gestalten: Es gibt viele alternative Möglichkeiten, Hunde gesund und artgerecht in Anlehnung an die Barffütterung zu ernähren.

Selbst gekochte Rationen

Selbst gekochte Rationen bieten fast die gleichen Vorteile wie Barfrationen (s. Tabelle 52 Seite 162) und kämen dem Barfen noch am nächsten. Generelle Unterschiede liegen einerseits bei der Knochenfütterung, die von vielen Barfern, aber von wenigen Selbstkochern praktiziert wird (außer mal als gelegentliches Kauvergnügen). Andererseits enthalten Barfrationen typischerweise keine bis wenig Kohlenhydrate, selbst gekochte Rationen hingegen meist schon (s. Abbildung 17), da der Fokus hier weniger auf der ursprünglichen Ernährung des Wolfes liegt.

Zusammensetzung
Neben Fleisch werden häufig Milchprodukte, Eier, Nudeln, Reis, Kartoffeln, Getreideflocken, Fisch, Gemüse, Obst und Öle gefüttert. Der Phantasie sind hierbei keine Grenzen gesetzt. Innereien – ausgenommen Pansen, Herz und gelegentlich Leber – werden in der Regel nicht verwendet. Ergänzend sollten Sie ein handelsübliches vitaminiertes Mineralfutter verwenden, wobei diese in ihrer Zusammensetzung sehr unterschiedlich sein kön-

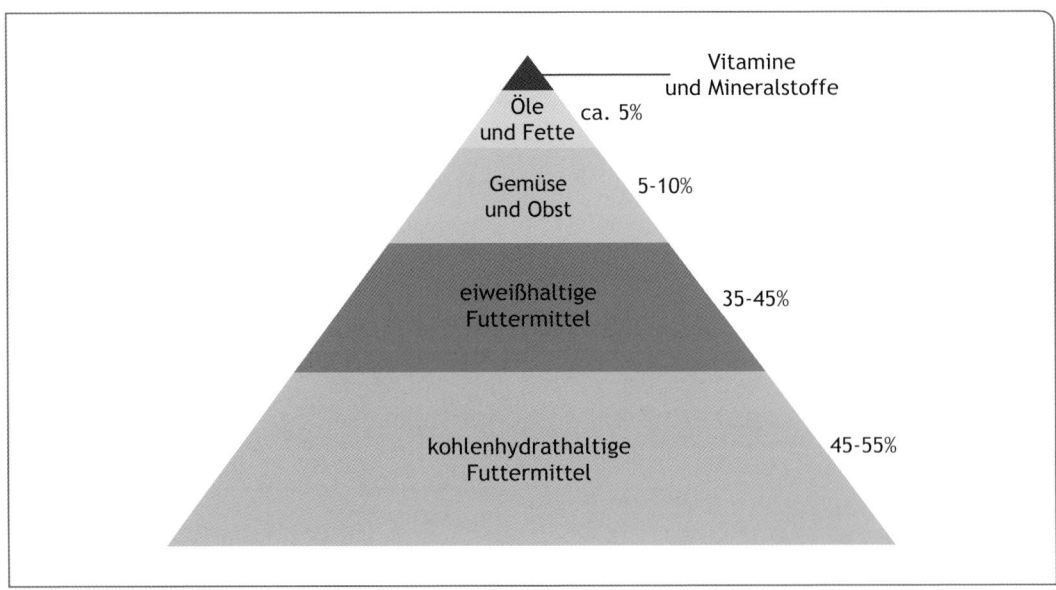

Abb. 17: Die Futtermittelpyramide zeigt die typischen Bestandteile selbst gekochter Rationen.

> **Tipp:** Für selbst gekochte Rationen sollten Sie ein Mineralfutter mit über 20 % Calcium verwenden. Die tägliche Menge für einen ausgewachsenen Hund beträgt ca. 0,5 g/kg KG. Das Mineralfutter bitte erst kurz vor dem Verfüttern unter das Futter mischen und nicht mitkochen.

> **Wie viel Fleisch braucht mein Hund?**
> Es gibt keine genauen Angaben zum passenden Fleischanteil des Futters. Es sollte mindestens so viel Fleisch in der Ration sein, dass der Eiweißbedarf gedeckt ist. Das ist bei einem Verhältnis von einem Drittel Fleisch zu zwei Dritteln Kohlenhydraten normalerweise gegeben. Sie können natürlich auch mehr Fleisch füttern. Typisch sind Verhältnisse von ⅓ zu ⅔ oder halb-halb. Manche Hunde bekommen sogar ⅔ Fleisch und ⅓ Kohlenhydrate. Da Fleisch teurer ist, schont ein höherer Anteil an stärkereichen Futtermitteln den Geldbeutel.

nen und daher nicht alle gleichermaßen zu jeder Ration passen.

Vorteile der Erhitzung

Kochen *reduziert* das *Hygienerisiko* auf ein Minimum. Vor allem für kranke und ältere Tiere sowie für Zuchthündinnen ist dies ein entscheidender Vorteil. Manche Hunde finden gekochtes Fleisch und Gemüse zudem schmackhafter als rohes.

Durch die Erhitzung *erhöht* sich, mit Ausnahme von Fleisch, außerdem die *Verdaulichkeit* des Futters. Dies gilt in erster Linie für stärkereiche Futtermittel, da rohe Stärke erst durch die Erhitzung aufgeschlossen und verwertbar wird. Gekochtes Gemüse ist ebenfalls besser verdaulich.

Einige Futtermittel (z. B. Eier, Soja, manche Fischsorten) enthalten sogenannte antinutritive Stoffe, also per se *schädliche Stoffe*, die durch die Erhitzung *zerstört* werden.

Nachteile selbst gekochter Rationen

Die Herausforderung der passenden Rationsgestaltung ist beim Selberkochen dieselbe wie beim Barfen. Die bedarfsgerechte Futterzusammenstellung ist gleichermaßen komplex und birgt das Risiko, dass sich Fehler ebenso einschleichen.

Barfen „light"

Viele Besitzer praktizieren eine Mischung aus Barfen und der Fütterung von Selbstgekochtem. Das Fleisch wird roh gefüttert, die anderen Zutaten sind aber eher „barfuntypisch". In der Regel wird vorwiegend Fleisch verwendet, an Innereien gelegentlich Herz, Geflügelmägen, Pansen oder etwas Leber. Andere Innereien kommen eher nicht vor. Auch Knochen sind kein fester Bestandteil der Ration, stärkereiche Futtermittel wie Nudeln oder Reis hingegen schon. Als Ergänzung wird meist ein herkömmliches vitaminiertes Mineralfutter verwendet. Der Fokus auf möglichst natürliche Ergänzungen ist geringer.

Eine zweite Variante des Barfen „light" ist die Kombination aus Fertigfutter – meist Trockenfutter – und rohem Fleisch. Besitzer, die so füttern, haben oft nicht die Zeit, das Futter komplett selbst zuzubereiten oder trauen sich Barfen allein nicht zu. Die Verknüpfung dieser unterschiedlichen Fütterungsformen finde ich durchaus legitim. Sie wird von vielen Hunden sehr gut vertragen und ist gerade für beruflich oder familiär stark eingespannte Besitzer eine schöne Alternative.

Fertigfutter

Fertigfutter sind alle Futtermittel, die ohne weitere Zubereitung verfüttert werden können. Im allgemeinen Sprachgebrauch sind damit die handelsüblichen Trocken- und Nassfutter gemeint. Das Angebot ist riesig und täglich kommen neue Sorten auf den Markt. Streng genommen müsste man auch das immer mehr in Mode kommende Fertigbarf hierzu zählen, was aber an dieser Stelle nicht gemeint ist.

Die Zusammensetzung von Fertigfutter ist sehr unterschiedlich. Manche Hersteller beschränken sich auf wenige Zutaten (was ich persönlich empfehlenswerter finde), andere hingegen haben eine bunte Palette verschiedenster Zutaten, sei es bei den Fleischsorten oder verwendeten Zusätzen. Für Dosenfutter werden in der Regel die unverarbeiteten Zutaten verwendet, während es bei Trockenfutter normalerweise bereits im Vorfeld getrocknete Zutaten sind, also beispielsweise Fleischmehl anstelle von frischem Fleisch.

Es gibt übrigens ein Abkommen der Petfood-Industrie, dass Tiermehl (Mehl des kompletten [Säuge-]Tieres) generell nicht für Hundefutter verwendet wird.

Trocken oder nass?

Ob Sie Ihrem Hund Trocken- oder Nassfutter füttern ist vom ernährungsphysiologischen Gesichtspunkt aus gesehen egal. Im Allgemeinen kommen Hunde mit beidem gleichermaßen gut zurecht. Feuchtfutter wird oft von uns Menschen als natürlicher empfunden. Ein großer Nachteil ist aber der hohe Verpackungsmüll. Den niedrigen Wassergehalt bei Trockenfutter gleichen die Hunde aus, indem sie mehr trinken (s. Tabelle 8 Seite 40).

Vergleicht man die Etiketten beider Futtermittel, scheint es auf den ersten Blick so zu sein, dass Trockenfutter mehr Eiweiß enthält als Feuchtfutter. Dem ist aber nicht so (s. Tabelle 51), denn um die Nährstoffgehalte von Trocken- und Nassfutter miteinander vergleichen zu können, sind deren unterschiedliche Wassergehalte zu berücksichtigen. Das Wasser an sich enthält keine Nährstoffe und die Angaben auf der Verpackung beziehen sich immer auf 100 g Futter. Zum Vergleich muss man die Nährstoffgehalte also auf die Trockensubstanz umrechnen. Demzufolge enthält Trockenfutter in dem Beispiel in Wirklichkeit weniger Eiweiß als das Nassfutter.

Praktische Alleinfutter

Wichtig bei Fertigfutter ist immer die Unterscheidung zwischen der Art des Futtermittel, also ob es ein Allein- oder ein Ergänzungsfuttermittel ist (s. vorheriges Kapitel), denn das entscheidet, ob Sie das Futter zusätzlich mit einem Mineralstoffen und Vitaminen ergänzen müssen oder nicht.

Tab. 51 Beispiel: Nährstoffvergleich von Trocken- und Nassfutter

	Gehalte in 100 g Futter (Angaben auf der Verpackung)		Gehalte umgerechnet auf 100 g Trockensubstanz	
	Nassfutter	Trockenfutter	Nassfutter	Trockenfutter
Feuchte	79 %	10 %	–	–
Eiweiß (Rohprotein)	9 %	25 %	43 %	28 %
Fett (Rohfett)	5 %	9 %	24 %	10 %
Ballaststoffe (Rohfaser)	0,4 %	3,5 %	1,9 %	3,9 %

Rechenschritte:
1. Berechnung der Trockensubstanz (TS)
TS = 100 – Feuchte
Beispiel: Nassfutter: 100 – 79 = 21 g TS
2. Umrechnung des Nährstoffgehaltes auf die TS
Beispiel: Eiweißgehalt im Nassfutter: In 21 g TS sind 9 g Eiweiß, in 100 g TS sind demnach 100 / 21 x 9 = 43 g

Der Vorteil von *Allein*futtermitteln gegenüber Barfen ist, dass deren Zusammensetzung an Mineralstoffen und Vitaminen bereits auf den Bedarf abgestimmt ist, zumindest bei seriösen Herstellern und guten Futtermitteln. Bei ihnen muss also der Hersteller dafür Sorge tragen, dass sein Futter optimal zusammengesetzt ist – bei hausgemachtem Futter liegt die Verantwortung bei dem der füttert, also Ihnen. Manche Besitzer scheuen diese Verantwortung und mischen daher Trockenfutter mit frischem Fleisch (Barfen light).

Leider gibt es eine ganze Reihe Produkte auf dem Markt, die nicht unbedingt empfehlenswert sind. Das zeigen nicht nur Berichte wie Stiftung Warentest, sondern in zunehmendem Maß die tägliche Praxis. Es ist daher hilfreich zu wissen, wie man einen guten Hersteller und ein gutes Produkt erkennen kann (s. Seite 156/157).

Stiftung Warentest

Stiftung Warentest testet verschiedene industrielle *Allein*futtermittel der gängisten Futtermarken, sowohl aus dem billig- als auch aus dem hochpreisigen Segment. Begutachtet werden die Nährstoffgehalte und die Deklaration, für die es entsprechende Empfehlungen und gesetzliche Vorgaben gibt, sodass sich eine Aussage darüber machen lässt:
a) ob das Futter bedarfsgerecht zusammengesetzt ist (der Hersteller also *Fach*kenntnis besitzt) und
b) ob der Hersteller seine Produkte korrekt deklariert (und somit über die nötige *Sach*kenntniss verfügt).

Nicht beurteilt werden die eingesetzten Rohstoffe, was nachvollziehbarerweise manch einer bemängelt. Natürlich wäre es schön, wenn auch Kriterien wie Herkunft der Rohstoffe, Nachhaltigkeit und dergleichen beurteilt würden. Die Frage wäre nur „Wie"? Für solche Aspekte gibt es keinen Kriterienkatalog, nach dem eine Zutat *objektiv* eindeutig besser oder schlechter wäre. Auch die Verdaulichkeit kann in dem Rahmen nicht beurteilt werden, da für jedes Futter ein aufwendiger Verdauungsversuch nötig wäre (s. Seite 157 Punkt 5).

Ob Ihr Hund *bedarfs*gerecht ernährt wird, entscheidet letztlich die Zusammensetzung des Futters, also ob alle Nährstoffe in ausreichenden Mengen enthalten sind. Ein Futter kann noch so frisch und abwechslungsreich sein, wenn wichtige Nährstoffe dauerhaft fehlen, ist es nicht gesund. Bei den von Stiftung Warentest für gut bewerteten Futtermitteln können Sie somit davon ausgehen, dass Ihr Hund weder einen Mangel noch eine Nährstoffvergiftung bekommt.

Futtermittel à la Natur pur

Der Wunsch nach naturnaher Fütterung und Futter ohne künstliche Zusatzstoffe wird von immer mehr Futtermittelherstellern aufgegriffen.

Sie haben also auch bei Fertigfutter eine große Auswahlmöglichkeit.

Der Unterschied zu „klassischem" Fertigfutter besteht darin, dass möglichst wenig *künstliche* Zusatzstoffe und vorwiegend *natürliche* Ergänzungen verwendet werden (z. B. Seealgenmehl anstatt Kaliumjodid als Jodquelle). Typisch sind auch Kräuterergänzungen, die aber nicht immer dem Ernährungszweck, sondern meiner Ansicht nach oft eher dem Verkaufszweck dienen (vor allem, wenn der Anteil bei weniger als 1 % liegt). Gut gewählte Namen suggerieren zudem „Wildnis" und „Naturnähe".

Lassen Sie sich aber bitte nicht von der Produktbeschreibung und dem Marketing blenden. Auch wenn ein Trockenfutter zum Beispiel „barfkonform" sein soll oder ein Dosenfutter den Namen *Barfers*glück trägt, so handelt es sich hierbei immer um herkömmliche Fertigfutter, die sich außer im Namen kaum von anderen Futtermitteln unterschei-

Tab. 52 Übersicht über die Vor- und Nachteile verschiedener Fütterungsformen

	Vorteile	Nachteile
1) Fertigfutter	• Nährstoffbedarf i. d. R. gedeckt (keine Ergänzung nötig) • Einfache Handhabung, wenig Arbeit • Gute hygienische Qualität • Gleichbleibender Energie- und Nährstoffgehalt • Produkte/Diäten für verschiedene Bedürfnisse/Erkrankungen	• Potentiell allergene Eigenschaften (vielfältige Zusammensetzung, mögliche chemische Reaktionen bei Herstellung) • Meist wenig Transparenz • Oft größere Kotmenge
Trockenfutter	• Wenig Verpackungsmüll • Vergleichsweise höherer Kohlenhydratanteil (Vorteil bei bestimmten Erkrankungen)	• Milbenbefall möglich (bei schlechter Lagerung/Überlagerung)
Nassfutter	• Meist hochschmackhaft • Wird als artgerechter empfunden • Vergleichsweise höherer Fleischanteil • Steigerung der Wasseraufnahme möglich (Vorteil bei bestimmten Erkrankungen)	• Viel Verpackungsmüll • Leichte Verderblichkeit wenn angebrochen
2) Hausgemachte Rationen	• Individuelle Auswahl der Zutaten und Rationsgestaltung (Vorteil bei Allergien und bestimmten Erkrankungen) • Besitzer weiß genau, was sein Hund bekommt • Fast immer geringerer Kotabsatz	• Häufig Nährstoffimbalanzen • Know-How erforderlich (Rationsberechnung!) • Urlaub erfordert meist Futterumstellung • Höherer Aufwand für die Zubereitung
Selbst gekocht	• Gute hygienische Qualität • Z. T. schmackhafter als rohes Futter • Z. T. bessere Verdaulichkeit	• Gewisse Nährstoffverluste (Vitamine) durch Zubereitung
Barf	• Längere Fresszeiten und Befriedigung des Kaubedürfnisses • Zahnpflege (bei Knochenfütterung) • Weniger Nährstoffverluste durch Zubereitung	• Übertragung von Krankheitserregern möglich • Verletzung/Verstopfung durch Knochen • Verdauungsstörungen/Vergiftung durch ungeeignete Futtermittel

den. Solche Futter sind dem Barfen also *nicht* ähnlicher als andere. Aus Erfahrung weiß ich, dass gerade bei solchen Produkten leider oft mehr Geld in ein kluges Marketing als in eine fachliche Expertise gesteckt wird. Nicht selten sind die Auslobungen zu den Produkten übertrieben, irreführend und gesetzeswidrig.

Ein zunehmender Trend sind auch *kaltgepresste* Futter. Hierbei wird gerne auf ein vermeintlich schonenderes Herstellungsverfahren verwiesen, und damit einhergehend ein gesünderes Produkt suggeriert.

Kaltgepresstes oder extrudiertes Trockenfutter

Es gibt zwei Herstellungsverfahren von Trockenfutter: das Kaltpress- und das so genannte Extrusionsverfahren.

Beim *Kaltpressverfahren* wird die Mischung aus den getrockneten und gemahlenen Zutaten unter großem Druck in bestimmte Formen gepresst. Die Bezeichnung des Verfahrens begründet sich damit, dass hierfür im Gegensatz zum Extrusionsverfahren keine *zusätzliche* Hitze eingesetzt wird. Trotzdem werden hohe Temperaturen (ca. 80 °C) erreicht, die durch die Reibung und den Druck entstehen. Aussagen wie „schonende Kaltabfüllung" oder „Niedrigtemperaturen im *End*-Herstellungsverfahren" sind somit irreführend. Auch ist dieses Verfahren keinesfalls vergleichbar mit dem Kaltpressen von Pflanzenölen, bei dem v. a. die wertvollen Inhaltsstoffe geschont werden.

Allgemein mögliche Nachteile dieses Verfahrens sind einerseits die Gefahr, dass die Stärke nicht ausreichend aufgeschlossen wird (was zu Durchfällen führen würde), und andererseits dass hygienische Mängel auftreten. Zudem kann beim Kaltpressverfahren nur begrenzt Fett eingesetzt werden. Im Gegensatz zum Extrusionsverfahren ist diese Methode kostengünstiger.

> **Merke:** Kaltgepresstes Futter löst sich in Flüssigkeit schneller auf, da es sofort zerfällt. Das kann für den einen Hund verträglicher sein, gilt aber nicht für alle. Extrudiertes Futter quillt zunächst auf.

Das *Extrusionsverfahren* ist ein bisschen mit dem Backen vergleichbar. In einer großen Trommel werden die Zutaten bei ca. 85 °C zu einem Teig geknetet und anschließend bei einer Temperatur von bis zu 120 °C unter hohem Druck durch eine Düse gepresst, deren Matrize die spätere Form der Futterkibbles bestimmt. Die höheren Temperaturen werden durch zugeführten Wasserdampf erreicht. Die Stärke wird so ausreichend aufgeschlossen und es gibt bei diesem Verfahren keine Einschränkungen hinsichtlich der Zutaten. Es ist aber kostenintensiver, da das Futter einem zusätzlichen Trocknungsverfahren unterzogen werden muss. Der Wassergehalt von extrudiertem Futter liegt im Schnitt bei 10 %, bei kaltgepresstem ist er manchmal höher, das eine zusätzliche Konservierung erfordern kann.

Gefährliche Zusatzstoffe?

Ein Resultat geschickten Marketings und kursierender Futtermythen ist, das viele Besitzer Zusatzstoffe fürchten und sich daher vielleicht lieber für einen Hersteller entscheiden, der bewusst auf solche verzichtet. Nicht bedacht wird dabei manchmal, wie viele „Zusatzstoffe" auch in unserer Ernährung, beispielsweise in Kaugummi, enthalten sind. Steinsalz wird zum Beispiel mit Kaliumjodid ergänzt, was die gleiche Jodergänzung wie im Tierfutterbereich ist. Eine allgemeine Angst vor Zusatzstoffen ist daher unbegründet, zumal diese auch hinreichend vor ihrer Zulassung geprüft werden.

> **Mythos: Zusatzstoffe sind schädlich**
> Zusatzstoffe werden oft als gefährlich und gesundheitsschädlich empfunden. Dabei wird jeder Zusatzstoff einem aufwendigen Prüfverfahren unterzogen, bevor er in Futtermitteln verwendet werden darf. Zuständig für die Zulassung ist die Europäische Kommission für Gesundheit und Verbraucherschutz in Brüssel (SANCO) zusammen mit Empfehlungen der Europäischen Behörde für Lebensmittelsicherheit (engl. European Food Safety Authority [EFSA]). Die Sicherheit und damit Unbedenklichkeit von Zusatzstoffen wird übrigens weitaus intensiver geprüft als viele Kräuter, die zunehmend auch in Fertigfutter Verwendung finden.

Besonders beliebt sind Aussagen wie „keine Konservierungsstoffe" oder „keine chemischen Zusätze". Auf Konservierungsstoffe zu verzichten ist dabei nicht so schwer, wie man meinen mag. Bei Trockenfutter erfolgt die Konservierung durch den Wasserentzug und bei Dosenfutter durch die Sterilisation und den Luftabschluss. Zum Haltbarmachen muss Trockenfutter in herkömmlichen Verpackungen jedoch bis zu einem gewissen Maß konserviert werden, da das Futter Luft ausgesetzt ist und Inhaltsstoffe enthalten sind – insbesondere Fette und Vitamine –, die dadurch leichter verderben. Einige Hersteller verwenden gerne natürliche Antioxidantien, beispielsweise natürliche Tocopherole (Vitamin E). Diese sind allerdings sind nicht so wirksam wie künstliche Konservierungsstoffe, was sich dann in der Haltbarkeit des Futters bemerkbar macht.

Auf jegliche „chemische Zusätze" zu verzichten, ist schon etwas schwieriger, denn darunter fallen auch essenzielle Nährstoffe, nämlich Spurenelemente und Vitamine. Wenn Sie sich also bewusst für ein zusatzstofffreies Produkt entscheiden, nehmen Sie damit unter Umständen in Kauf, dass Ihrem Hund wichtige Nährstoffe (dauerhaft) fehlen (s. hierzu auch Mythos Seite 163). Spurenelemente und Vitamine können sich nicht unter den „Mineralstoffen" verstecken, da sie per Definition „Zusatzstoffe" sind und – wenn zugesetzt – auch als solche deklariert werden müssen (s. Seite 152/153).

> **Merke:** Vor allem bei *Allein*futtermitteln, bei denen das *Fehlen von Zusatzstoffen* und die *Naturbelassenheit der Rohstoffe* besonders betont werden, ist Vorsicht geboten. Zu den Zusatzstoffen gehören auch wichtige Spurenelemente und Vitamine, die einem *Allein*futtermittel nahezu immer zugesetzt werden müssen.

Das gleiche gilt natürlich auch für kommerzielles Barffutter. Noch vor einiger Zeit war die einfache Handhabung ein weiterer wesentlicher Vorteil von industriellen Fertigfutter. Mittlerweile aber wird zunehmend auch „Fertigbarf" angeboten, sodass es vom Aufwand her kaum mehr einen Unterschied macht, ob man rohes oder industrielles Futter füttert, vom Lagerungsaufwand abgesehen. Damit einhergehend werden zunehmend sogenannte Barfkomplettmenüs angeboten, die den Eindruck eines Alleinfutters erwecken, ohne eines zu sein (s. Seite 147). Was man beim Kauf von Fertigfutter beachten sollte, gilt somit auch für Barfer. Im Zweifel können Sie sich zu dem Produkt Ihrer Wahl immer von einem (unabhängigen) Fachmann beraten lassen.

Barfen im Urlaub

Im Urlaub ist das Zubereiten von frischem Futter oft ein Problem, sei es, weil Sie hierfür an Ihrem Urlaubsort keine Gelegenheit haben, eine Kühlmöglichkeit fehlt oder Ihr Hundesitter vielleicht mit der Zubereitung überfordert ist. Sie müssen also für diese Zeit entweder vorproduzieren oder auf alternative Futtermittel umsteigen. Nassfutter ist von der Konsistenz und der groben Zusammensetzung dem Barfen ähnlicher als Trockenfutter, da es auch viel Eiweiß enthält, während Trockenfutter stärkereicher ist. Reine Fleischdosen ergänzt mit Obst- und Gemüseflocken kämen Barfrationen am nächsten. Zu berücksichtigen ist hierbei allerdings, dass gerade für große Hunde das Mitnehmen der benötigten Mengen an Fleischdosen ein logistisches Problem sein kann. In diesem Fall wäre Trockenfutter die bessere Alternative.

Schonende Umstellung

Beginnen Sie mit der Futterumstellung bereits eine Woche vor Urlaubsbeginn: Eine langsame Futterumstellung ist schonender für die Verdauung und besser verträglich. Das gilt ganz besonders, wenn Sie im Urlaub Trockenfutter füttern möchten. Es dauert ein paar Tage, bis sich die Verdauung daran angepasst hat. Eine Umstellung zurück auf Barf ist weniger heikel. Dennoch schadet es auch hierbei nicht, wenn Sie Ihrem Hund ein paar Tage Zeit geben, sich wieder an das frische Futter zu gewöhnen.

Richtige Futtermenge
Wechseln Sie zu Fleischdosen, können Sie die gleiche Menge wie vorher an rohem Fleisch füttern, vorausgesetzt der Fettgehalt ist ähnlich. Ist der Fettgehalt deutlich höher oder niedriger, müssen Sie weniger bzw. mehr füttern. Bei Gemüse- und Obstflocken entsprechen 10 g Trockengewicht in etwa 100 g Frischgewicht.

Bei Trockenfutter können Sie sich entweder an der Fütterungsempfehlung des Herstellers orientieren oder Sie rechnen sich die Menge genau aus. Die Fütterungsempfehlung gilt meist für Tiere mit durchschnittlicher Aktivität. Zur Orientierung sollte die Menge an Trockenfutter in etwa einem Viertel der Rohfleischration entsprechen. Der Grund hierfür ist, dass Trockenfutter im Schnitt in 100 g ca. viermal so viele Kalorien enthält. Wenn Ihr Hund also zu Hause 1000 g Futter am Tag bekommen hat, müsste die Menge an Trockenfutter bei etwa 250 g liegen.

Wenn Sie den genauen Energiebedarf Ihres Hundes kennen, weil Sie beispielsweise die Ration selbst erstellt haben, dann können Sie die nötige Menge über den Kaloriengehalt des Futters ausrechnen. Wie das geht, steht auf Seite 112ff.

Worauf Sie außerdem achten sollten
Sofern Sie bei Dosen ein *Alleinfuttermittel* verwenden, brauchen und sollten Sie keine Nahrungsergänzungen verwenden (ausgenommen Gelenkpräparate, sofern Sie diese vorher auch gefüttert haben). Das wäre dann zu viel des Guten. Handelt es sich bei den Fleischdosen hingegen um ein *Einzel- oder Ergänzungsfuttermittel* ist das Futter nicht vom Hersteller mit Mineralstoffen und Vitaminen versehen worden und müsste demnach von Ihnen ergänzt werden. Es wäre aber vertretbar, im Urlaub der Einfachheit halber auf die Ergänzungen zu verzichten. Ein gesunder ausgewachsener Hund kann Nährstoffunterversorgungen vorübergehend (bis zu 12 Wochen) gut tolerieren.

Tabellenanhang

Futterwerttabellen

Allgemeiner Hinweis: Die Daten wurden zum Teil verschiedenen Quellen entnommen und sind als Richtwerte zu sehen. Die verwendeten Quellen sind: Souci-Fachmann-Kraut, DGE, GU, Meyer/Heckkötter, DietCheckMunich, ANSES, Nährwertrechner.de, foodplaner.de sowie Herstellerangaben für mineralische Ergänzungen.

Nährwerttabelle Fleisch + Innereien		ENERGIE		MAKRONÄHRSTOFFE					MINERAL-		
in 100 g Futtermittel		ME 494	Feuchte	Rp	Rfe	NfE	Ra	Rfa	Ca	P	Na
		kcal	g	g	g	g	g	g	mg	mg	mg
Fleisch	Entenfleisch	225	63	18	17	0	2	0	14	195	40
Fleisch	Hühnchenfleisch, mager	100	74	23	1	0	2	0	14	165	83
Fleisch	Hühnchenfleisch mit Haut	166	69	20	10	0	1	0	12	200	83
Fleisch	Kalbfleisch, mager	106	76	20	3	0	1	0	13	200	92
Fleisch	Kalbfleisch, fettiger	176	70	18	12	0	1	0	12	174	83
Fleisch	Kaninchenfleisch, mager	108	75	22	2	0	1	0	12	226	50
Fleisch	Kaninchenfleisch, fett	149	72	19	8	0	1	0	15	225	45
Fleisch	Lammfleisch mager	128	74	18	6	0	2	0	10	195	71
Fleisch	Lammfleisch, fett	234	64	18	18	0	0	0	10	215	80
Fleisch	Pferdefleisch	109	75	21	3	1	1	0	13	185	45
Fleisch	Putenfleisch, mager	105	74	24	1	0	1	0	13	200	46
Fleisch	Putenfleisch, mittelfett	155	71	19	9	0	1	0	14	200	86
Fleisch	Putenfleisch mit Haut	217	63	21	15	0	1	0	26	240	66
Fleisch	Rindfleisch, mager	130	73	20	5	0	1	0	4	165	50
Fleisch	Rindfleisch, mittelfett	216	61	23	14	0	3	0	4	190	48
Fleisch	Rindfleisch, fett	266	60	17	22	0	1	0	4	173	45
Fleisch	Hackfleisch, Rind	204	65	20	14	0	1	0	10	160	70
Fleisch	Tatar/Schabefleisch, Rind	115	74	22	3	0	1	0	10	190	40
Fleisch	Straussenfleisch	106	75	22	2	0	1	0	5	220	72
Fleisch	Rehfleisch, mager	97	76	21	1	1	1	0	5	220	60

STOFFE	SPURENELEMENTE						VITAMINE										
K	Mg	Fe	Cu	Zn	Mn	J	Vit. A	Vit. D$_3$	Vit. E	Vit. B$_1$	Vit. B$_2$	Vit. B$_6$	Vit. B$_{12}$	Niacin	Biotin	Folsäure	Pantothen
mg	mg	mg	mg	mg	mg	µg	IE	IE	mg	mg	mg	mg	µg	mg	µg	µg	mg
270	22	2,5	0,24	1,8	0,05	1	167	0	0,5	0,30	0,23	0,33	2	3,5	6	8	1,0
262	30	0,7	0,14	1,0	0,02	0	130	0	1,0	0,08	0,16	0,50	3	7,0	2	4	1,0
262	37	0,7	0,04	1,0	0,01	1	130	0	0,8	0,08	0,16	0,50	3	6,8	2	12	1,0
360	16	2,1	0,12	3	0,03	0	33	0	0,26	0,14	0,27	0,4	2	6,15	0	5	1,45
274	20	2,8	0,10	3,0	0,03	0	33	0	0,2	0,07	0,22	0,40	1	6,3	0	2	1,1
380	29	3,2	0,50	1,4	0,04	1	10	0	0,5	0,03	0,14	0,06	10	8,0	1	5	0,8
380	30	3,5	0,15	1,4	0,03	1	10	0	0,1	0,11	0,07	0,30	10	8,6	1	5	0,8
279	22	1,5	0,12	2,9	0,01	1	150	0	0,7	0,18	0,31	0,26	2	6,4	kA	2	0,6
380	25	2,5	0,20	3,7	0,10	kA	kA	0	0,4	0,16	0,22	0,29	3	4,3	kA	3	0,9
330	23	4,7	0,21	3,9	0,02	1	70	0	0,2	0,11	0,15	0,50	3	4,6	2	5	0,6
330	20	1,0	0,10	1,8	0,03	1	3	0	0,2	0,05	0,08	0,45	1	11,0	10	7	0,6
289	17	2,0	0,20	2,4	0,10	1	17	0	0,3	0,09	0,18	0,30	3	5,0	kA	10	1,1
315	28	1,5	0,10	2,1	0,35	1	33	0	0,5	0,08	0,14	0,46	1	7,9	2	12	1,1
296	19	2,3	0,07	5,2	0,01	3	10	0	0,2	0,09	0,19	0,26	3	5,1	3	10	0,9
274	18	2,2	0,07	3,6	0,09	0	73	0	0,4	0,09	0,15	0,16	4	2,1	2	1	0,5
242	16	2,0	0,08	4,3	0,02	0	7	0	0,4	0,08	0,16	0,15	4	4,3	2	2	0,5
300	15	2,5	0,09	3,5	0,02	0	40	0	0,6	0,16	0,16	0,30	2	2,1	2	5	0,5
390	20	3,0	0,88	4,2	0,02	3	17	0	0,4	0,18	0,20	0,20	2	7,5	3	5	0,6
320	22	2,3	0,10	3,8	0,10	kA	kA	0	0,2	0,20	0,29	0,52	5	7,0	kA	8	0,9
309	20	3,0	0,15	0,3	0,02	1	0	0	0,7	0,22	0,25	0,28	5	kA	kA	5	0,8

Nährwerttabelle Fleisch + Innereien (Fortsetzung)

in 100 g Futtermittel		ENERGIE		MAKRONÄHRSTOFFE					MINERAL-		
		ME 494	Feuchte	Rp	Rfe	NfE	Ra	Rfa	Ca	P	Na
		kcal	g	g	g	g	g	g	mg	mg	mg
Fleisch	Wildfleisch (Hirsch), mager	111	75	21	3	0	1	0	10	197	62
Fleisch	Ziegenfleisch, mager	149	70	20	8	0	3	0	10	190	50
Fleisch	*Mageres Fleisch, Durchschnitt*	**114**	**74**	**21**	**3**	**0**	**1**	**0**	**10**	**197**	**62**
Fleisch	*Fettes Fleisch, Durchschnitt*	213	65	19	15	0	1	0	11	199	68
Innereien	Hühnermägen	97	77	19	2	1	1	0	11	130	76
Innereien	Hühnerherzen	132	74	17	6	3	0	0	22	164	111
Innereien	Rinderherz	124	76	17	6	1	1	0	7	165	108
Innereien	Leber, Huhn	136	70	22	5	1	2	0	18	240	68
Innereien	Leber, Kalb	128	72	19	4	4	1	0	5	310	80
Innereien	Leber, Lamm	128	70	21	4	2	3	0	4	365	95
Innereien	Leber, Rind	131	70	19	4	5	2	0	6	351	116
Innereien	Grüner Pansen	128	72	20	5	1	1	1	120	130	50
Innereien	Pansen geputzt	94	80	15	4	0	2	0	15	79	46
Innereien	Rind, Blättermagen	105	79	15	5	0	1	0	90	80	80
Innereien	Lunge, Lamm	95	78	18	2	0	1	0	17	66	205
Innereien	Lunge, Rind	100	78	18	3	0	1	0	11	224	198
Innereien	Schlund/Trachea, Rind	217	66	16	17	0	1	0	40	70	170
Innereien	Niere, Rind	113	76	17	5	0	1	0	11	270	235
Innereien	Milz, Rind	108	74	22	2	1	1	0	6	236	66
Innereien	Euter, Rind	129	76	13	9	0	2	1	115	160	155
Innereien	Zunge, Rind	208	66	16	16	0	2	0	9	230	100
Innereien	Rind, Mark (ohne Knochen)	854	4	2	94	0	0	0	1	12	6
Wurstwaren	Kochschinken	126	70	23	4	1	3	0	15	136	965
Wurstwaren	Fleischwurst	308	60	11	29	0	3	0	14	129	829
Wurstwaren	Geflügelwurst, mager	108	79	16	5	0	1	0	23	186	987
Wurstwaren	Leberwurst	359	49	14	33	1	3	0	41	154	810
Wurstwaren	Wiener Würstchen	265	60	14	23	0	3	0	13	170	941

STOFFE		SPURENELEMENTE					VITAMINE									
K	Mg	Fe	Cu	Zn	Mn	J	Vit. A	Vit. D$_3$	Vit. E	Vit. B$_1$	Vit. B$_2$	Vit. B$_6$	Vit. B$_{12}$	Niacin	Biotin	Folsäure	Pantothen
mg	mg	mg	mg	mg	mg	µg	IE	IE	mg	mg	mg	mg	µg	mg	µg	µg	mg
306	21	2,3	0,20	3,2	0,02	1	17	0	0,1	0,23	0,25	0,50	6	kA	kA	5	0,8
300	20	2,0	0,20	3,0	0,02	1	117	0	1,0	0,15	0,28	0,30	3	4,9	1	5	0,5
316	22	2,3	0,17	2,7	0,03	1	54	0	0,5	0,13	0,22	0,37	4	6,7	3	5	0,8
291	24	1,9	0,10	3,0	0,10	1	55	0	0,4	0,09	0,17	0,33	3	5,3	2	5	0,8
160	12	2,0	0,10	2,8	kA	kA	kA	0	0,1	0,02	0,13	0,05	1	2,0	6	kA	0,8
262	17	1,7	0,27	3,1	0,11	9	30	0	1,3	0,43	1,20	0,21	4	6,0	3	38	2,6
215	18	4,0	0,30	1,4	0,03	30	30	40	0,4	0,51	0,91	0,28	10	7,2	7	2	2,8
218	13	7,4	0,32	3,2	0,30	kA	77040	35	0,4	0,32	2,50	0,80	26	12,0	80	380	7,2
300	25	7,9	5,50	8,4	0,28	kA	53663	60	0,2	0,28	2,60	0,17	60	15,0	75	240	kA
280	14	12	7,60	4,4	0,33	3	31664	80	0,5	0,36	3,3	0,37	35	15,3	130	280	7,6
340	21	6,9	3,20	4,8	0,34	14	50000	68	0,8	0,27	3,10	0,96	65	15,0	100	592	7,3
100	40	9,6	0,10	1,5	0,03	kA	30	0	1,0	0,07	0,15	0,00	4	2,0	7	kA	1,2
19	8	1,8	0,60	2,5	0,07	5	30	0	1,0	0,07	0,15	0,10	4	2,0	7	6	1,2
60	25	3,1	0,20	2,2	0,15	0	kA	kA	kA	kA	kA	kA	kA	kA	kA	kA	kA
292	21	6,4	0,30	2,0	0,10	6	90	0	0,4	0,11	0,47	0,03	5	4,7	6	7	1,2
240	14	8,8	0,26	2,2	0,02	6	183	0	0,5	0,09	0,34	0,07	3	4,3	6	11	1,0
80	30	7,3	0,09	1,6	0,06	0	kA	kA	kA	kA	kA	kA	kA	kA	kA	kA	kA
220	19	11,0	0,43	2,1	0,10	4	800	40	0,3	0,30	2,30	0,39	33	6,2	58	170	3,9
358	23	8,9	0,09	4,3	0,02	5	316	kA	0,5	0,13	0,26	0,24	5	7,5	3	3	1,2
90	20	2,9	0,20	1,4	0,08	kA	kA	kA		0,80	0,36	0,17	14	2,6	kA	kA	1,2
225	10	3,0	0,17	2,8	0,03	2	13	0	0,3	0,14	0,29	0,13	5	4,6	3	5	2,0
13	1	kA	kA	kA	kA	kA	kA	kA	kA	kA	kA	kA	kA	kA	kA	kA	kA
271	24	2,3	0,05	2,3	0,08	1	90	0	0,3	0,61	0,21	0,36	1	3,7	5	5	0,6
199	13	1,7	0,07	1,5	0,07	2	50	0	0,3	0,20	0,25	0,27	1	2,5	2	2	0,3
310	27	1,3	kA	kA	kA	kA	117	0	0,1	0,18	0,19	0,5	kA	3,9	kA	kA	kA
143	15	5,3	0,36	3,1	0,14	2	13820	0	0,4	0,21	0,92	0,48	3	3,6	4	44	1,6
204	20	1,4	0,06	2,5	0,07	2	23	0	0,3	0,10	0,12	0,29	1	3,1	1	3	0,3

Nährwerttabelle Fisch

in 100 g Futtermittel	ENERGIE		MAKRONÄHRSTOFFE					MINERALSTOFFE					SPUREN-	
	ME 494	Feuchte	Rp	Rfe	NfE	Ra	Rfa	Ca	P	Na	K	Mg	Fe	Cu
	kcal	g	g	g	g	g	g	mg	mg	mg	mg	mg	mg	mg
Alaska Seelachs	74	81	17	1	0	1	0	15	197	100	338	31	0,2	0,04
Barsch	81	80	18	1	0	1	0	95	24	47	330	26	0,4	0,03
Forelle	103	79	20	3	0	1	0	12	245	63	413	26	0,4	0,15
Hering, Atlantik	233	62	18	18	0	2	0	34	250	117	360	31	1,1	0,12
Kabeljau (Dorsch)	77	81	18	1	0	1	0	28	194	72	340	24	0,3	0,05
Lachs	202	66	20	14	0	1	0	16	240	60	331	25	0,6	0,13
Makrele	182	68	19	12	0	1	0	12	244	80	380	30	1,2	0,14
Rotbarsch (Goldbarsch)	105	77	18	4	0	1	0	22	201	80	308	29	0,7	0,03
Sardine	118	76	19	5	0	2	0	85	258	100	420	24	2,4	0,17
Sardelle (Anchovy)	101	75	20	2	0	2	0	82	233	104	278	41	4,9	0,21
Schellfisch	77	80	18	1	0	1	0	18	176	113	301	24	0,6	0,03
Scholle	86	80	17	2	0	1	0	61	198	104	311	22	0,9	0,04
Seelachs (Köhler)	81	80	18	1	0	1	0	14	300	81	374	25	1,0	0,05
Steinbeißer	80	80	16	2	0	1	0	20	179	105	282	27	1,0	0,01
Thunfisch	226	62	22	16	0	1	0	40	200	43	363	50	1,0	0,05
Thunfisch in Öl	285	53	24	21	0	2	0	7	294	291	319	28	1,2	0,23

ELEMENTE			VITAMINE											ESSENZIELLE FETTSÄUREN			
Zn	Mn	J	Vit. A	Vit. D$_3$	Vit. E	Vit. B$_1$	Vit. B$_2$	Vit. B$_6$	Vit. B$_{12}$	Niacin	Biotin	Folsäure	Pantothen	Linolsäure	α-Linolensäure	EPA	DHA
mg	mg	µg	IE	IE	mg	mg	mg	mg	µg	mg	µg	µg	mg	mg	mg	mg	mg
0,4	0,02	88	10	40	0,9	0,17	0,17	0,30	1	1,3	7	3	0,1	6,8	2,6	64	202
0,6	0,06	4	21	8	1,5	0,08	0,12	0,25	1	1,7	4	5	0,2	11	9,2	52	123
0,5	0,02	4	100	72	1,7	0,08	0,08	0,20	5	3,4	5	9	1,7	232	42	140	469
0,6	0,07	47	127	1.000	1,5	0,04	0,22	0,45	9	3,8	5	5	0,9	153	62	2038	677
0,4	0,02	229	22	52	1,0	0,06	0,05	0,20	1	2,3	2	8	0,3	15	4,3	71	194
0,5	0,01	34	137	186	2,4	0,17	0,17	0,98	3	7,5	7	3	1,0	430	356	749	1860
0,5	0,03	50	333	160	1,3	0,13	0,36	0,63	9	7,5	4	1	0,5	170	250	640	1138
1,0	0,02	35	50	92	1,3	0,11	0,08	0,40	4	2,5	11	5	0,4	101	52	258	156
3,4	0,12	32	67	440	0,5	0,02	0,25	0,96	0	9,7	8	4	0,8	88	44	580	810
1,4	0,07	30	67	800	0,5	0,07	0,27	0,50	0	20,0	7	3	0,8	50	30	210	290
0,3	0,02	135	57	40	0,4	0,05	0,17	0,30	1	3,1	3	9	0,2	9	4,3	66	153
0,5	0,03	53	20	120	0,1	0,21	0,22	0,22	2	4,0	1	11	0,8	42	5,6	249	193
0,6	0,02	200	19	40	0,4	0,09	0,35	0,29	4	4,0	7	10	0,4	12	48	101	338
0,6	0,07	44	60	20	0,2	0,20	0,06	0,21	2	2,4	2	12	0,5	39	24	178	215
0,1	0,03	50	1500	180	0,3	0,16	0,16	0,46	4	8,5	1	15	0,7	233	213	1385	2082
0,6	0,02	149	507	160	13,0	0,05	0,06	0,25	1	11,0	2	5	0,2	kA	kA	kA	kA

Nährwerttabelle Eier/Milchprodukte

in 100 g Futtermittel	ENERGIE		MAKRONÄHRSTOFFE					MINERALSTOFFE				
	ME 494	Feuchte	Rp	Rfe	NfE	Ra	Rfa	Ca	P	Na	K	Mg
	kcal	g	g	g	g	g	g	mg	mg	mg	mg	mg
Eier												
Hühnerei (ohne Schale)	154	75	13	11	0,5	0,9	0	51	210	144	147	11
Eigelb	353	50	16	32	0,3	1,7	0	140	590	51	138	16
Eiweiß	48	87	11	0	0,9	0,7	0	11	21	170	157	12
Milchprodukte												
Kuhmilch, 1.5 % Fett	48	89	3	2	5,0	0,7	0	118	91	47	155	12
Kuhmilch, 3.5 % Fett	65	87	3	4	5,0	0,7	0	120	92	45	140	12
Ziegenmilch	70	87	4	4	5,1	0,8	0	127	109	42	181	11
Sahne, 30 % Fett	309	62	2	32	3,5	0,5	0	80	63	34	112	10
Hüttenkäse, mager	86	80	13	1	5,0	0,3	0	95	150	230	88	9
Hüttenkäse, 20 %	102	79	13	4	3,1	1,0	0	70	190	35	95	10
Joghurt, 1.5 % Fett	49	89	3	2	5,3	0,8	0	114	87	45	149	11
Joghurt, 3,5 % Fett	68	87	4	4	4,7	0,7	0	120	92	48	157	12
Quark, mager	73	81	13	0	4,4	0,9	0	92	160	40	95	12
Quark, Halbfettstufe	110	78	12	5	3,9	0,8	0	85	165	35	87	11
Quark, Sahnequark	160	74	11	11	3,5	0,8	0	95	187	34	82	10
Butterkäse, 50 % i. Tr.	346	46	21	29	0,9	3,4	0	694	417	865	78	53
Edamer, 30 % i. Tr.	265	49	26	16	4,0	4,8	0	800	570	512	95	34
Emmentaler, 45 % i. Tr.	401	35	28	31	1,2	4,0	0	1030	620	275	95	31
Gouda, 45 % Fett i. Tr.	335	46	25	25	1,5	2,1	0	820	443	512	76	28
Harzer Käse	129	64	29	1	1,2	4,7	0	125	266	787	106	13
Limburger, 20 % Fett i. Tr.	192	59	26	9	2,7	4,3	0	610	285	709	147	24
Mozzarella	236	60	20	16	3,3	1,0	0	651	444	500	100	24
Parmesan	388	30	35	26	4,2	5,5	0	1107	695	704	131	40
Käse, Durchschnitt	**286**	**49**	**26**	**19**	**2,4**	**3,7**	**0**	**730**	**468**	**608**	**104**	**31**

SPURENELEMENTE					VITAMINE											ESSENZIELLE FETTSÄUREN	
Fe	Cu	Zn	Mn	J	Vit. A	Vit. D_3	Vit. E	Vit. B_1	Vit. B_2	Vit. B_6	Vit. B_{12}	Niacin	Biotin	Folsäure	Pantothen	Linolsäure	α-Linolensäure
mg	mg	mg	mg	µg	IE	IE	mg	mg	mg	mg	µg	mg	µg	µg	mg	mg	mg
1,8	0,07	1,3	0,07	9	906	116	2,2	0,13	0,41	0,08	2	0,1	25	67	1,6	1660	100
7,2	<0.1	3,8	0,13	12	3044	224	5,7	0,29	0,40	0,30	2	0,1	53	162	3,7	4750	259
0,2	0,13	0,0	0,04	7	0	0	0,0	0,02	0,32	0,01	0	0,1	7	9	0,1	0	0
0,0	0,01	0,4	0,00	3	43	1	0,0	0,04	0,18	0,05	0	0,1	4	4	0,4	19	10
0,1	0,01	0,4	0,00	3	93	4	0,1	0,04	0,18	0,04	0	0,1	4	5	0,4	42	23
0,0	0,01	0,2	0,01	4	227	10	0,0	0,05	0,15	0,03	0	0,3	4	1	0,3	106	26
0,0	0,01	0,3	0,00	2	1072	44	0,7	0,03	0,15	0,04	0	0,1	3	4	0,3	615	180
0,3	0,02	0,5	0,07	6	67	0	0,1	0,03	0,25	0,06	2	0,1	3	15	0,3	100	40
0,5	0,01	0,4	0,06	11	45	4	0,1	0,04	0,31	0,03	2	0,2	6	33	0,2	0	0
0,0	0,01	0,4	0,00	4	43	1	0,0	0,04	0,17	0,04	0	0,1	3	13	0,3	41	11
0,0	0,01	0,5	0,00	4	97	3	0,1	0,04	0,18	0,05	0	0,1	4	13	0,4	90	60
0,4	0,02	0,6	0,07	4	4	<8	0,0	0,04	0,30	0,10	1	0,2	7	16	0,7	3	0,6
0,4	0,01	0,5	0,06	4	133	3	0,1	0,04	0,27	0,09	1	0,1	6	16	0,7	105	29
0,3	0,01	0,5	0,06	3	300	8	0,3	0,03	0,24	0,08	1	0,1	6	28	0,6	233	65
0,6	0,12	4,0	0,05	35	566	19	0,5	0,04	0,35	0,06	2	0,1	2	18	0,8	463	191
0,3	0,05	5,3	0,04	5	530	13	0,4	0,06	0,35	0,07	2	0,1	1	20	0,4	214	114
0,4	0,10	4,6	0,03	40	902	44	0,5	0,05	0,27	0,12	3	0,2	3	9	0,4	508	312
0,5	0,07	3,9	0,04	4	866	52	0,8	0,03	0,20	0,08	2	0,1	1	21	0,3	331	265
0,3	0,08	2,0	0,01	10	33	0	0,0	0,03	0,36	0,03	2	0,7	1	2	0,6	0	0
0,6	0,13	2,4	0,03	20	550	16	0,3	0,06	0,40	0,10	2	0,1	9	69	1,4	122	41
0,2	0,05	1,7	0,02	15	733	16	0,6	0,03	0,27	0,06	2	0,1	2	10	0,4	350	140
0,6	0,36	3,0	0,04	40	1132	26	0,7	0,02	0,62	0,10	2	0,2	3	20	0,5	367	187
0,4	0,12	3,4	0,03	21	664	23	0,5	0,04	0,35	0,08	2	0,2	3	21	0,6	294	156

Nährwerttabelle Gemüse

in 100 g Futtermittel	ENERGIE		MAKRONÄHRSTOFFE					MINERALSTOFFE				
	ME 494	Feuchte	Rp	Rfe	NfE	Ra	Rfa	Ca	P	Na	K	Mg
	kcal	g	g	g	g	g	g	mg	mg	mg	mg	mg
Gemüse												
Bleichsellerie	15	93	1,2	0,2	2,2	1,1	2,6	80	48	125	329	12
Blumenkohl	23	91	2,5	0,3	2,6	0,8	2,9	22	49	13	282	15
Brokkoli	31	89	3,8	0,2	3,4	1,1	3,0	58	63	23	256	18
Chicorée	16	94	1,2	0,2	2,5	0,8	1,3	26	26	4	198	13
Feldsalat	31	90	1,8	0,4	5,1	0,8	1,5	35	49	4	421	13
Fenchel	19	92	1,4	0,2	3,0	1,0	2,0	38	51	27	395	12
Gurke	12	96	0,6	0,2	2,1	0,6	0,5	16	15	3	164	8,3
Knollensellerie	27	89	1,6	0,3	4,4	0,9	4,2	50	69	77	414	14
Kohlrabi	25	92	1,9	0,2	3,9	1,0	1,4	59	50	20	322	43
Kopfsalat	15	94	1,2	0,2	2,1	0,7	1,4	21	23	7,4	177	8,8
Kürbis	25	91	1,1	0,1	4,8	0,8	2,2	22	44	3,1	304	8
Mangold	14	92	2,1	0,3	0,7	1,7	3,0	103	39	90	376	70
Möhren	30	88	1,0	0,2	6,1	0,9	3,6	35	36	62	328	13
Paprika	8	94	1,1	0,2	0,5	0,5	3,6	10	21	1,5	174	11
Pastinake	79	78	1,3	0,4	17,5	1,2	2,1	47	82	8	523	26
Petersilie, Blatt	50	82	4,4	0,4	7,4	1,7	4,3	179	87	37	811	44
Petersilienwurzel	36	84	2,9	0,5	5,1	1,6	6,1	39	57	12	399	26
Rote Beete	42	86	1,5	0,1	8,6	2,5	1,0	17	44	58	407	20
Spinat	20	91	2,8	0,3	1,4	1,7	2,6	117	46	69	554	62
Tomate	18	94	1,0	0,2	3,1	0,6	1,0	8,9	22	3,3	235	11
Zucchini	21	94	2,0	0,3	2,5	0,6	1,1	25	29	3	117	18
Gemüse, Durchschnitt	**27**	**90**	**1,8**	**0,3**	**4,2**	**1,1**	**2,4**	**48**	**45**	**31**	**342**	**22**

SPURENELEMENTE						VITAMINE									
Fe	Cu	Zn	Mn	J	Beta-carotin	Vit. A	Vit. D$_3$	Vit. E	Vit. B$_1$	Vit. B$_2$	Vit. B$_6$	Vit. B$_{12}$	Niacin	Biotin	Folsäure	Panto-then
mg	mg	mg	mg	µg	mg	IE	IE	mg	mg	mg	mg	µg	mg	µg	µg	mg
0,2	0,04	0,1	0,10	1	2900	0	0	0,2	0,05	0,08	0,09	0	0,6	0	7	0,4
0,5	0,05	0,3	0,18	1	10	0	0	0,1	0,09	0,09	0,20	0	0,6	2	88	1,0
0,8	0,06	0,5	0,47	15	850	0	0	0,7	0,10	0,18	0,28	0	1,0	1	114	1,3
0,7	0,10	0,2	0,30	0	3400	0	0	0,1	0,06	0,04	0,05	0	0,2	5	50	1,0
2,0	0,11	0,4	0,20	35	3900	0	0	0,6	0,07	0,08	0,25	0	0,4	1	145	0,2
2,7	0,02	0,2	0,19	1	4700	0	0	0,6	0,03	0,11	0,06	0	0,2	2	37	0,2
0,2	0,04	0,2	0,08	3	373	0	0	0,1	0,02	0,03	0,04	0	0,2	1	15	0,2
0,4	0,12	0,4	0,15	2	15	0	0	0,5	0,04	0,07	0,20	0	0,9	1	76	0,5
0,5	0,05	0,2	0,11	1	200	0	0	0,4	0,05	0,05	0,07	0	1,8	3	70	0,1
0,3	0,05	0,4	0,18	2	1100	0	0	0,6	0,06	0,08	0,06	0	0,3	2	59	0,1
0,8	0,08	0,2	0,07	1	582	0	0	1,2	0,05	0,07	0,11	0	0,5	0	36	0,4
2,7	0,08	0,3	0,30	1	3500	0	0	1,5	0,10	0,16	0,09	0	0,7	1	30	0,2
0,4	0,05	0,3	0,17	2	7600	0	0	0,5	0,07	0,05	0,27	0	0,6	5	26	0,3
0,4	0,07	0,1	0,13	1	528	0	0	2,5	0,05	0,04	0,24	0	0,3	3	57	0,2
0,7	0,14	0,9	0,40	4	20	0	0	0,9	0,08	0,13	0,11	0	0,9	0	59	0,5
3,6	0,14	0,7	0,76	3	5200	0	0	4,0	0,14	0,30	0,20	0	1,4	0	149	0,3
0,9	0,20	0,2	0,15	1	30	0	0	1,7	0,10	0,09	0,23	0	2,0	1	5	0,1
0,9	0,08	0,4	0,24	0	11	0	0	0,0	0,02	0,04	0,05	0	0,2	0	83	0,1
3,4	0,09	0,6	0,60	12	4800	0	0	1,4	0,09	0,20	0,22	0	0,6	7	145	0,3
0,3	0,06	0,2	0,11	1	593	0	0	0,8	0,06	0,04	0,10	0	0,5	4	22	0,3
1,0	0,05	0,2	0,12	2	180	0	0	0,2	0,21	0,07	0,12	0	0,4	2	42	0,1
1,1	0,08	0,3	0,24	4,2	–	0	0	0,9	0,07	0,09	0,14	0	0,7	2	63	0,4

Nährwerttabelle Obst

in 100 g Futtermittel	ENERGIE		MAKRONÄHRSTOFFE					MINERALSTOFFE				
	ME 494	Feuchte	Rp	Rfe	NfE	Ra	Rfa	Ca	P	Na	K	Mg
	kcal	g	g	g	g	g	g	mg	mg	mg	mg	mg
Obst												
Apfel	54	85	0,3	0,6	11,8	0,3	2,0	5,3	11	1,2	119	5,4
Apfel, getrocknet	250	26	1,0	2,0	57,0	4,0	10,0	30	50	10	620	16
Banane	95	74	1,2	0,2	22,1	0,8	1,8	6,5	22	1	367	30
Banane, getrocknet	362	3	4,0	2,0	82,0	2,0	7,0	20	75	110	1490	110
Birne	54	83	0,0	0,0	13,4	0,3	3,3	10	11	2,1	114	7
Brombeere	52	85	1,2	1,0	9,4	0,5	3,2	44	30	2,4	190	30
Erdbeere	35	90	0,8	0,4	7,2	0,5	1,6	19	25	1,4	164	13
Hagebutte	97	50	3,6	0,6	19,3	2,6	23,7	257	258	24	291	104
Heidelbeere	44	85	0,6	0,6	9,0	0,3	4,9	10	13	1	78	2,4
Himbeere	43	85	1,3	0,3	8,7	0,5	4,7	40	44	1,3	200	30
Honigmelone	54	85	0,9	0,1	12,5	0,4	0,7	13	24	17	309	13
Mandarine	46	87	0,7	0,3	10,1	0,7	1,7	33	20	1	150	11
Mango	65	82	0,6	0,5	14,8	0,5	1,7	12	1,6	5	170	18
Papaya	39	88	0,5	0,1	9,0	0,6	1,9	21	16	2,2	191	41
Pfirsich	42	87	0,8	0,1	9,5	0,5	1,9	6	20	1,3	192	9
Wassermelone	37	90	0,6	0,2	8,3	0,4	0,2	7	9	1	109	9,1
Obst, Durchschnitt	**54**	**82**	**0,9**	**0,4**	**11,8**	**0,6**	**3,8**	**35**	**36**	**4**	**189**	**23**

	SPURENELEMENTE					VITAMINE										
Fe	Cu	Zn	Mn	J	Beta-carotin	Vit. A	Vit. D_3	Vit. E	Vit. B_1	Vit. B_2	Vit. B_6	Vit. B_{12}	Niacin	Biotin	Folsäure	Panto-then
mg	mg	mg	mg	µg	mg	IE	IE	mg	mg	mg	mg	µg	mg	µg	µg	mg
0,2	0,05	0,1	0,04	1	29	0	0	0,5	0,04	0,03	0,10	0	0,3	5	8	0,1
1,2	0,54	0,2	0,35	11	kA	0	0	1,0	0,10	0,10	0,12	0	0,6	5	12	0,3
0,4	0,11	0,2	0,26	2	31	0	0	0,3	0,04	0,06	0,36	0	0,7	6	14	0,2
1,2	0,60	0,7	1,62	9	84	0	0	1,0	0,18	0,24	0,60	0	1,6	12	5	0,6
0,2	0,08	0,1	0,06	1	16	0	0	0,5	0,03	0,04	0,02	0	0,2	0	14	0,1
0,9	0,10	0,2	0,97	0	270	0	0	0,6	0,03	0,04	0,05	0	0,4	0	34	0,2
0,6	0,05	0,3	0,40	3	16	0	0	0,1	0,03	0,05	0,06	0	0,5	4	43	0,3
0,5	0,18	0,9	1,20	1	kA	0	0	4,1	0,06	0,07	0,05	0	0,5	2	7	0,2
0,7	0,08	0,1	4,20	1	31	0	0	1,9	0,02	0,02	0,06	0	0,4	1	11	0,2
1,0	0,09	0,4	0,38	3	16	0	0	0,7	0,02	0,05	0,08	0	0,3	2	30	0,3
0,2	0,05	0,2	0,04	2	4700	0	0	0,1	0,06	0,02	0,09	0	0,6	4	30	0,1
0,3	0,06	0,1	0,04	1	105	0	0	0,3	0,06	0,03	0,02	0	0,2	0	7	0,2
0,4	0,06	0,1	0,17	2	1200	0	0	1,0	0,05	0,05	0,13	0	0,7	2	36	0,2
0,4	0,04	0,2	0,02	1	165	0	0	0,7	0,03	0,04	0,03	0	0,3	1	1	0,2
0,3	0,07	0,1	0,06	3	81	0	0	1,0	0,03	0,05	0,03	0	0,9	2	3	0,1
0,2	0,03	0,1	0,03	0	245	0	0	0,1	0,05	0,05	0,07	0	0,2	4	5	1,6
0,5	0,07	0,2	0,56	1,4	–	0	0	0,85	0,04	0,04	0,08	0	0,4	2	17	0,3

Nährwerttabelle Getreide/Kartoffeln/Brot

in 100 g Futtermittel	ENERGIE		MAKRONÄHRSTOFFE					MINERALSTOFFE				
	ME 494	Feuchte	Rp	Rfe	NfE	Ra	Rfa	Ca	P	Na	K	Mg
	kcal	g	g	g	g	g	g	mg	mg	mg	mg	mg
Amaranth	387	11	16	9	61	3	0	214	582	26	484	308
Buchweizen, geschält	336	13	10	2	70	2	4	18	320	2	392	142
Dinkel/Grünkern	320	10	17	2	59	2	10	25	422	1	415	136
Haferflocken	348	10	14	7	58	2	10	43	430	6,8	397	130
Hirse	350	12	11	4	68	2	4	9,5	275	3	173	123
Hirse, gekocht	115	71	4	1	22	1	1	3	100	1	62	44
Kartoffel	77	78	2	0	17	1	2	6,2	50	2,7	417	21
Kartoffel, gekocht mit Schale	79	78	2	0	17	1	2	12	50	3	410	23
Kartoffelflocken	338	7	7	0	76	3	6	34	310	138	1360	69
Nudeln, roh	354	10	12	2	72	1	3	25	190	16	160	56
Nudeln, gekocht	157	60	5	1	32	1	2	8	50	96	22	10
Nudeln (Vollkorn), roh	328	13	13	4	60	1	9	25	160	32	350	53
Nudeln (Vollkorn), gekocht	134	65	5	2	24	1	4	24	51	110	26	20
Polenta/Maisgries	339	11	9	1	74	1	5	4	73	1	80	20
Quinoa	335	13	15	5	57	3	7	80	328	9,6	804	275
Reis	343	13	7	1	77	1	1	6,2	110	3,9	112	32
Reis, gekocht	88	78	2	0	20	0	0	3	36	2	31	8
Naturreis/Vollkornreis, roh	345	13	8	2	74	1	2	16	282	10	260	110
Naturreis, gekocht	129	67	3	1	27	1	1	33	112	165	25	26
Süßkartoffel/Batate	109	69	2	1	24	1	3	22	39	4	360	18
Weizenkleie	172	12	16	5	17	6	45	67	1142	2	1340	480
Brötchen/Semmel	272	30	9	2	55	2	3	27	102	531	130	30
Graubrot	210	41	7	1	43	2	6	49	142	537	185	30
Vollkornbrot	198	43	8	1	40	2	7	31	204	462	210	60
Weißbrot	239	37	8	1	49	2	3	58	88	540	132	24
Zwieback	368	9	10	4	72	1	4	42	129	263	160	16

SPURENELEMENTE					VITAMINE									
Fe	Cu	Zn	Mn	J	Vit. A	Vit. D_3	Vit. E	Vit. B_1	Vit. B_2	Vit. B_6	Vit. B_{12}	Niacin	Biotin	Folsäure	Pantothen
mg	mg	mg	mg	µg	IE	IE	mg	mg	mg	mg	µg	mg	µg	µg	mg
9,0	1,60	3,7	3,0	0	0	0	1,2	0,80	0,19	0,59	0	1,2	kA	82	kA
3,8	0,58	2,7	1,5	kA	0	0	0,2	0,24	0,15	0,58	0	2,9	kA	50	1,2
4,4	0,40	3,7	4,4	kA	0	0	0,3	0,30	0,16	0,30	0	6,6	kA	50	kA
5,8	0,53	4,3	4,5	5	0	0	0,8	0,59	0,15	0,16	0	1,0	20	87	1,1
6,9	0,61	2,9	1,1	3	0	0	0,1	0,43	0,11	0,52	0	1,8	kA	20	kA
0,6	0,21	0,9	0,4	1	0	0	0,0	0,11	0,08	0,11	0	1,3	kA	0	kA
0,4	0,09	0,3	0,1	2	0	0	0,1	0,11	0,05	0,31	0	1,2	0	22	0,4
0,9	kA	0,4	0,1	kA	0	0	0,1	0,10	0,05	0,19	0	1,2	kA	10	kA
2,4	0,24	0,8	0,3	1	0	0	0,3	0,1	0,19	0,84	0	5,6	0,5	13	0,9
2,0	0,15	1,0	0,7	1	0	0	0,2	0,18	0,05	0,10	0	2,0	1	16	0,3
0,7	kA	0,4	kA	kA	0	0	0,1	0,03	0,01	0,02	0	kA	kA	5	kA
3,8	0,35	1,9	1,9	kA	0	0	0,3	0,31	0,13	0,20	0	3,1	kA	22	0,7
2,0	kA	1,5	kA	kA	0	0	0,4	0,10	0,04	0,08	0	kA	kA	13	kA
1,2	kA	0,4	kA	0	0	0	0,7	0,15	0,05	0,15	0	0,5	7	10	0,6
8,0	0,79	2,5	2,8	0	0	0	4,0	0,17	0,11	0,44	0	0,5	kA	184	kA
0,9	0,22	1,1	1,0	2	0	0	0,1	0,06	0,03	0,15	0	1,3	3	11	0,6
0,3	0,00	0,0	0,0	0	0	0	0,0	0,02	0,01	0,04	0	0,3	1	3	0,2
3,2	0,30	1,6	2,1	2	0	0	0,6	0,41	0,09	0,28	0	5,2	12	16	1,7
0,7	kA	0,4	kA	kA	0	0	0,2	0,07	0,02	0,06	0	kA	kA	10	kA
0,7	0,13	0,4	0,2	2	0	0	4,5	0,06	0,05	0,27	0	0,6	4	12	0,8
16,0	1,30	9,2	13,0	31	0	0	1,6	0,65	0,51	0,73	0	18,0	44	195	2,5
1,2	0,26	1,1	0,9	2	0	0	0,4	0,10	0,03	0,04	0	1,1	1	36	0,5
1,2	0,16	1,0	0,9	3	0	0	0,7	0,17	0,08	0,12	0	1,0	3	32	0,3
2,0	0,24	1,5	1,5	4	0	0	0,6	0,25	0,15	0,08	0	3,3	4	29	0,7
0,7	0,22	0,7	0,6	6	0	0	0,4	0,09	0,06	0,02	0	0,9	3	22	0,7
1,5	0,40	0,7	0,8	3	0	0	0,2	0,13	0,07	0,09	0	1,3	kA	5	kA

Nährwerttabelle Hülsenfrüchte

in 100 g Futtermittel	ENERGIE		MAKRONÄHRSTOFFE					MINERALSTOFFE				
	ME 494	Feuchte	Rp	Rfe	NfE	Ra	Rfa	Ca	P	Na	K	Mg
	kcal	g	g	g	g	g	g	mg	mg	mg	mg	mg
Erbsen	286	11	23	1	45	3	17	50	348	24	992	118
Kichererbsen	321	9	19	6	48	3	16	124	332	23	800	126
Linsen	284	11	23	2	44	3	17	65	408	6,6	837	139
Tofu	83	85	9	5	1	1	0	87	97	3,8	94	99

Nährwerttabelle Nüsse/Samen

in 100 g Futtermittel	ENERGIE		MAKRONÄHRSTOFFE					MINERALSTOFFE					
	ME 494	Feuchte	Rp	Rfe	NfE	Ra	Rfa	Ca	P	Na	K	Mg	Fe
	kcal	g	g	g	g	g	g	mg	mg	mg	mg	mg	mg
Cashewnuss	572	4	21	42	27	3	3	31	373	14	552	267	2,8
Haselnuss	644	5	14	62	8	2	8	226	333	2	636	156	3,8
Kokosnussflocken	655	3	8	65	9	1	14	18,4	196	32,5	646	90	3,5
Kürbiskerne	582	6	24	46	18	2	4	40	1175	20	810	535	15,0
Leinsamen	393	6	29	31	0	2	32	198	662	60	725	350	8,2
Paranuss	670	6	16	67	1	4	7	132	674	2	644	160	3,4
Pekannuss	703	3	11	72	3	2	9	73	290	3	604	142	2,4
Pinienkerne	685	3	14	69	2	10	2	16	575	2	780	250	5,6
Sesam	565	5	21	50	7	5	11	783	607	45	458	347	10,0
Sonnenblumenkerne	580	7	27	49	8	3	6	98	618	2	725	420	6,3
Walnuss	663	4	17	63	8	2	6	87	409	2,4	544	129	2,5

SPURENELEMENTE					VITAMINE										
Fe	Cu	Zn	Mn	J	Vit. A	Vit. D$_3$	Vit. E	Vit. B$_1$	Vit. B$_2$	Vit. B$_6$	Vit. B$_{12}$	Niacin	Biotin	Folsäure	Pantothen
mg	mg	mg	mg	µg	IE	IE	mg	mg	mg	mg	µg	mg	µg	µg	mg
5,2	0,66	3,3	1,20	14	0	0	1,5	0,80	0,27	0,12	0	2,7	19	250	1,7
6,1	0,45	2,4	2,70	2	0	0	2,8	0,52	0,13	0,56	0	1,7	kA	340	1,3
8,0	0,76	3,4	1,50	kA	0	0	1,3	0,48	0,27	0,55	0	2,5	kA	168	1,6
3,7	0,19	1,0	0,60	2	0	0	1,0	0,08	0,05	0,05	0	0,2	7	15	0,1

SPURENELEMENTE				VITAMINE											ESSENZIELLE FETTSÄUREN	
Cu	Zn	Mn	J	Vit. A	Vit. D$_3$	Vit. E	Vit. B$_1$	Vit. B$_2$	Vit. B$_6$	Vit. B$_{12}$	Niacin	Biotin	Folsäure	Pantothen	Linolsäure	α-Linolensäure
mg	mg	mg	µg	IE	IE	mg	mg	mg	mg	µg	mg	µg	µg	mg	mg	mg
3,70	2,1	0,84	10	0	0	0,3	0,63	0,26	0,41	0	2,0	1	60	1,2	7380	150
1,30	1,9	5,70	2	0	0	26,0	0,39	0,21	0,31	0	1,4	kA	71	1,2	8500	109
0,67	1,3	2,74	1	0	0	0,2	0,05	0,07	0,17	0	0,6	kA	17	0,5	913	0
1,48	7,5	1,30	1	0	0	4,0	0,22	0,32	0,22	0	1,7	10	58	0,6	kA	kA
1,20	5,5	2,60	10	0	0	3,0	0,17	0,16	0,60	0	1,4	10	20	0,8	4200	16700
1,30	4,0	0,60	0	0	0	6,5	1,00	0,04	0,11	0	0,2	kA	39	0,2	29800	0
1,19	4,5	3,50	2	0	0	1,2	0,86	0,13	0,21	0	2,0	kA	22	0,8	15200	757
1,20	6,5	8,20	11	0	0	9,3	0,36	0,23	0,09	0	3,3	kA	34	0,3	27800	120
1,58	7,7	1,23	<5	0	0	2,5	0,79	0,25	0,79	0	4,5	kA	90	0,1	18700	670
1,60	5,7	2,80	5	0	0	2,5	1,90	0,40	0,60	0	4,1	kA	90	0,8	27900	90
0,88	2,7	2,00	3	0	0	1,9	0,34	0,12	0,87	0	1,0	0	77	0,8	34300	7830

Nährwerttabelle Knochen/Calciumreiche Ergänzungen

in 100 g Futtermittel	Firma	ENERGIE		MAKRONÄHRSTOFFE						MINERALSTOFFE			
		ME 494	Feuchte	Rp	Rfe	NfE	Ra	Rfa	Ca	P	Na	K	
		kcal	g	g	g	g	g	g	mg	mg	mg	mg	
Knochen													
Beinscheibe, Rind		120	58	21	4	0	14	0	4840	2500	220	250	
Ochsenschwanz, knochig		292	46	19	24	0	10	0	4020	1950	190	150	
Ochsenschwanz, knorpelig		218	57	23	14	0	5	0	1260	710	160	350	
Hühnerhälse		131	70	17	7	0	5	0	1726	1099	137	525	
Hühnerhals, getrocknet		445	3	55	25	0	17	0	5500	3260	300	kA	
Hühnerflügel, roh		172	65	16	12	0	1	0	1490	823	131	241	
Hühnerunterschenkel (mit Knochen)		126	69	18	6	0	1	0	955	613	635	1270	
Hühnerschlegel		171	68	18	11	0	3	0	750	490	130	310	
Lammrippen		196	35	22	12	0	30	0	10988	5396	419	150	
Kalbsbrustknochen		113	45	17	5	0	30	0	2900	1380	137	200	
Kalbsknochen		281	21	23	21	0	34	0	13800	6200	360	140	
Rinderknorpel		401	7	80	9	0	5	0	17	3	kA	kA	
Calciumreiche Futtermittel													
Algenkalk (Lunderland)		0	5	0	0	0	95	0	34000	80	kA	kA	
Eierschalen		0	5	0	0	0	95	0	37000	150	150	72	
Calciumcarbonat		0	5	0	0	0	95	0	36000–40000	0	kA	kA	
Calciumcitrat		0	5	0	0	0	95	0	21000	0	0	0	
Dolomit (Calcium-Magnesium-Carbonat)		0	5	0	0	0	95	0	32250	0	0	0	
Monocalciumphosphat		0	5	0	0	0	95	0	15000	22000	0	0	
Dicalciumphosphat		0	5	0	0	0	95	0	21000	16000	0	0	
Tricalciumphopsphat		0	5	0	0	0	95	0	35000	18000	0	0	
Fleischknochenmehl	Canina	268	4	49	8	0	39	0	13600	13900	0	0	
Fleischknochenmehl	Per Naturam	272	8	46	10	0	36	0	25500	7000	kA	kA	
(Fleisch-)Knochenmehl	DHN	268	8	40	12	0	40	0	20000	6500	16	kA	
Knochenmehl	Dr. Clauders	38	10	6	2	0	81	1	30000	14000	400	kA	

Futterwerttabellen 183

	SPURENELEMENTE					VITAMINE										
Mg	Fe	Cu	Zn	Mn	J	Vit. A	Vit. D₃	Vit. E	Vit. B₁	Vit. B₂	Vit. B₆	Vit. B₁₂	Niacin	Biotin	Folsäure	Panto-then
mg	mg	mg	mg	mg	µg	IE	IE	mg	mg	mg	mg	µg	mg	µg	µg	mg
107	1,5	0,1	5,2	kA	–											
82	1,7	0,1	3,7	0,1	–											
47	1,8	0,1	5,7	0,1	–											
53	kA	0,1	3,8	kA	–											
kA	kA	kA	kA	kA	–											
46	1,7	kA	2,2	kA	–											
38	1,5	0	2,1	kA	–											
kA	2	0,1	2,1	kA	–											
202	kA	kA	kA	kA	–											
53	kA	kA	kA	kA	–											
210	kA	kA	kA	kA	–											
kA	kA	kA	kA	kA	–											
kA	kA	kA	kA	kA	2060											
370	16,0	0,40	12,0	0,6	0											
kA	kA	kA	kA	kA	kA											
0	0	0	0	0	0											
19350	kA	kA	kA	kA	kA											
kA	kA	kA	kA	kA	kA											
kA	kA	kA	kA	kA	kA											
kA	kA	kA	kA	kA	kA											
kA	kA	kA	kA	kA	kA											
kA	kA	kA	kA	kA	kA											
22	kA	kA	kA	kA	kA											
200	kA	kA	kA	kA	kA											

Nährwerttabelle Knochen/Calciumreiche Ergänzungen (Fortsetzung)

in 100 g Futtermittel	Firma	ENERGIE		MAKRONÄHRSTOFFE					MINERALSTOFFE			
		ME 494	Feuchte	Rp	Rfe	NfE	Ra	Rfa	Ca	P	Na	K
		kcal	g	g	g	g	g	g	mg	mg	mg	mg
Knochenmehl	Grau	55	5	0	0	13	81	0	35700	25600	16	kA
MCH-Calcium	barf proQ	153	10	22	5	5	58	0	23000	9000	kA	kA
Sonstige Ergänzungen												
Backpulver		0	5	0	0	0	95	0	1100	8430	11800	50
Bierhefe, getrocknet		365	6	48	4	34	8	0	50	1900	77	1410
Blutmehl		342	11	82	1	2	4	0	160	140	730	180
Brühe, getrocknet		240	5	23	12	10	50	0	230	700	25000	500
Chlorella, getrocknet		280	3	43	12	0	10	32	450	kA	kA	1300
Dorschlebertran, Lunderland		900	0	0	100	0	0	0	0	0	0	0
Hagebutte, getrocknet		249	20	8	1	51	6	14	341	352	193	796
Heilerde		0	5	0	0	0	95	0	8500	100	800	1400
Honig		325	19	0	0	81	0	0	6	4,9	2,4	45
Salz, nicht jodiert		0	2	0	0	0	98	0	0	0	38000	0
Salz, jodiert		0	2	0	0	0	98	0	0	0	38000	0
Seealgen, *Ascophyllum nodosum*		230	10	7	2	47	30	4	1600	200	4200	2800
Seealgenmehl, Lunderland		279	10	0	0	70	20	0	0	0	0	0
Spirulina, getrocknet		354	10	60	4	20	5	1	637	101	839	1092

kursiv: Werte von Autorin geschätzt

	SPURENELEMENTE					VITAMINE									
Mg	Fe	Cu	Zn	Mn	J	Vit. A	Vit. D_3	Vit. E	Vit. B_1	Vit. B_2	Vit. B_6	Vit. B_{12}	Niacin	Biotin	Folsäure	Pantothen
mg	mg	mg	mg	mg	µg	IE	IE	mg	mg	mg	mg	µg	mg	µg	µg	mg
22																
kA																
9	0	0	0	0	0	0	0	0	0,0	0,0	0,0	0	0	0	0	0
230	18,0	3,30	8,0	0,5	4	0	0	0	12,0	3,8	4,4	0	45,0	115	3200	7,2
30	201,0	1,80	2,6	0,5	85	0	0	0	0,0	0,3	0,1	4	2,2	3	kA	0,4
50	2	0	0,2	0	0	0	0	0	0,2	0,2	0,0	0	kA	kA	0	kA
300	65,0	kA	9,5	kA	0	0	0	2	1,9	3,4	3,6	250	kA	kA	kA	kA
0	0	0	0	0	kA	121000	11500	kA	0	0	0	0	0	0	0	0
148	8,2	0,41	2,1	2,7	2	0	0	1	0,1	0,1	0,1	0	0,9	5	18	0,3
900	1600	0	0	0	0	0	0	0	0	0	0	0	0	0	0	0
1,6	1,3	0,09	0,35	0,0	1	0	0	0	0,0	0,1	0,2	0	0,13	0	2	0,07
0	0	0	0	0	0	0	0	0	0	0	0	0	0	0	0	0
0	0	0	0	0	2000	0	0	0	0	0	0	0	0	0	0	0
800	37,0	0,19	0,8	2,2	78000	0	0	kA	kA	0,5	kA	kA	15,0	kA	kA	kA
0	0	0	0	0	49000	0	0	0	kA	kA	kA	kA	kA	kA	kA	kA
910	19,8	1,80	10,0	4,6	0	2028	0	kA	1,9	3,3	0,3	0	11,6	kA	2	3,0

Nährwerttabelle Kommerzielle Mineralfutter

in 100 g Futtermittel	Firma	ENERGIE		MAKRONÄHRSTOFFE					MINERALSTOFFE			
		ME 494	Feuchte	Rp	Rfe	NfE	Ra	Rfa	Ca	P	Na	K
		kcal	g	g	g	g	g	g	mg	mg	mg	mg
Kommerzielle Mineralfutter												
Astoral Multivita h. a. [1]*	Almapharm	92	5	1	0	22	68	4	16100	3600	5000	0
Balance[2]*	Trovet	0	5	0	0	0	95	0	16700	8330	4170	5000
Barfers Best	Canina	84		17	2		27	1	8450			
Barfers Best Junior	Canina	46		9	1		70	0	23200	2340	3380	0
Barf Complex[3]	Anibio	88		13	4		12	7	2100	400	200	0
Barfers Naturals	Napfcheck	257	5	11,6	2	4,8	32,3	1	0	0	2600	0
Barfers Multi Plus[4]	Schecker	0	5	0	0	0	95	0	36500	0	1000	0
Barfer Plus[4]	Diana	0	5	0	0	0	95	0	36500	0	1000	0
Fit-Barf sensitive[6]	cdVet	265	10	8	5	46	12	18	1830	240		
Fit-Barf Vital	cdVet	351	10	25	9	43	6	7	740	820		
Hokamix30[7]	Grau	176	6	10	7	18	45	14	14200	280		
Marienfelde Vitakalk[8]*	Marienfelde	0	5	0	0	0	95	0	21000	8000	6000	0
Micromineral[5]	cdVet	0	5	0	0	0	95	0	17000	250	630	650
Novomineral sensitive*	Napfcheck	0	5	0	0	0	95	0	21000	2000	1000	0
VI-MIN[9]*	Bosch	0	10	0	0	0	78	0	21000	10500	5000	100

Angaben zu den Mineralfuttern vom Hersteller   kursiv: Werte von Autorin geschätzt   * für Allergiker geeignet
1) enthält außerdem Vitamin K, Cholinchlorid, Kobalt und Selen   2) enthält außerdem Vitamin K, Selen, Taurin und Vitamin C
3) enthält Kräuter, außerdem Vitamin C, Beta-Karotin, Cholinchlorid, Inosit, Selen, Kobalt und Molybdän

	SPURENELEMENTE					VITAMINE										
Mg	Fe	Cu	Zn	Mn	J	Vit. A	Vit. D$_3$	Vit. E	Vit. B$_1$	Vit. B$_2$	Vit. B$_6$	Vit. B$_{12}$	Niacin	Biotin	Folsäure	Pantothen
mg	mg	mg	mg	mg	µg	IE	IE	mg	mg	mg	mg	µg	mg	µg	µg	mg
700	130	10	100	7	2300	15000	1500	150	8	17	5	120	50	400	1000	50
240	33,3	13,3	200	41,6	3300	16665	1666	3333	33,4	25	25	83,4	83,4	833	5000	33,3
					1600[10]											
0		15,5	80	18,6	4240[10]											
600	120	40	200	50	1200	24000	1500	180	12	6	6	160	32	50	20000	20
5500	150	90	800	100	20000	0	0	500	50	100	20	500	0	0	0	300
500	120	40	180	15,5	6000	30000	3000	120	6	4,8	5	90	60	500	0	6
500	120	40	180	15,5	6000	30000	3000	120	6	4,8	5	90	60	500	0	6
1000	250,0	30,00	300,0	35,0	8000	25000	1000	100	5,0	10,0	8,0	100	100,0	500	3000	50,0
1160					13000[10]											
1300	100,0	35,00	300,0	20,0	6000	22200	2600	200	20,0	40,0	12,0	300	100,0	100	500	120,0
1000	100	19	150	20,0	2500	40000	4000	125	14,0	20,0	14,0	75	100,0	800	3000	50,0

4) enthält Selen und Vitamin C   5) enthält u. a. Traubenkernextrakt   6) enthält Heilkräuter   7) enthält diverse Kräuter
8) enthält außerdem Vit K3, Selen, Cholinchlorid und Kobalt   9) enthält außerdem Vitamin C, Cholinchlorid und Selen
10) laut Herstellerauskunft (auf Rückfrage)

Nährwerttabelle Pflanzenöle

je 100 g Futtermittel	ME 494 kcal	Rfe g	Vit. E mg	Linolsäure g	α-Linolensäure g
Arganöl	900	100	kA	34	0,1
Borretschöl[1]	900	100	kA	37	0
Distelöl	900	100	48	75	0,5
Erdnussöl	900	100	10	26	0,8
Hanföl	900	100	80	55	17
Haselnussöl	900	100	10	10	0
Kokosfett	900	100	2	2	0
Kürbiskernöl	900	100	kA	50	0,5
Leinöl	900	100	59	14	53
Maiskeimöl	900	100	109	56	1
Nachtkerzenöl[2]	900	100	kA	74	0
Olivenöl	900	100	13	8	1
Rapsöl	900	100	65	22	10
Schwarzkümmelöl	900	100	kA	58	0,2
Sesamöl	900	100	29	43	0
Sojaöl	900	100	108	53	8
Sonnenblumenöl	900	100	67	63	0,5
Traubenkernöl	900	100	15	66	0,3
Walnussöl	900	100	32	52	12
Weizenkeimöl	900	100	240	56	8

1) enthält außerdem 22 % Dihomo-Gamma-Linolensäure
2) enthält außerdem 10 % Dihomo-Gamma-Linolensäure

Praxisübliche Mengen- und Messgrößentabelle

Futtermittel	Menge	g	Futtermittel	Menge	g
Fette & Lebertran			Hüttenkäse	1 EL	25–30
Öl	1 EL	10–12		1 Becher	200
	1 TL	5	Joghurt	1 EL	20
Schmalz/Fett	1 TL	5		1 Becher	150
	1 EL	10	Sahne	1 TL	5
Lebertran	1 TL	4–7		1 EL	15
	1 EL	8–15	**Brot/Backwaren**		
Eier			Brötchen/Semmel	1 St.	45
Hühnerei	1 St.	60	Baguettebrötchen	1 St.	65
	1 Eigelb	20	Vollkornbrötchen	1 St.	65
	1 Eiweiß	35	Croissant	1 St.	65
Käse			Laugenbrezel	1 St.	85
Babybel®	1 St.	20	Baguette/Weißbrot	1 Scheibe	30
Du darfst®	1 Scheibe	20	Graubrot	1 Scheibe	40
Harzer Rolle	1 Rolle	25	Körnerbrot	1 Scheibe	45
Scheibletten®	1 Scheibe	25	Vollkornbrot	1 Scheibe	50
Schnittkäse	1 Scheibe	30	Knäckebrot	1 Scheibe	10
Mozarella	1 Kugel	125	Toast	1 Scheibe	30
Parmesan, gerieben	1 EL	5	Zwieback	1 Scheibe	10
Wurst			**Nüsse, Samen & Co.**		
Brat-/Bockwurst	1 St.	125–150	Kokosflocken	1 EL	10–15
Fleischwurst, Mortadella	1 Scheibe	20	Kürbiskerne	1 EL	15
Leberwurst	1 Portion	30	Leinsamen	1 EL	15
Schinken	1 Scheibe	30–50	Nüsse	1 EL	15–20
Wiener Würstchen	1 St.	50–80	Sesam	1 EL	15
Wurstaufschnitt	1 Scheibe	25	Sonnenblumenkerne	1 EL	15
Milchprodukte			**Kohlenhydratreiche Futtermittel**		
Quark	1 TL	5	Getreide	1 EL	10–15
	1 EL	25–30	Getreideflocken	1 TL	3–5
	1 Becher	250		1 EL	10–15
Frischkäse	1 EL	25–30	Kartoffel, mittelgroß	1 St.	80

Praxisübliche Mengen- und Messgrößentabelle (Fortsetzung)

Futtermittel	Menge	g
Kartoffelflocken	1 EL	10
Kartoffelbrei	1 EL, gehäuft	50
Nudeln	1 EL, roh	10
	1 EL, gekocht	20–30
Polenta	1 EL	15
Reis	1 EL, roh	15
	1 EL, gekocht	20–30
	1 Kochbeutel	125
Gemüse		
Gemüseflocken	1 TL	2
	1 EL	5
Bleichsellerie	1 Stange	150
Fenchel	1 Knolle	150–250
Kopfsalat	1 Kopf	250
Möhre	1 St.	50–100
Paprika	1 Schote	125–200
Salatgurke	1 St.	400
Tomate	1 St.	65–80
Zucchini	1 St.	150–200
Kräuter & Gewürze		
Brühe	1 TL	3
Essig	1 EL	15
Kräuter, frisch	1 TL	5
Kräuter frisch, gehackt	1 EL	5
Kräuter, getrocknet	1 TL	1
Knoblauch	1 Zehe	3
Salz	1 Prise/Msp.	2
	1 TL	5
	1 EL	15
Tomatenmark	1 TL	8
	1 EL	15

Futtermittel	Menge	g
Obst		
Apfel	1 St.	100–200
	1 Ring, getrocknet	5
Aprikose	1 St.	45
	1 St., getrocknet	5
Banane	1 St.	100
Bananenchips	1 EL	8
Birne	1 St.	140
Blaubeeren	1 EL	20
Brombeere	1 EL	20
Erdbeeren	1 St., mittelgroß	10
Himbeeren	1 EL	20
Mango	1 St.	200–250
Nektarine	1 St.	100–125
Orange	1 St.	150
Papaya	1 St.	200–300
Pfirsich	1 St.	125–150
Ballaststoffreiche Futtermittel		
Futterzellulose	1 TL, gehäuft	1–2
	1 EL, gehäuft	3–5
Flohsamenschalen	1 TL	2,5
Haferkleie	1 TL	3–5
	1 EL	10
Weizenkleie	1 TL	2
	1 EL	6
Sonstige Futtermittel zur Ergänzung		
Backpulver	1 TL	1
	1 Päckchen	16
Bierhefe	1 TL	3

Praxisübliche Mengen- und Messgrößentabelle (Fortsetzung)

Futtermittel	Menge	g
Eierschalen/Calciumcarbonat	1 Msp.	0,3
	1 TL	4–5
	1 TL, gehäuft	10
	1 EL	20
Honig	1 TL	10
Hagebuttenpulver	1 TL	5
Chlorella	1 TL	5
Spirulina	1 TL	5
Seealgenmehl	1 TL	5
Weizenkeime	1 EL	10
Leckerli		
Trockenfutter	1 Handvoll	30–60
Kaurolle, klein	1 St.	8–10
Getrockneter Pansen	1 St.	10–20
Schweinsohr		100–150
Kaninchenohr	1 St.	12
Lammohr	1 St.	15
Rinderohr	1 St.	25–40 (bis 150)
Chewies®	10 St.	9
Chewies® mini	10 St.	4,5
Frolic® unterwegs	1 St.	3
Schmackos®	1 St.	10
Hundekeks	1 St.	2–5

Umrechnungstabelle für fettlösliche Vitamine
Die Vitamine A, D und E werden in zwei verschiedenen Einheiten angegeben

A	1 µg = 3,33 IE	1 IE = 0,3 µg
D	1 µg = 40 IE	1 IE = 0,025 µg
E	1 mg = 1 IE	1 IE = 1 mg

Nährstoffbedarfstabelle – Absoluter täglicher Energie- und Nährstoffbedarf von Hunden unterschiedlicher Gewichtsklassen (gerundet)

kg KG		5	10	15	20	25	30	35	40	45	50	55	60
Energie* (ME)	kcal	320	535	725	900	1060	1220	1370	1500	1650	1785	1920	2050
Eiweiß	g	18	31	42	52	61	71	80	87	96	103	110	120
Mineralstoffe													
Calcium	mg	435	730	990	1230	1450	1665	1870	2070	2260	2445	2625	2800
Phosphor	mg	335	560	760	950	1120	1280	1440	1590	1740	1880	2020	2160
Magnesium	mg	70	110	150	190	225	255	290	320	350	375	400	430
Natrium	mg	90	150	200	250	290	335	375	415	450	490	525	560
Kalium	mg	470	790	1070	1325	1565	1795	2015	2230	2430	2630	2830	3020
Spurenelemente													
Eisen	mg	3,3	5,6	7,6	9,5	11,2	12,8	14,4	15,9	17,4	18,8	20,2	21,6
Kupfer	mg	0,7	1,1	1,5	1,9	2,2	2,6	2,9	3,2	3,5	3,8	4,0	4,3
Zink	mg	6,7	11,2	15,2	18,9	22,4	25,6	28,8	31,8	34,7	37,6	40,4	43,1
Mangan	mg	0,5	0,9	1,2	1,5	1,8	2,1	2,3	2,5	2,8	3,0	3,2	3,4
Jod	µg	100	170	230	284	335	385	430	480	520	265	610	650
Vitamine													
A	IE	560	940	1275	1580	1870	2140	2400	2655	2900	3140	3375	3600
D	IE	60	100	140	170	200	230	260	290	315	340	365	390
E	mg	3	6	8	9	11	13	14	16	17	19	20	22
B_1	mg	0,2	0,4	0,6	0,7	0,8	0,9	1,1	1,2	1,3	1,4	1,5	1,6
B_2	mg	0,6	1,0	1,3	1,6	1,9	2,2	2,4	2,7	3,0	3,2	3,4	3,7
B_6	mg	0,2	0,3	0,4	0,5	0,6	0,6	0,7	0,8	0,9	0,9	1,0	1,1
B_{12}	µg	3,8	6,5	8,8	10,9	12,9	14,7	16,5	18,3	20,0	21,6	23,2	24,8
Biotin	µg	3	6	8	9	11	13	14	16	17	19	20	22
Niacin	mg	1,9	3,2	4,3	5,4	6,4	7,3	8,2	9,1	9,9	10,7	11,5	12,3
Pantothen	mg	1,7	2,8	3,8	4,7	5,6	6,4	7,2	8,0	8,7	9,4	10,1	10,8
Folsäure	µg	30	50	70	85	100	115	130	145	155	170	180	195
Essenzielle Fettsäuren													
Linolsäure	mg	1205	2025	2745	3405	4025	4615	5180	5725	6255	6770	7270	7760
α-Linolensäure	mg	50	80	110	130	160	180	200	225	245	265	285	300

* Der Energiebedarf ist abhängig von verschiedenen individuellen Faktoren (s. Seite 42) und kann daher höher oder niedriger sein als hier angegeben.

Service

Literatur

Axelsson, E. et al. (2013): The genomic signature of dog domestication reveals adaptation to a starch-rich diet. Nature 495:360-364

Becker, N. (2009): Erhebungen zur Fütterung von Hunden und Katzen mit und ohne Verdacht aiuc eine Futtermittelallergie in Deutschland. Dissertation Vet Med, München

Becker, N. et al. (2012): Fütterung von Hunden und Katzen in Deutschland. Tierarztl Prax 40 (K):391-397

Behravesh, C.B. et al. (2010): Human salmonella infections linked to contaminated dry dog and cat food, 2006–2008. Pediatrics 126:477-483

Billinghurst, I. (1993): Give your dog a bone. Warrigal Publishing, Bathurst, Australia

Bosch G et al. (2014): Dietary nutrient profiles of wild wolves: insights for optimal dog nutrition? BrJ Nutr doi:10.1017/S0007114514002311

Bradshaw, J.W.S. (2006): The evolutionary basis for the feeding behaviour of domestic dogs (*Canis familiaris*) and cats (*Felis catus*). J Nutr 136:1927S-1931S

Chengappa, M.M et al. (1993): Prevalence of Salmonella in raw meat used in diets of racing greyhounds. J Vet Diagn Invest 5:372-377

Corbee, R.J. et al. (2014): Cutaneous vitamin D synthesis in carnivorous species. Proc ESVCN 18:45

Delay, J.; Laing, J. (2002): Nutritional osteodystrophy in puppies fed a BARF diet. AHL Newsletter 6:23

Dillitzer, N.; von Rosenberg, S. (2010): Fütterungstipps zum Barfen – so vermeiden Sie Fehlernährungen. Kleintier konkret 1:3-7

Dillitzer, N. et al. (2011): Intake of minerals, trace elements and vitamins in bone and raw food rations in adult dogs. Br J Nutr 106:S53-S56

Dobenecker, B. et al. (1998): Mal- and overnutrition in puppies with or without clinical disorders of skeletal development. J Anim Phys Anim Nutr 80:76-81

Effenberger, T. (2008): Durchfallerkrankungen von Haustieren mit lebensmittelrelevanten pathogenen Bakterien. Dissertation Vet Med, München

Elmadfa, I. et al. Die große GU Nährwert-Kalorien-Tabelle. Gräfe und Unzer Verlag

Freeman, L.M.; Michel, K. (2001): Evaluation of raw food diets for dogs. J Am Vet Med Assoc 218:705-709

Freeman, L.M. et al. (2013): Current knowledge about the risks and benefits of raw meat–based diets for dogs and cats. J Am Vet Med Assoc 243:1549-1558

FEDIAF (2013): Nutritional guidelines for complete and complementary pet food for cats and dogs

Finley, R. et al. (2006): Human health implications of Salmonella-contaminated natural pet treats and raw pet food. Clin Infect Dis 42:686-691

Finley, R. et al. (2007): The risk of salmonellae shedding by dogs fed Salmonella-contaminated commercial raw food diets. Can Vet J 48:69-75

Finley, R. et al. (2008): The occurrence and antimicrobial susceptibility of Salmonellae isolated from commercially available canine raw food diets in three Canadian cities. Zoonoses Public Health 55:462-469

Fritz, J. et al. (2008): Two cases of malnutrition associated with locomotor problems in growing puppies without alterations of x-ray density of long bones. Proc ESVCN 12:28

Gesellschaft für Ernährungsphysiologie (1989): Energie- und Nährstoffbedarf. Nr. 5: Hunde. DLG-Verlag, Frankfurt (Main)

Hand, M.S. et al. P (2010): Small animal clinical nutrition. 5. Aufl., Mark Morris Institut, Topeka, Kansas

Handl, S.; Iben, C (2008): Für Kleintiere giftige Nahrungsmittel – eine Literaturübersicht. Wien Tierarztl Monatsschr 95:1-8

Handl, S. et al. (2012): Apparent digestibility of crude nutrients of raw and cooked rations, with or without cereals, in adult Beagle dogs. Proc Soc Nutr Physiol 21:112

Handl, S. et al. (2012): Reasons for dog owners to choose raw diets ('barf') and nutritional adequacy of raw diet recipes fed to dogs in Austria and Germany. Proc ESVCN 16:124

Hazewinkel, H.A.W. et al. (1987): Inadequate photosynthesis of vitamin D in dogs. In: Nutrition, Malnutrition, and Dietetics in the Dog and Cat. Proc Internat Symp Hanover 3:66-68

Hedhammer, A.A. (1973): Overnutrition and skeletal development, an experimental study in Great Dane dogs. Cornell University

Hendriks, M.M .et al. (2012): A retrospective study of gastric dilatation and gastric dilatation and volvulus in working farm dogs in New Zealand. N Z Vet J 60:165-170

Joffe, D.J.; Schlesinger, D.P. (2002): Preliminary assessment of the risk of Salmonella infection in dogs fed raw chicken diets. Can Vet J 43:441-442

Kamphues, J. et al. (2014): Supplemente zu Vorlesungen und Übungen in der Tierernährung. 12. Aufl., M&H Schaper, Hannover

Kealy, R. et al. (2002): Effects of diet restriction on life span and age-related changes in dogs. J Am Vet Med Assoc 220:1315-1320

Laflamme, D. et al. (2014): Myths and misperceptions about ingredients used in commercial pet foods. Vet Clin Small Anim 44: 689-698

Lauten, S.D. et al. (2005): Computer analysis of nutrient sufficiency of published home-cooked diets for dogs and cats. J Vet Intern Med 19:476-477

Lefebvre, S.L. et al. (2008): Evaluation of the risks of shedding Salmonellae and other potential pathogens by therapy dogs fed raw diets in Ontario and Alberta. Zoonoses Public Health 55:470-480

LeJeune, J.T.; Hancock, D.D. (2001): Public health concerns associated with feeding raw meat diets to dogs. J Am Vet Med Assoc 219:1222-1225

Maiwald, E. (1994): Untersuchungen zum Ascorbinsäure-Stoffwechsel bei der Katze. Dissertation Vet Med, Hannover

Mani, I.; Maguire, J.H. (2009): Small animal zoonoses and immunocompromised pet owners. Top Companion Anim Med 24:164-174

Mehlenbacher, S. et al. (2012): Availability, brands, labelling and Salmonella contamination of raw pet food in the Minneapolis/St. Paul Area. Zoonoses Public Health 59:513-520

Meyer, H.; Heckötter, E. (1986): Futterwerttabellen für Hunde und Katzen. 2. Aufl., Schlütersche Verlagsanstalt und Druckerei, Hannover

Meyer, H.; Zentek, J. (2013): Ernährung des Hundes. 7. Aufl., Enke Verlag

Michel, K.E. (2006): Unconventional diets for dogs and cats. Vet Clin North Am Small Anim Pract 36:1269-1281

Nadig, A. (2013): Heilpflanzen für Hunde. Franckh-Kosmos-Verlag, Stuttgart

Nap, R.C. et al. (1991): Growth and skeletal development in Great Dane pups fed different levels of protein intake. J Nutr 121:107-13

National Research Council (2006): Nutrient requirements of dogs and cats. The National Academic Press, Washington DC

Nødtvedt, A. et al. (2007): A case–control study of risk factors for canine atopic dermatitis among boxer, bullterrier and West Highland white terrier dogs in Sweden. Vet Dermatol 18:309-315

Paasikangas, A. et al. (2013): Diet or food item fed to dogs at young age and their association with canine atopy/allergy (type) of dermatological disease: evidence from a case control study in Finland. Waltham Internat Nutr Sc Symp, S. 127

Palmunen, M. et al. (2013): Association between raw eggs in puppy nutrition and owner reported chronic intestinal symptoms. Waltham Internat Nutr Sc Symp, S. 128

Paßlack, N.; Zentek, J. (2013): Rohfütterung (BARF) bei Hund und Katze: Möglichkeiten, Risiken und Probleme. Veterinärspiegel Verlag, Berlin

Peterson, R.O.; Ciucci, P. (2003): The wolf as a carnivore. In: Mech LD und Boitani L (Hrsg.) Wolves – behaviour, ecology and conservation. University of Chicago Press, Chicago, S. 104-130

Perry, G.H. et al. (2007): Diet and the evolution of human amylase gene copy number variation. Nat Genet 39:1256-1260

Pibot, P. et al. (2006): Enzyklopädie der klinischen Diätetik des Hundes. Aniwa SAS, Paris

Pitcairn, R.H. (1982): Dr. Pitcairn's complete guide to natural health for dogs and cats. St. Martin's Press, Emmaus Pennsylvania, USA

Reinerth, S. (2005): Natural dog food. Books on Demand, Norderstedt

Sallander, M. et al. (2009): The effect of early diet on canine atopic dermatitis (CAD) in three high-risk breeds. Open Dermatol J 3:73-80

Schlesinger, D.P.; Joffem, D.J. (2011): Raw food diets in companian animals: A critical review. Can Vet J 52:50-54

Schultze, K.R. (1998): Natural nutrition for dogs and cats. The ultimate diet. Hay House, Carlsbad, California

Singer, P. (2000) Was sind, wie wirken Omega-3-Fettsäuren? 44 Fragen – 44 Antworten. 3. Aufl.,

Umschau Zeitschriften Verlag, Frankfurt am Main
Simon, S. (2000): BARF – Biologisch artgerechtes rohes Futter. Münchweiler, Verlag Drei Hunde Nacht, Wadern
Souci, S.W. et al. (2008): Die Zusammensetzung der Lebensmittel Nährwerttabellen, 7. Auflage, Wissenschaftliche Verlagsgesellschaft, Stuttgart
Strohmeyer, R.A. et al. (2006): Evaluation of bacterial and protozoal contamination of commercially available raw meat diets for dogs. J Am Vet Med Assoc 228:537-542
Stockman, J. et al. (2013): Evaluation of recipes of home-prepared maintenance diets for dogs. J Am Vet Med Assoc 242:10500-1505
Taylor, M.B. et al. (2009): Diffuse osteopenia and myelopathy in a puppy fed a diet composed of an organic premix and raw ground beef. J Am Vet Med Assoc 234:1041-1048
Weber, H. (2003): Mikrobiologie der Lebensmittel: Band 3: Fleisch – Fisch – Feinkost, 2. Aufl. Behr's Verlag
Weese, J.S. et al. (2005): Bacteriological evaluation of commercial canine and feline raw diets. Can Vet J 46:513-51
Weese, J.S.; Rousseau, J. (2006): Survival of Salmonella Copenhagen in food bowls following contamination with experimentally inoculated raw meat: Effects of time, cleaning, and desinfection. Can Vet J 47:887-889
Wendel, F. et al. (2012): Microbiological contamination and inappropiate composition of BARF-food. Proc ESVCN 16:67
Weitere Literatur auf Anfrage bei der Autorin.

Rechtliches
Lebensmittel- und Futtermittelgesetzbuch (LFGB)
Futtermittelbuch-Verordnung (FMBV)
EG-VO 767/2009 über das Inverkehrbringen und die Verwendung von Futtermitteln
EG-VO 1831/2003 über Zusatzstoffe zur Verwendung in der Tierernährung
Gemeinschaftsregister der Futtermittelzusatzstoffe
EG-VO 1069/2009 mit Hygienevorschriften für nicht für den menschlichen Verzehr bestimmte tierische Nebenprodukte
EU-VO 749-2011 zur Änderung der EU-VO 142/2011 zur Durchführung der Verordnung (EG) Nr. 1069/2009
EG-VO 183/2005 mit Vorschriften für die Futtermittelhygiene
EG-VO 2073/2005 über mikrobiologische Kriterien für Lebensmittel
EU-VO 68/2013 zum Katalog der Einzelfuttermittel
EG-VO 1924/2006 über nährwert- und gesundheitsbezogene Angaben über Lebensmittel
Richtlinie 2008/38/EG mit dem Verzeichnis der Verwendungen von Futtermitteln für besondere Ernährungszwecke
Richtlinie 82/475/EWG über die Kategorien von Ausgangserzeugnissen, die zur Kennzeichnung von Mischfuttermitteln für Heimtiere verwendet werden dürfen

Literatur zum Weiterlesen
Zentek, J. (2012): Hunde richtig füttern. 3. Auflage, Ulmer Verlag, Stuttgart
Kupper, J.; Demuth D (2010): Giftige Pflanzen für Klein- und Heimtiere, Enke Verlag, Stuttgart
Meyer, H.; Zentek, J. (2013): Ernährung des Hundes, Enke Verlag, Stuttgart
Singer, P. (2000): Was sind, wie wirken Omega-3-Fettsäuren? 44 Fragen – 44 Antworten, Umschau Zeitschriften Verlag, Frankfurt am Main

Nützliche Internetadressen

Nährwerttabellen und Futtermittelinformationen

Uni Hohenheim: www.uni-hohenheim.de/wwwin140/info/interaktives/lebensmittel.htm
Souci-Fachmann-Kraut: www.sfk-online.net (Vollversion kostenpflichtig)
Nährwertrechner: www.naehrwertrechner.de/
Foodplaner: www.foodplaner.de/naehrwertliste.html
Pahema: http://blog.pahema.com/kategorie/infothek/naehrwerte/
Giftdatenbank Uni Zürich: www.giftpflanzen.ch oder www.clinitox.ch
Heilpflanzen: www.heilpflanzen-katalog.de
Kräuterlexikon (ohne Gewähr): http://blog.pahema.com/krauterlexikon/

Professionelle Rationsüberprüfungen

Deutschland:
Autorin: Dr. Julia Fritz, www.napfcheck.de
Institute für Tierernährung der Universitäten:
München: www.ernaehrung.vetmed.uni-muenchen.de
Hannover: www.tiho-hannover.de/kliniken-institute/institute/institut-fuer-tierernaehrung/
Berlin: www.vetmed.fu-berlin.de/einrichtungen/institute/we04/index.html
Österreich: Dr. Stefanie Handl, www.futterambulanz.at
Schweiz: Universität Zürich, www.tierer.uzh.ch/

Bildquellen

Die Grafiken fertigte Anne-Kathrin Gomringer nach Vorlagen der Autorin an.
Das Titelbild und die Fotos auf den Seiten 41 und 58 stammen von Silke Klewitz-Seemann.

Abkürzungsverzeichnis

Ca	Calcium
Cu	Kupfer
DCM	Dilatative Cardiomyopathie
DE	Verdauliche Energie (digestible energy)
DHA	Docosahexaensäure
EL	Esslöffel
EPA	Eicosapentaensäure
Fe	Eisen
FEDIAF	Europäischer Verband der Heimtiernahrungsindustrie (Fédération Européenne de l'Industrie des Aliments pour animaux Familiers)
FOS	Fructooligosaccharide
g	Gramm
GAG	Glukosaminoglukane
GE	Bruttoenergie (gross energy)
GfE	Gesellschaft für Ernährungsphysiologie
geh.	gehäuft
IE	Internationale Einheit
J	Jod
K	Kalium
kA	keine Angabe
KBE	Koloniebildende Einheit
kcal	Kilokalorie
kg	Kilogramm
KG	Körpergewicht
$KG^{0,75}$	metabolisches Körpergewicht
kJ	Kilojoule
LFGB	Lebens- und Futtermittelgesetzbuch
ME	umsetzbare Energie (metabolisable energy)
mg	Milligramm
Mg	Magnesium
MJ	Megajoule
Mn	Mangan
MOS	Mannanoligosaccharide
MRSA	multiresistenter Staphylococcus aureus
Msp.	Messerspitze
Na	Natrium
NfE	N-(Stickstoff-)freie Extraktionsstoffe
NRC	National Research Council
P	Phosphor
Ra	Rohasche
Rfa	Rohfaser
Rfe	Rohfett
Rp	Rohprotein
SAMe	S-Adenosylmethionin
sV	scheinbare Verdaulichkeit
TL	Teelöffel
TS	Trockensubstanz
µg	Mikrogramm
Zn	Zink

Register

Alfalfa 69
Algenkalk 60, 63, 95
Alleinfutter 147ff.
Allergien 13, 24, 126, 135, 136ff., 140
- Prophylaxe 13, 54
Aloe vera 71
Amaranth 66, 92, 93, 178
Aminosäuren 9, 25f., 28f.
Ammoniak 26, 29, 125, 129, 130
Antioxidans 33, 36, 37, 63, 123, 130
Apfel 143, 145, 176, 190
Aromastoffe 152
Ascorbinsäure 29, 37, 129
Aujeszkysche Krankheit 15, 83
Avocado 75, 88

Ballaststoffe 24, 29, 31f., 57, 95, 121, 149f., 160, 190
Banane 24, 48, 65, 88, 143, 145, 176
Bärlauch 71, 74
Bauchspeicheldrüse 22f., 37, 121, 130ff.
Bedarfszahlen 39f., 152
Beifütterung 49
Beinwell 71
Bierhefe 38, 56, 68, 95, 97, 184
Biotin 29, 38, 60, 192
Blähungen 25, 27, 71ff., 92, 135
Blättermagen 27, 37, 57, 58, 60, 83, 95, 101, 168
Blutuntersuchung 18ff.
Borretschöl 65, 90, 188
Bruttoenergie 114
Buchweizen 66, 93, 94, 139, 178

Calcium 17, 18f., 32f., 44, 57, 59, 60, 61, 86, 95, 122, 182, 192
Calciumcarbonat 60, 61, 69, 86, 182, 191
Calcium-Phosphor-Verhältnis 33, 86, 101, 122
Calciumspiegel 20, 32
Carnitin 125, 140f.
Chlorella 19, 62, 69, 184, 192

Chlorid 29, 33f.
Clostridien 15, 24

Darmflora 19, 24f., 32, 55, 69
Deklaration 147ff.
Diabetes mellitus 125, 126, 141
Diätfuttermittel 14, 148
Dickdarm 23f., 25f., 77, 134, 135
Distelöl 188
Dosenfutter 11, 41, 59, 84, 133, 145, 148f., 161
Dünndarm 23f., 25f., 29, 38, 65f.
Durchfall 34, 48, 68, 69, 132

Eier 21, 57, 60f., 87, 172, 189
Eierschalen 60f., 87, 95, 97, 101, 122, 182, 191
Eigelb 36, 60, 86, 87, 95, 110, 172, 189
Einzelfuttermittel 148, 149, 152
Eisen 17, 29, 33, 34, 44, 58, 95, 122, 192
Eiweiß 17, 19, 26, 28f., 44, 60, 95, 121, 127, 136, 139, 172, 189
Eiweißverdauung 24f., 60
Eklampsie (Milchfieber) 19, 46, 48
Eliminationsdiät 34, 125, 138f.
Energie 27f., 39, 40ff., 100, 113, 114
- umsetzbare 27
- verdauliche 114
Erbrechen 132f.
Erbsen 26, 67, 180
Ergänzungen 17, 94, 97, 110, 112, 161
- Mineralstoffe 67ff., 68, 95f., 97
- Vitamine 67ff., 95, 96f., 98
- Sonstige 70ff., 184
Ergänzungsfuttermittel 147f.
Erhaltungsbedarf 43, 44
Erkrankungen 14, 19, 124ff.
Euter 59, 60, 84, 168

Farbstoffe 137
Faserstoffe 32, 63f., 134f.
Fastentag 79
Fermentation 25, 32

Fermentgetreide 69
Fertigbarf 98, 164
Fertigfutter 111, 114, 124, 136, 150, 152f., 154, 159ff.
Fette 28, 29, 57, 61, 95, 110, 149f., 189
Fettsäuren 29, 61
- essenzielle 29, 30, 95, 121, 192
- gesättigte 29
- ungesättigte 29, 62
- mehrfach ungesättigte 29, 97
Fisch 19, 21, 35, 57, 61f., 86f., 96, 101, 158, 170
Fischöl 19, 29, 30, 62, 65, 89, 90f., 110, 121
Fleisch, roh 6, 13, 15, 57ff., 77, 82ff., 147, 168
Fleisch, getrocknet 59, 83f., 115, 143, 145, 160
Fleischfresser 9, 22, 63
Fleischmehl 26, 150
Flohsamen 24, 190
Folsäure 29, 38, 44, 192
Futterbeurteilung 152ff.
Futtermenge 82, 99ff., 111f., 112
Futtermittel 11, 21, 112, 166ff.
- analytische Bestandteile 150
- Deklaration 147ff., 152
- Energiegehalt 27, 82, 112, 114
- giftige 74ff.
- Kennzeichnungspflicht 147, 153
- pflanzliche 62ff., 88ff.
- stärkereiche 65ff.
- tierische 57ff., 82ff.
- Verdaulichkeit 26ff.
Futtermittelallergien 126, 135ff.
Futtermittelpyramide 158
Futtermittelunverträglichkeiten 25, 61, 135
Futterplan 99ff., 115
Futterration 82, 92, 158ff.
- Berechnung 102ff., 111f., 113ff., 116ff.
- Beurteilung 99, 121ff.
- Gestaltung 100ff.
- Selbst gekocht 158f.
Futterumstellung 77
Geflügel 16, 21, 34, 58, 59, 82, 83, 85

Gelenkerkrankungen 31, 72, 126, 145f.
Gemüse 63f., 88f., 95, 100, 102ff., 110, 113, 159, 174, 190
Gemüseflocken 89, 110, 190
Getreide 7, 10, 57, 60, 65f., 93f., 95, 178, 189
Getreideflocken 27, 34, 93, 158, 189
Giftdatenbank 74
Glukosaminoglykane 145
Glukose 25f., 31f., 93f., 141
Gluten 66, 93, 138, 140
Grieben 155
Grundumsatz 43
Grünlippmuschel 68, 145, 146

Hagebuttenpulver 68, 129, 190
Hanföl 188
Harnsteine 86, 122, 125, 127ff.
Hefe 24, 37, 38
Heilerde 68, 69, 122, 133, 184
Herzerkrankungen 73, 125, 139ff.
Hülsenfrüchte 21, 57, 67, 180
Hüttenkäse 61, 87, 172, 189
Hygiene 13, 15, 17, 79f., 126, 159

Idealgewicht 13, 42, 45, 99, 111, 117, 142
Infektionsgefahr 14f.
Innereien 7, 26, 55, 57, 58ff., 83f., 95, 101, 113, 126, 158, 166ff.,

Jod 17, 19, 20, 29, 33, 35, 44, 58, 86, 95, 122, 184, 192
Jodergänzung 61, 62f., 86, 96, 110, 163
Joghurt 61, 87, 172, 189
Johanniskraut 72

Kabeljau 62, 86f., 170
Käse 61, 87, 140, 143, 145, 172, 189
Kalium 16, 29, 33f., 44, 56, 95, 122, 125, 192
Kaloriengehalte 112ff., 145

Karottensuppe nach Prof. Moro 132
Kartoffeln 7, 23, 27, 57, 65, 66f., 88, 92f., 94, 99, 101, 113, 121, 140, 178
Kartoffelflocken 94, 178, 190
Kastration 43, 142
Kehlkopf 21, 59, 84
Kieselerde 69
Klebereiweiß 66, 140
Kleie 66, 95
Knoblauch 69, 72, 74f., 88, 190
Knochen 7, 12, 19, 21, 57, 60, 85f., 95, 99, 101, 102ff., 115, 122, 162, 182
Knochenmehl 7, 21, 53, 60, 85, 86, 101, 102ff., 110, 122, 182f.
Knochenkot 77, 85
Körpergewicht 42, 99, 102ff.
- ideales 99, 142
- metabolisches 39, 42
Koffein 76
Kohl 26, 88
Kohlenhydrate 14, 27, 29, 30, 32, 57, 92f., 101, 102ff., 115, 121, 125, 149, 150
Kokosflocken 70, 89, 189
Kokosöl 65, 89
kommerzielle Mineralfutter 69, 97, 186
Komplettfutter 99
Konservierungsstoffe 163
Kopffleisch 13, 48, 58, 82
Kotfressen 19
Kotqualität 12, 26, 32, 77
Kräuter 70ff., 97, 148, 163, 190
Krebs 36, 72, 126, 141
Kupfer 17, 19f., 29, 33, 34, 44, 58, 95, 110, 122f., 125, 192
Kürbiskerne 67, 180, 189

Lachs 36, 54, 87, 127, 170
Lachsöl 31, 90f.
Laktose 24, 32, 61
Laktosegehalt 48
Laktoseintoleranz 135
Laktulose 125, 130
Lammrippen 60, 182
Lauch 74, 88

Leber 82, 84f., 95, 101, 102ff., 168
Lebererkrankungen 129f.
Lebertran 19, 36, 62, 84f., 95, 102ff., 110, 189
Leckerli 52, 83, 88, 100, 114, 115, 121, 144f., 190
Leguminosen 67
Leinöl 19, 30, 65, 90, 188
Leinsamenschrot 69, 132, 180, 189
Linolsäure 19, 30, 44, 64f., 87, 89, 90, 121, 188, 192
Linolensäure 30, 44, 64f., 90, 91, 188, 192
Lunge 27, 37, 59, 84, 101, 143, 145, 168

Macadamianüsse 75, 94
Magen 22f., 24, 72, 78
Magen-Darm-Erkrankungen 24, 71, 93, 125, 126, 132ff., 136
Magendrehung 78, 133f.
Magensäure 22, 34, 78, 133
Magenübersäuerung 68, 69
Magnesium 16, 29, 33, 44, 69, 95, 110, 122, 126, 152, 192
Maiskeimöl 65f., 188
Mangan 17, 29, 33, 35, 44, 58, 95, 110, 122f., 192
Mangelernährung 17f., 148
Mariendistel 72, 130
Meersalz 96,
Milch 26, 48, 61, 87
Milchprodukte 7, 53, 57, 60f., 87, 101, 172, 189
Milz 84, 168
Mineralfutter 69, 82, 95, 97f., 148, 158f., 186
Mineralstoffe 18ff., 29, 32ff., 44, 57, 69, 149, 150, 151f., 192
Mistel 72
Möhren 24, 56, 88, 174

Nachtkerzenöl 65, 90, 188
Nährstoffbedarf 17, 40, 147, 148, 162, 192
- ausgewachsene Hunde 44f.
- trächtige/säugende Hündinnen 46f.

- Senioren 54f.
- Welpen 50ff.
Nährstoffimbalanzen 19, 21, 162
Nährstoffverluste 11, 21, 149
Nahrungspassage 24
Nassfutter 40, 159, 160, 162, 164
Natrium 29, 57, 67, 95, 122, 124, 152, 192
Niacin 11, 29, 38, 44, 192
Nierendiät 126
Nierenerkrankungen 19, 78, 125, 126f.
Nudeln 65, 93, 94, 143, 145, 178
Nüsse 67, 94, 180, 189

Obst 63f., 88f., 95, 100, 102ff., 110, 176, 190
Obstflocken 89, 110, 164
Olivenöl 19, 64, 89, 188
Omega-3-Fettsäure 30f., 61f., 65, 68, 86, 90f., 94
Omega-6-Fettsäure 30f., 65, 90f.
Omega-9-Fettsäure 30f.

Pansen 26, 57, 58, 60, 83f., 95, 100, 144, 168, 191
Pantothensäure 38
Paprika 88, 174, 190
Pektine 24, 32, 56, 64
Pflanzenöle 64f.,
Phosphor 17, 20, 29, 32f., 44, 57, 58, 60, 95, 122, 125, 152, 192
Präbiotika 24f.
Probiotika 24f.
Protein 26, 28f., 126, 149
Pseudogetreide 65, 66, 93

Quark 26, 61, 87, 127, 172, 189
Quinoa 66, 93, 178

Rapsöl 65, 89, 188
Rationsgestaltung 11, 16ff., 57, 111, 162
Reis 27, 60, 65, 93f., 178, 190
Reisflocken 94
Rindertalg 30, 110
Rohasche 148, 149f.
Rohfaser 114, 115, 149f., 160

Rohfett 149f., 160
Rohprotein 149f., 160
Rosinen 74

Salat 88, 174, 190
Salmonellen 15, 16, 22
Salz 17, 34, 40, 67f., 96, 122, 125, 163, 184, 190
Samen 67, 94, 180, 189
Schachtelhalm 73, 74
Schlachtabfälle 27, 59f., 150, 154f.
Schlund 27, 59, 84, 168
Schmalz 110, 189,
Schnittlauch 74
Schokolade 75, 76
Schwarzkümmelöl 65, 89, 188
Schweinefleisch 15, 83,
Seealgenmehl 19, 62, 96, 97, 153, 161, 184, 191
Seelachs 86f., 127, 170,
Selen 29, 33, 35
Skelettwachstumsstörung 52
Sojaöl 65, 188
Sonnenblumenkerne 67, 180, 189
Sonnenblumenöl 30, 89, 110, 188
Spinat 26, 88, 174
Spirulina 19, 62f., 69, 184, 191
Spurenelemente 17, 29, 32f., 34f., 44, 57, 122f., 152, 192
Stärke 10, 14, 25, 27, 31, 32, 57, 65ff., 150, 159
Strossen 59, 84
Süßkartoffel 67, 93

Taurin 9, 125, 140f.,
Teilbarf 65, 99, 102ff.
Thiaminase 19, 87
Thunfisch 86, 127, 170
tierische Nebenerzeugnisse 151
Tomate 88, 174, 190
Topinambur 67
Traubentrester 74
Trinkwasserbedarf 40, 56, 160
Trockenfutter 11, 16, 40, 66, 113, 124, 134, 145, 151, 159, 160, 162, 191

Trockensubstanz 114, 117, 160

Übergewicht 43, 88, 125, 126, 142f.,
Ulmenrinde 69

Verdaulichkeit 12, 26f., 57, 65, 112, 114, 157, 159
Verdauung 22ff.
Verdauungsenzyme 10, 22, 23, 66, 77, 131
Verstopfung 134, 163
Vitamin A 17, 19, 20, 35f., 44, 62, 84, 95, 96, 123, 191
Vitamin B1 11, 19, 29, 37, 44, 95, 97, 123
Vitamin B2 11, 29, 37, 44, 95, 97, 123
Vitamin B6 11, 29, 37, 44, 95, 97, 123
Vitamin B12 29, 37, 38, 44, 95, 97, 123
Vitamin C 29, 37, 44, 56
Vitamin D 17, 19, 20, 29, 36, 44, 62, 84, 95, 96, 123, 191
Vitamin E 29, 35, 36, 44, 56, 62, 95, 96, 123, 191
Vitamin K 29, 36
Vollkornprodukte 66, 93

Walnussöl 188
Weintrauben 74
Weißdorn 73
Weizenkeimöl 64, 188
Weizenkleie 24, 178, 190
Wolf 7ff., 63, 78, 79

Yucca 73

Zahnreinigung 12, 85
Zahnstein 12, 144
Zink 29, 95, 110, 122f., 125, 192
Zucker 22, 25, 31, 121, 125, 150
Zuckerrübenschnitzel 24
Zusatzstoffe 97, 151, 152, 153, 163f.
Zwiebelgewächse 74f., 88
Zwiebeln 74

Über die Autorin

Dr. Julia Fritz ist Fachtierärztin für Tierernährung und Diätetik und Diplomate des European College of Veterinary and Comparative Nutrition. Sie führt die Zusatzbezeichnung Ernährungsberatung Kleintiere, hat eine eigene Ernährungsberatungspraxis und hält deutschlandweit Vorträge und Seminare.

In diesem Buch sind die Namen von Medikamenten und Markenprodukten, die zugleich eingetragene Warenzeichen sind, als solche nicht besonders kenntlich gemacht. Es kann also aus der Bezeichnung der Ware mit dem für diese eingetragenen Warenzeichen nicht geschlossen werden, dass die Bezeichnung ein freier Warenname ist.

Die Markennamen wurden nur beispielhaft aufgeführt. Hinsichtlich der in diesem Buch angegebenen Dosierungen von Medikamenten usw. wurde die größtmögliche Sorgfalt beachtet. Gleichwohl werden die Leser aufgefordert, die entsprechenden Beipackzettel der Hersteller zur Kontrolle heranzuziehen.

Die beispielhafte Auflistung von Medikamenten bzw. Wirkstoffen ist kein Beweis dafür, dass diese in Deutschland zugelassen sind. Der behandelnde Tierarzt ist aufgefordert, die jeweilige (Zulassungs-)Situation zu überprüfen.

Die in diesem Buch enthaltenen Empfehlungen und Angaben sind vom Autor mit größter Sorgfalt zusammengestellt und geprüft worden. Eine Garantie für die Richtigkeit der Angaben kann aber nicht gegeben werden. Der Autor und der Verlag übernehmen keinerlei Haftung für Schäden und Unfälle.

Der Verlag Eugen Ulmer ist nicht verantwortlich für die Inhalte der im Buch genannten Websites.

Excel ist ein eingetragenes Warenzeichen der Microsoft Corporation.

Bibliografische Information der Deutschen Nationalbibliothek
Die Deutsche Nationalbibliothek verzeichnet diese Publikation in der Deutschen Nationalbibliografie; detaillierte bibliografische Daten sind im Internet über http://dnb.d-nb.de abrufbar.

Das Werk einschließlich aller seiner Teile ist urheberrechtlich geschützt. Jede Verwertung außerhalb der engen Grenzen des Urheberrechtsgesetzes ist ohne Zustimmung des Verlages unzulässig und strafbar. Das gilt insbesondere für Vervielfältigungen, Übersetzungen, Mikroverfilmungen und die Einspeicherung und Verarbeitung in elektronischen Systemen.

© 2015 Eugen Ulmer KG
Wollgrasweg 41, 70599 Stuttgart (Hohenheim)
E-Mail: info@ulmer.de
Internet: www.ulmer.de
Lektorat: Kathrin Gutmann, Anne-Kathrin Gomringer, Gabi Franz
Herstellung: Ulla Stammel
Umschlagentwurf: Antje Warnecke, Appen
Satz: r&p digitale medien, Echterdingen
Druck und Bindung: Livonia Print, Riga, Lettland
Printed in Latvia

ISBN 978-3-8001-7889-6